日本列島の地形学

太田陽子／小池一之／鎮西清高
野上道男／町田 洋／松田時彦
［著］

東京大学出版会

●扉写真　北西方向から見た富士山［2000年12月白尾元理氏撮影］

Geomorphology of the Japanese Islands

Yoko OTA, Kazuyuki KOIKE, Kiyotaka CHINZEI
Michio NOGAMI, Hiroshi MACHIDA, Tokihiko MATSUDA

University of Tokyo Press, 2010
ISBN 978-4-13-062717-7

室戸岬西海岸吉良川北方の海成段丘　[1999年1月白尾元理氏撮影]

白馬岳，葱平圏谷の羊背岩
[1999年7月白尾元理氏撮影]

乗鞍岳南方から飛驒山脈を遠望する［空中写真約60枚と写真測量による10 m-DEMとを
合成して森田　圭氏（日本地図センター）作成］

房総半島沖上空から富士山方向を望む［国土地理院50 m-DEMとメリーランド大学提供の
オルソ化ランドサット画像4枚を合成して森田　圭氏（日本地図センター）作成］

まえがき

　日本列島は，日本海の開裂に伴ってユーラシア大陸東縁から現在の位置に移動した大陸片を土台とした弧状列島で，中緯度の大陸東岸に位置し，起伏に富んだ南北にのびる島々から成り立っている．日本列島は世界有数の島弧変動帯であり，ここでは地殻変動の様式や速度の時間的変遷とその複雑な地理的分布が多様な地形をつくっている．火山活動が活発で地震が多発し，それに起因する地形が多いことも大きな特色である．また，気候変動や海面変化に伴ってつくられた地形も広く残っている．

　新しい変動帯である日本列島には，噴出年代が詳しく調べられた火山岩・火山砕屑物層（テフラなど）を豊富に含む新第三紀層・第四紀層が広く分布する．これらの火山物質を用いて詳細な地層の対比・編年が可能であり，地殻変動の速度論的取り扱いができるようになってきた．また，深海底コア中に挟在する多くの指標テフラは，海洋酸素同位体ステージと対比され，陸上の事象とグローバルな気候変動や海面変化との関係を直接結びつけるようになった．

　このように，変動帯日本列島の地形学は，地殻変動が弱く外的営力の影響が大きい大陸地域の地形学とはやや異なる視点をもち，興味の中心も研究方法も異なる．日本列島では，現在の地形とその形成過程を論じるとき，出発点となった新第三紀の地質や地質構造との関係を重視しなければならない．この考え方は，「日本列島の地形学」の大きな特徴であろう．

　本書は，日本における発達史地形学の最新成果の総括であり，同時に日本列島の地形特色を強調した地形学の教科書を目指している．本書の構成は，現在のような地形の凹凸ができはじめた新第三紀以降，ほぼ時間の流れに従って，地形をつくった要因を際だたせるように解説した．後半では，地形形成に伴う自然災害を論じ，最後に地形学が予測の科学として進むべき道を考察した．

　本書はまた，2006年初夏に完結したシリーズ『日本の地形』（全7巻）の全巻編集委員有志が3年にわたって討論を重ねた協同作業の結果である．その内容は『日本の地形』各巻によるところが多いが，シリーズ完結後にもたらされた新しい知見を加え，新しい視点に立つことにも努力した．

　本書が，地形学の教科書としてだけでなく，日本列島の生い立ちをさぐり，今後の日本列島の自然や環境問題を考えるとき，第四紀学，地理学，地質学，環境学など広い分野の教科書としても役立ち，また問題を提起する研究書となることを願っている．

　なお，本書は東京大学出版会小松美加氏の経験豊かで適切な編集手腕によって完成に漕ぎ着けたものであり，ここに記して謝意を表したい．

　2009年12月

著者一同

目次

1──変動帯日本列島の成り立ちと編年 1

1-1　日本列島と周辺海域の大地形と地質構造　2
　（1）日本列島と周辺の大地形　2
　　　1）島弧-海溝系としての日本列島　2
　　　2）日本列島周辺でのプレートの沈み込みと衝突　3
　（2）日本列島の基盤　6
　　　1）大陸縁辺の時代と岩石　6　　2）付加体がつくる帯状構造　7
　　　3）関東以北の日本列島の基盤　9
　（3）島弧時代における日本列島の地形特性　10
　　　1）島弧の構造区　10　　2）衝突してまとまった北海道　12
　　　3）外弧内弧の接合している東北地方　12
　　　4）3つの弧が重複・衝突している中部日本　12
　　　5）フィリピン海プレートに面した西南日本　12

1-2　日本列島の地形の概観　13
　（1）日本列島の地形の概観　13
　（2）各地域ごとの地形配列　14
　　　1）北海道　15　　2）東北日本　16　　3）フォッサマグナ周辺地域　17
　　　4）西南日本内帯　19　　5）西南日本外帯　21　　6）南西諸島　21
　（3）日本列島周辺の海底地形　22

1-3　日本列島の気候とその変化　22
　（1）現在の日本列島の気候特性　23
　　　1）積雪　24　　2）降雨強度　24　　3）雨による山崩れと土石流　25
　　　4）洪水　26　　5）周氷河作用　26
　（2）氷期の日本列島の気候特性あるいは気候地形帯の移動　27
　　　1）雪線と森林限界の平行性　27　　2）氷期の雪線および森林植生帯の推定　29
　　　3）氷期の周氷河現象の南限　30　　4）氷期の台風・梅雨の北限　31

1-4　地形と環境の編年　32
　（1）大地形形成編年の基本的枠組み　32
　　　1）地形単位の大きさで異なる編年法　32
　　　2）山地・平野などの中地形の形成史の編年　33
　（2）第四紀の気候環境変化と中小規模の地形形成の編年　37
　　　1）グローバル・セミグローバル・ローカルな変化　38
　　　2）ローカルな地形面と地層層序の編年　39

（3）中期更新世における気候変化と地形形成環境　40
　　　　1）気候変化の特徴　40　　2）中期更新世の地形面と地層　42
　　（4）中期および後期更新世の気候イベント　42
　　　　1）気候変化史研究に果たす指標テフラの役割　43
　　　　2）テフラの年代と水域・陸域の気候記録の対比　44

2──変動帯を特色づける山地・平野・火山の形成史　47

2-1　鮮新世以降の地殻変動による隆起域と沈降域の出現　48
　　（1）日本列島の地殻応力場とその起源　48
　　　　1）現在の地殻応力場　48　　2）応力場の起源　49
　　　　3）日本列島は圧縮性の変動帯である　49
　　（2）造構応力場と撓曲・断層　50
　　　　1）造構応力場　50　　2）撓曲変形と不調和な山地　50
　　　　3）東北地方と中部地方の違い　51
　　（3）日本の山地・低地の形成速度　51
　　　　1）変位基準と変位量　51　　2）変位地形の形成速度　52
　　　　3）累積変位量と日本の地形の起源　53
　　（4）鮮新世以降の地形発達　53
　　　　1）島弧としての日本列島の出現　54
　　　　2）東北日本の外弧・古い陸地の地形─北上・阿武隈山地　57
　　　　3）東北日本内弧─海から低地・山地への道筋　58
　　　　4）フォッサマグナ地域の山地・低地の生い立ち　61
　　　　5）中部地方の山地の形成と分化　65
　　　　6）西南日本の山地と低地　66

2-2　更新世中期以降における変動地形の形成　70
　　（1）活断層分布の地域性　71
　　（2）横ずれ断層による変位地形と変位の累積　72
　　　　1）横ずれ断層の特色　72　　2）横ずれ断層に伴う上下変位　73
　　（3）縦ずれ断層による変位地形と地形の分化　75
　　　　1）縦ずれ断層　75　　2）逆断層による変位地形─近畿三角帯の例　75
　　　　3）活動を続ける褶曲と副次的逆断層　77　　4）正断層　80
　　（4）活断層と古地震の復元　80
　　（5）旧汀線高度に基づく海岸域の地殻変動　81
　　　　1）MIS 5eの旧汀線高度と変動様式および隆起速度の地域性　81
　　　　2）完新世海成段丘の旧汀線高度　83
　　　　3）完新世海成段丘の細分と地震性地殻変動　84

2-3　火山活動の変遷と地形　86
　　（1）日本海開裂から弧状列島形成時の火山活動　86

（2）火山地形とその活動史　89
　　　（3）変化に富んだ第四紀火山　91
　　　　　1）富士山・箱根山　91
　　　　　2）雲仙・大山・赤城火山など—安山岩質マグマの大型複成火山　93
　　　　　3）鹿児島地溝の大カルデラ—始良・鬼界カルデラを中心に　94

3—第四紀における気候・海面変化に伴う地形変化 ……99

3-1　気候変化の影響を受けた地形　100
　　（1）中期更新世以降の氷期の環境で生じた地形　100
　　　　1）氷河地形　100　　2）周氷河地形　103
　　（2）気候変化の影響を受けた河川段丘地形　105
　　　　1）後期更新世における河川の堆積と下刻史　105
　　　　2）最終氷期終焉期〜完新世における河川の変化　107
　　　　3）河成段丘形成に影響した地殻変動　109
　　（3）中期更新世以降の間氷期に生じた地形　109
　　（4）最終氷期以降の古地理の変化　111

3-2　第四紀後期の海面変化に関連する沿岸部の地形発達　113
　　（1）間氷期，後氷期における海進と海成段丘の形成　113
　　　　1）海成段丘とその分布　113　　2）間氷期・亜間氷期の海進と段丘形成　114
　　　　3）後氷期海進と完新世の海成段丘および海面変化　118
　　（2）南の島々を縁取るサンゴ礁とサンゴ礁段丘　120
　　　　1）サンゴ礁の種類と分布　120　　2）サンゴ礁段丘の地形の特色　121
　　　　3）サンゴ礁段丘の形成史—異なる環境で形成されたサンゴ礁段丘の比較　121
　　　　4）後氷期海進と完新世段丘　123

3-3　大陸棚および大陸斜面の地形と海水準変化・地殻運動　124
　　（1）大陸棚の地形　124
　　（2）大陸斜面の地形　127

4—変化しつつある日本の地形 ……131

4-1　山地斜面と谷地形の変化　132
　　（1）山崩れと地すべり，地すべり性崩壊　132
　　（2）大規模土石流堆積物が埋めた河谷で起こった地形変化　134
　　（3）山崩れ発生の反復性と頻度　136
　　（4）斜面削剥の履歴　137

4-2　河川による地形変化　138
　　（1）河川地形の形成　138

（2）河川縦断形　139
　　（3）開放系としての河川システム　140
　　（4）河成段丘の形成　141
　　　　1）海面変化　141　　2）供給土砂量および粒度組成と流量（降水量）の変化　142
　　（5）信濃川の縦断形と合流点の流域地形計測　142
　　（6）合流という自然実験　145

4–3　沖積低地の発達と変化に富んだ海岸線　146
　　（1）沖積低地の発達　146
　　　　1）沖積低地　146　　2）沖積低地の層相区分とシークエンス層序　148
　　（2）変化に富んだ長い海岸線　148
　　　　1）最終氷期以降の海面上昇に伴う海岸線の変化　148
　　　　2）砂浜海岸と岩石海岸　150　　3）砂丘の発達　153

5―自然災害と地形の人工改変　155

5–1　火山活動に伴う災害　156
　　（1）火山活動の規模と頻度　156
　　（2）先史時代の大規模火山活動と災害　157
　　　　1）九州の縄文文化を直撃した鬼界大噴火　157
　　　　2）伝説に残る集落を埋没した十和田湖の噴火　159
　　　　3）富士山の大崩壊　160
　　（3）有史時代の火山活動と災害　160
　　（4）防災・減災の基礎　162

5–2　地震に伴う災害　162
　　（1）地震断層と災害　162
　　（2）地震による振動と関連する広域にわたる災害　165
　　（3）海岸地域の災害と津波　168

5–3　豪雨，暴浪・高潮などに伴う災害　170
　　（1）豪雨に伴う災害　170
　　（2）高潮災害と内水氾濫　172

5–4　地形の人工改変　172
　　（1）砂防や河川改修　172
　　（2）ゼロメートル地帯と高潮対策　174
　　（3）海岸侵食対策　175
　　（4）干拓の進展　177
　　（5）失われた自然を取り戻す試み　177

6 ── 未来の地形と地形学の未来 …… 179

- 6-1 日本における第二次世界大戦後の地形研究の潮流　180
- 6-2 第四紀学における予測と地形学における予測　182
- 6-3 地形発達シミュレーション　183
- 6-4 地形変化モデルのパラメータ値と具体的な研究課題　184
- 6-5 シミュレーションの外部独立条件──気候・海面変化，地殻運動　184
- 6-6 シミュレーションと地形学の課題　185

引用文献　187
索引　199
執筆分担一覧　204

● 本書で使われる略号・記号

ka	現在からの1000年単位の年数（1 ka=1000年前）
ky	1000年単位の時間の長さ（1 ky=1000年間）
Ma	現在からの100万年単位の年数（1 Ma=100万年前）
My	100万年単位の時間の長さ（1 My=100万年間）
$\delta^{18}O$	酸素同位体比
δD	水素同位体比

MIS（Marine Isotope Stage）　海洋酸素同位体ステージ．気候変化に伴って変動する海洋の酸素同位体比（$\delta^{18}O$）を用いた氷期・間氷期のステージ．MIS 3を除くと，奇数番号は間氷期を，偶数番号は氷期を示す．

LGM（Last Glacial Maximum）　最終氷期極相期．最近の氷期のうち大陸氷床が最も拡大した時期．MIS 2のうち約2.1万年前ころの数千年間．

1 ― 変動帯日本列島の成り立ちと編年

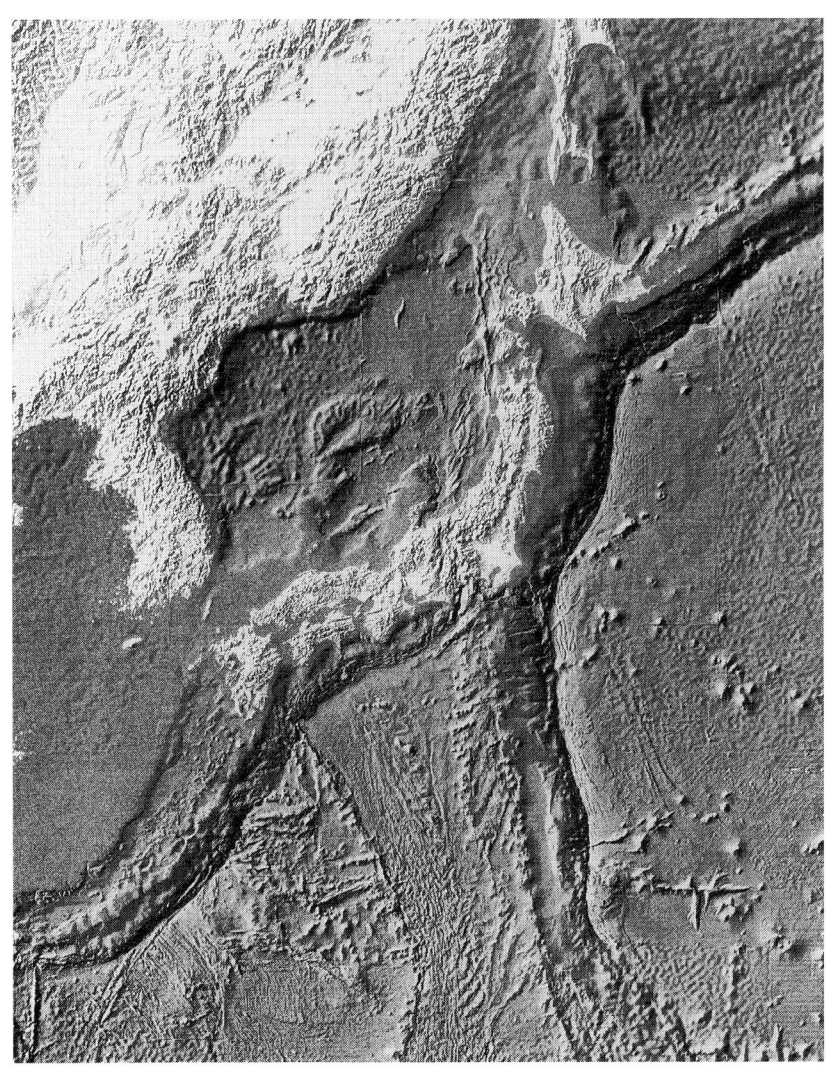

日本列島とその周辺海底地形の陰影図［日本周辺は浅田（2000）ほか海洋情報部測量データ，そのほかの区域は Smith and Sandwell（1997）のデータを用いて吉田剛作成］

1-1 日本列島と周辺海域の大地形と地質構造

(1) 日本列島と周辺の大地形

　日本列島は，北海道・本州・四国・九州の主要な4島と，それに隣接する島々，および本州中部から南方にのびる伊豆・小笠原諸島，九州から台湾にのびる南西諸島とから構成されている．日本列島は太平洋に向かって弓形に張り出している．その形から弧状列島あるいは島弧と呼ばれる．日本列島は千島弧，本州弧，琉球弧および伊豆・小笠原弧とマリアナ弧からなる．このうち本州弧は1つの弧のように見えるが，海溝や火山活動・地震活動などの分布の不連続によって本州中部で東北日本弧と西南日本弧に二分される（上田・杉村，1970）．

　日本列島とその周辺海域（図1.1.1）では，太平洋側（海側）から大陸側にかけて海洋底—海溝（トラフ）—島弧—縁海（背弧海盆）—アジア大陸の順に配列している．一般に島弧から見て太平洋側を外側あるいは前弧側，大陸側を内側あるいは背弧側という．東日本沖合の北西太平洋の海底は，太平洋底の中で最も古く，主に白亜紀にできた部分である．多くの海山をのせて日本列島へ向かって移動し，日本海溝などの日本列島前面の海溝で沈み込んでいる．西南日本沖合の海洋はフィリピン海と呼ばれ，地形も生い立ちも太平洋底とは異なっている．その東縁に沿って本州中部から伊豆諸島をのせる伊豆・小笠原弧の高まりが南にのびている．フィリピン海の内部には，九州のはるか沖合に南北に長く続く海底の高まり（九州—パラオ海嶺）があり，その東側の四国海盆と西側のフィリピン海盆とを分けている．いずれも北西に向かって移動し，西日本沖合の南海トラフ—琉球海溝で陸側に沈み込んでいる．

　東日本の太平洋側の沖合には水深6000mをこえる千島・カムチャツカ海溝，日本海溝，伊豆・小笠原海溝，マリアナ海溝がある．西日本の沖では水深はやや浅い（6000m以下）が海溝に似たトラフ（相模トラフ，駿河トラフ，南海トラフ）と6000mをこえる琉球海溝がある．これらの海溝・トラフは島弧に平行して分布し，島弧と海溝を組み合わせて島弧-海溝系と呼ばれる．島弧-海溝系は地殻変動で生じた大きな地形的な高まりであるだけでなく，活発な地震活動と火山活動の場であり，世界の代表的な変動帯である．日本列島とアジア大陸との間にはオホーツク海，日本海，東シナ海などの縁海がある．これらは島弧の背後側にある海盆であり，背弧海盆とも呼ばれる．琉球列島の西側，東シナ海大陸棚との間には細長い海底の凹地（沖縄舟状海盆あるいは沖縄トラフ）がある．

1) 島弧-海溝系としての日本列島

　島弧の火山は島弧の延長方向に沿って帯状に分布する．この火山分布の海側限界線を火山帯のフロントまたは火山フロント（火山前線）と呼ぶ（図1.1.2）．島弧は一般に火山フロントによって火山のない外側の非火山性外弧（または外帯）と，火山の分布する内側の火山性内弧（または内帯）とに二分される（図1.1.3）．火山フロントは東日本では千島海溝—日本海溝—伊豆・小笠原海溝に平行し（東日本火山帯），西日本ではそれとは別に南海トラフ—琉球海溝にほぼ並行していて（西日本火山帯），両者は不連続である．このような火山帯や海溝の分布が示すように，日本列島付近の島弧-海溝系は，千島弧，東北日本弧，伊豆・小笠原弧からな

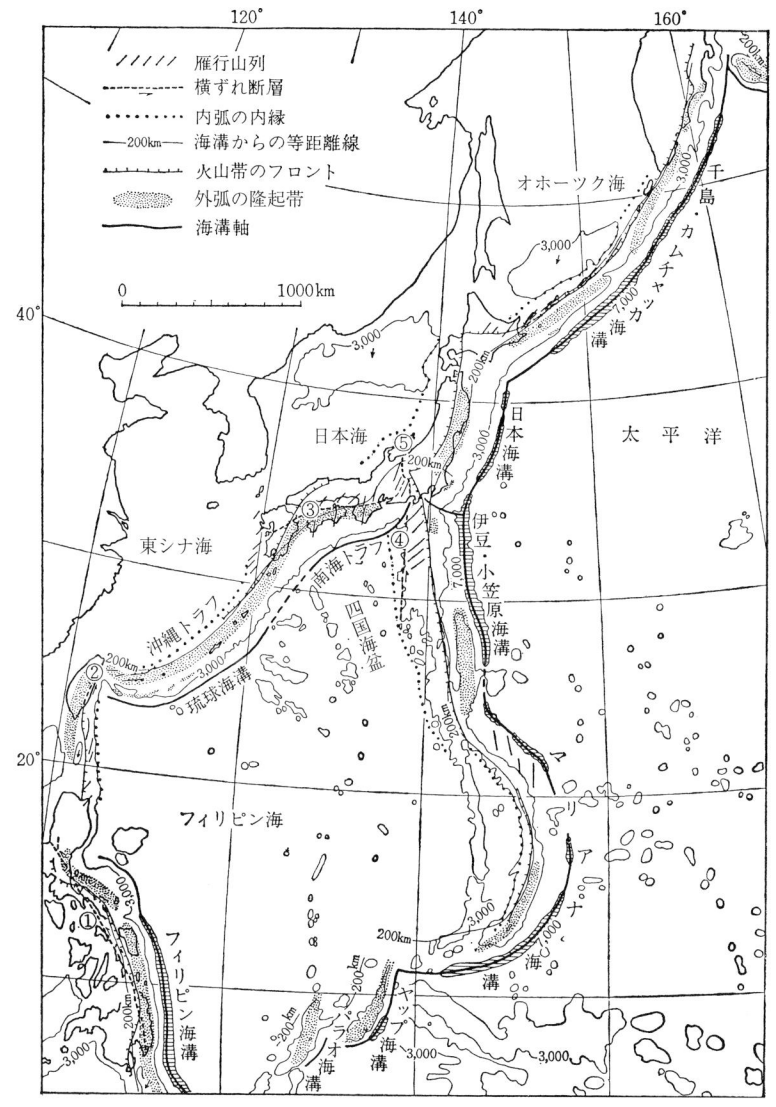

図 1.1.1 日本列島付近の大地形［海底地形は海図 6901 号による；貝塚，1972 に地名を追加］ ①フィリピン断裂帯，②縦谷断層，③中央構造線，④西七島海嶺，⑤糸魚川—静岡構造線．

る東日本島弧系と，西南日本弧，琉球弧からなる西日本島弧系に大別される（上田・杉村，1970）．なお，北海道からサハリン（樺太）方向にも山地列が延長しているが，これに平行する海溝地形はなく，少なくとも現在の活動的な島弧-海溝系とはちがう．西南日本弧では外帯・内帯を区別する火山フロントが明瞭でなく，慣用的に中央構造線を境にして外帯と内帯を区別している．

2) 日本列島周辺でのプレートの沈み込みと衝突

弧状列島または島弧-海溝系の活動は，地球の表面を覆う十数枚のプレート（岩盤）が海溝で沈み込むことによって生じたものとして理解されている（貝塚ほか，1976；上田，1989 など）．日本列島付近は，太平洋プレート，フィリピン海プレート，北米プレート（あるいはオホーツ

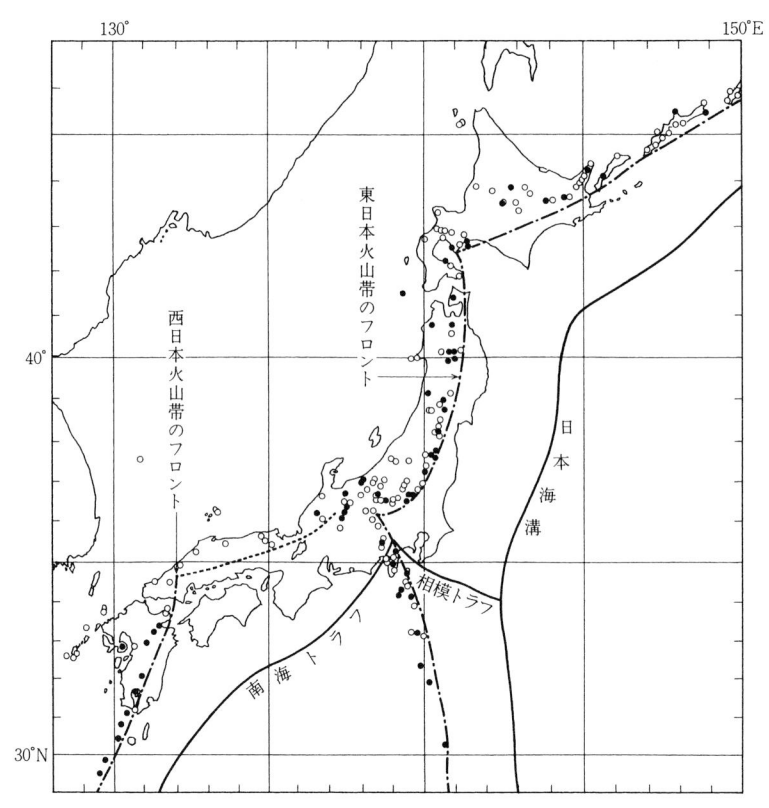

図 1.1.2　日本列島の火山帯と火山フロント［杉村, 1978］●：活火山, ○その他の第四紀火山. 2つの火山帯のフロントは, 海溝またはトラフの軸にほぼ平行に走っている. 海溝などの軸は, プレートの境界に相当する.

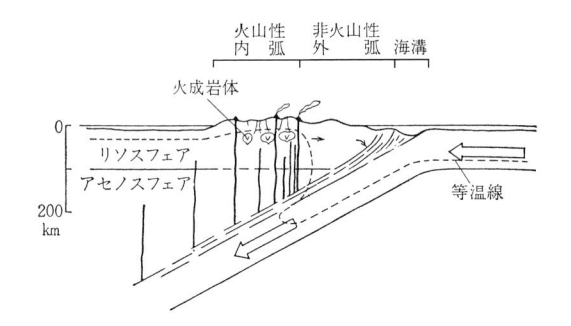

図 1.1.3　島弧-海溝系の横断面［貝塚, 1972］
太矢印は海洋プレートの相対的移動方向.

クプレート), ユーラシアプレート (あるいはアムールプレート) などの少なくとも4つのプレートから構成されている (図1.1.4). これらのプレートの分布や境界については図に見るようにいくつかの考えがある.

　千島・カムチャツカ海溝, 日本海溝, 伊豆・小笠原海溝などを連ねた太平洋北西縁の海溝が, 太平洋プレートの沈み込み帯である. 太平洋プレートは西へ向かって8-10 cm/年の速さで移動し, 日本列島前面の海溝で日本列島の下に沈み込んでいる. フィリピン海プレートは北西に4-6 cm/年で日本列島に近づき, 南海トラフ—琉球海溝で沈み込んでいる. いずれも海溝 (トラフ) から陸側およそ200 km (170-290 km) のところに火山フロントがあり, それは沈み込んだプレート (スラブという) が深さ100-150 kmに達したところ付近の上に位置している

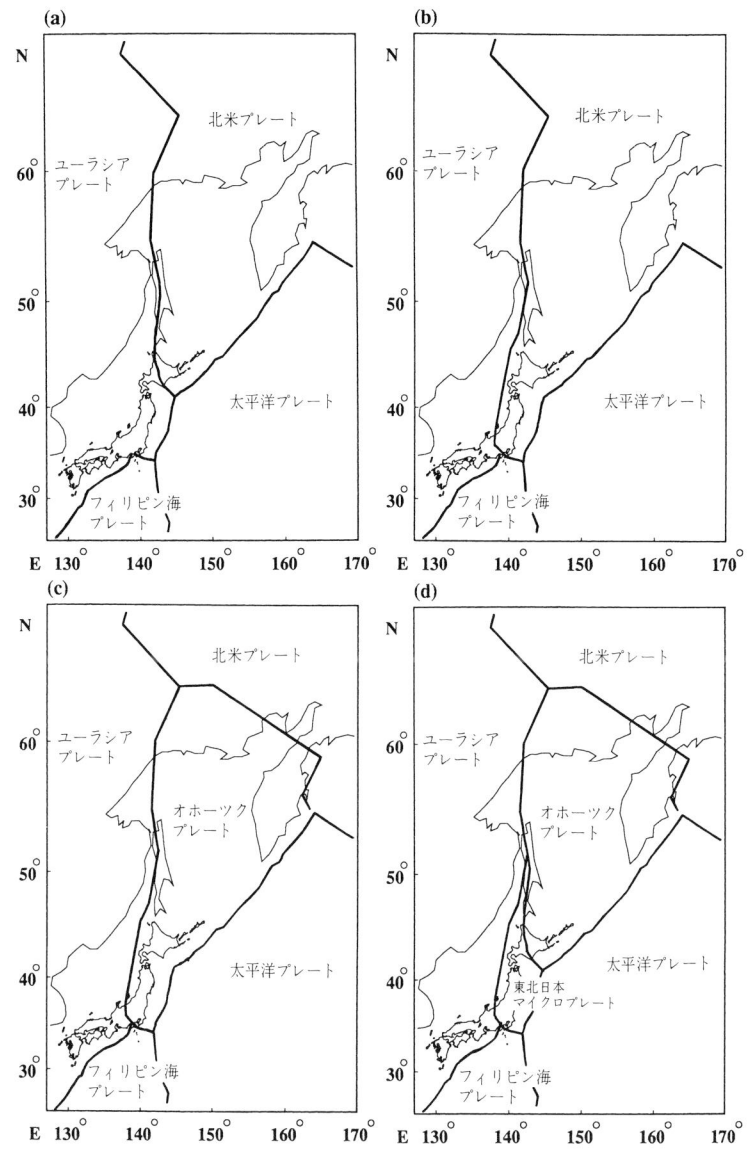

図 1.1.4 日本付近のプレート境界に関する 4 つの考え［瀬野, 1995］ (a) ユーラシアプレートと北米プレートの境界が北海道中軸部を通るとする考え［Chapman and Solomon, 1976］, (b) ユーラシアプレートと北米プレートの境界が日本海東縁を通るとする考え（中村, 1983；小林, 1983）, (c) オホーツク海・東北日本がオホーツクプレートをなすという考え（たとえば Seno et al., 1996）, (d) 東北日本がさらにマイクロプレートをなすという考え.

（図 1.1.3）．海溝付近から大陸側に分布する地震の震源は，ほぼ沈み込んだプレート沿いに分布し，大陸側に次第に深くなっている（図 1.1.5）．このように島弧の火山活動も地震活動も，海溝から沈み込んだプレートの位置と運動に関連しており，島弧-海溝系は海側から陸側に向かう非対称の変動帯である．

　日本列島およびその背後の縁海域は，中国大陸から続くユーラシアプレート，あるいは北極海・シベリアを一部含む北米プレートに属する．これらの陸側のプレートは，東あるいは南東から年間数 cm で移動してくる海のプレートに押されながら接しているため，陸のプレートの

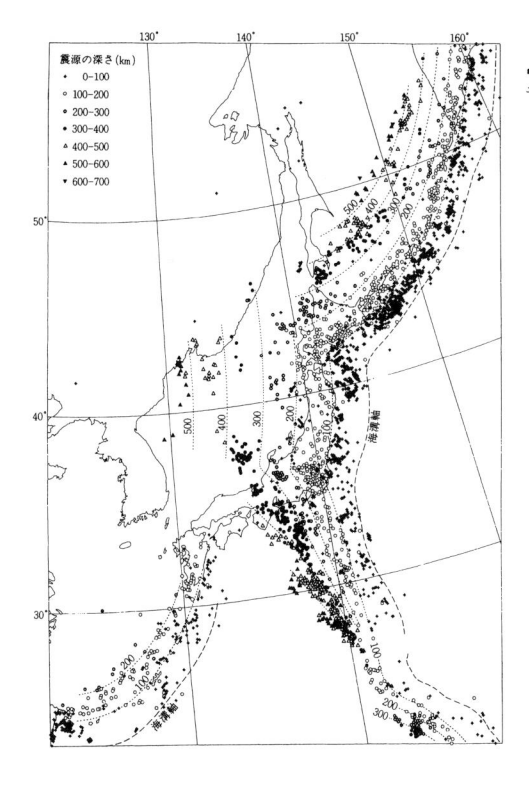

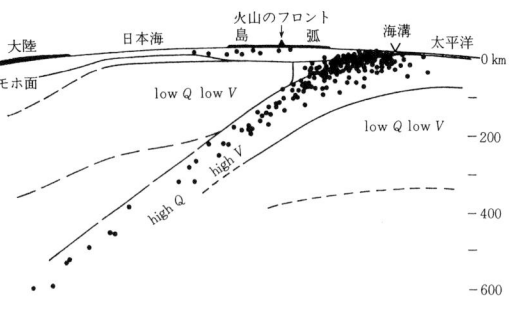

図 1.1.5 日本付近の震源分布［宇津，1974］
左図：震源を 100 km ごとの深さで示す平面図で，等深線間隔は 100 km．右図：東北日本を横切る断面図で，low Q, high Q は地震波が減衰しやすい，しにくいを，また low V, high V は地震波の伝わり方が遅い，速いを意味する．

縁辺部は圧縮されて地殻の変動が著しい．

(2) 日本列島の基盤

1) 大陸縁辺の時代と岩石

　日本列島はユーラシア大陸東縁にあるプレートの沈み込み地帯である．ここは長い複雑な歴史があって構成物質は多様であるが，大きく見れば，大陸の縁辺にあった時期に形成された岩石や地層群と，日本が島弧となり大陸との間に日本海などの縁海が出現してからの岩石や地層群とに分けることができる．

　島弧になる前の岩石や地層群は，基盤岩類という呼び名で一括されることが多い．それは主として海洋プレートの表面に堆積した海底堆積物や，それを起源とする変成岩類で，その海底地殻や表面の堆積物は，海のプレートが大陸の下に沈み込むときに大陸の前面に帯状に取り残されたものである．なお基盤岩類にはこれらに貫入した花崗岩類も含める．

　一方，日本が島弧となりはじめた第三紀中新世（25 Ma）以後の構成物は，新しい縁海の出現と関連する海成堆積物や火山噴出物，および列島上または周辺で今も堆積しつつある地層群などである．

　日本列島の基盤をつくる堆積岩類は，チャート・泥岩・砂岩などを主とし，玄武岩質火山岩や礁性石灰岩を伴う．この地層は，中に含まれる浮遊性微化石の放散虫によって，その年代が主として古生代末からジュラ紀までで，とくにジュラ紀の地層が広く分布していることが明らかになり，同時に内部の詳細な層序もわかってきた．その地層は，場所が違うと時代が違うだけで，どこでも同じような岩石が同じような順序で重なっている．すなわち，下部に玄武岩な

どの火山岩，それを覆って主として放散虫殻からなる遠洋性チャートがあり，上部は厚い砂岩・泥岩からなるタービダイトに終わる．チャートは薄いが三畳紀前期からジュラ紀中期までといった非常に長い地質時代を代表し，堆積物の大部分を占める砂岩・泥岩はジュラ紀中期といったごく短期間の堆積物である．

この層序は，次のような海洋プレートの移動と沈み込みの歴史を示しているとされる（Matsuda and Isozaki, 1991）．すなわち，はじめ大陸から離れた深海で玄武岩質の海洋性地殻上に遠洋性チャートが堆積していたが，プレートが移動して海溝に達すると，陸側から流入した厚い砂質のタービダイトがそれらを覆う，という歴史である．

海洋プレートが沈み込むところでは，海洋性地殻とその上の深海堆積物は，沈み込む海洋プレートとの境界面やそれから派生した衝上断層に沿って削り取られて取り残され，海溝底堆積物とともに島弧の前面下側につけ加わり，積み重なったと考えられる．このような過程を付加，こうしてできた一連の地層群を付加体と呼ぶ．日本列島の基盤は，このような付加が古生代後期以後次々と起こり，大小さまざまな規模の衝上断層で境された地層群が，文字通り無数に積み重なって形成されたものである（Taira *et al.*, 1988；磯﨑・丸山，1991；Isozaki, 1996 など）．衝上断層によって移動してきた岩体はナッペ（衝上地塊）と呼ばれる．すなわち，日本列島の基盤は，ナッペが積み重なって構成されている，ともいえる．

2）付加体がつくる帯状構造

西南日本の基盤岩類は10をこす帯に区分されている．1つの帯は堆積年代がほぼ同じで似たような岩石からなる．各帯は互いに平行にほぼ島弧の方向に並んでいる（図1.1.6）．帯と帯の境界は，多くの場合水平に近い衝上断層で，北から南にのり上げており，各地帯の年代は概して日本海側が古く，フィリピン海側に向かって新しい．すなわち，時代の古い地帯ほど日本海側にあって，しかも上側にのっている，という著しい特徴がある（図1.1.7）．

西南日本で最も古く，最も大陸側に分布するのは飛驒帯と隠岐帯である．両者は先カンブリア時代の大陸基盤と考えられていて，飛驒帯は中国大陸北部から朝鮮半島に分布する中朝地塊の続き，隠岐帯は中国大陸南部の揚子地塊に続くとされている．この南側にあって，関東地方東部から九州中部，琉球列島にまで列島の大部分を占めて続く堆積岩類は，堆積年代と付加年代の組み合わせから3グループに大別できる．①最も日本海側にあり，古生代中後期の堆積物が古生代末〜三畳紀初期に付加した部分（蓮華帯・飛驒外縁帯・三郡帯・秋吉帯・舞鶴帯），②列島の中央部を占め，三畳紀・ジュラ紀層がジュラ紀後期に付加した部分（北から，美濃−丹波帯・領家帯・三波川帯・秩父帯の各帯），③白亜紀層・古第三紀層が白亜紀〜新第三紀に付加した部分（四万十帯），である（図1.1.6）．このうち最も広く分布するのが②の部分で，その中央には，花崗岩の貫入によって熱せられて変成岩になった領家帯，その南にあって地下深く埋没して高圧によって変成された三波川帯があり，これらは堆積物としては美濃−丹波帯や秩父帯の続きである．西南日本の最も太平洋側をつくる地帯は四万十帯で，主として白亜紀層・古第三紀層がつくる多数のナッペが積み重なった典型的な付加体である．室戸岬・足摺岬などの先端部で新第三紀中新世の堆積物も含まれている．

活断層として注目され地形的にも重要な境界をなす中央構造線は，領家・三波川の2変成帯

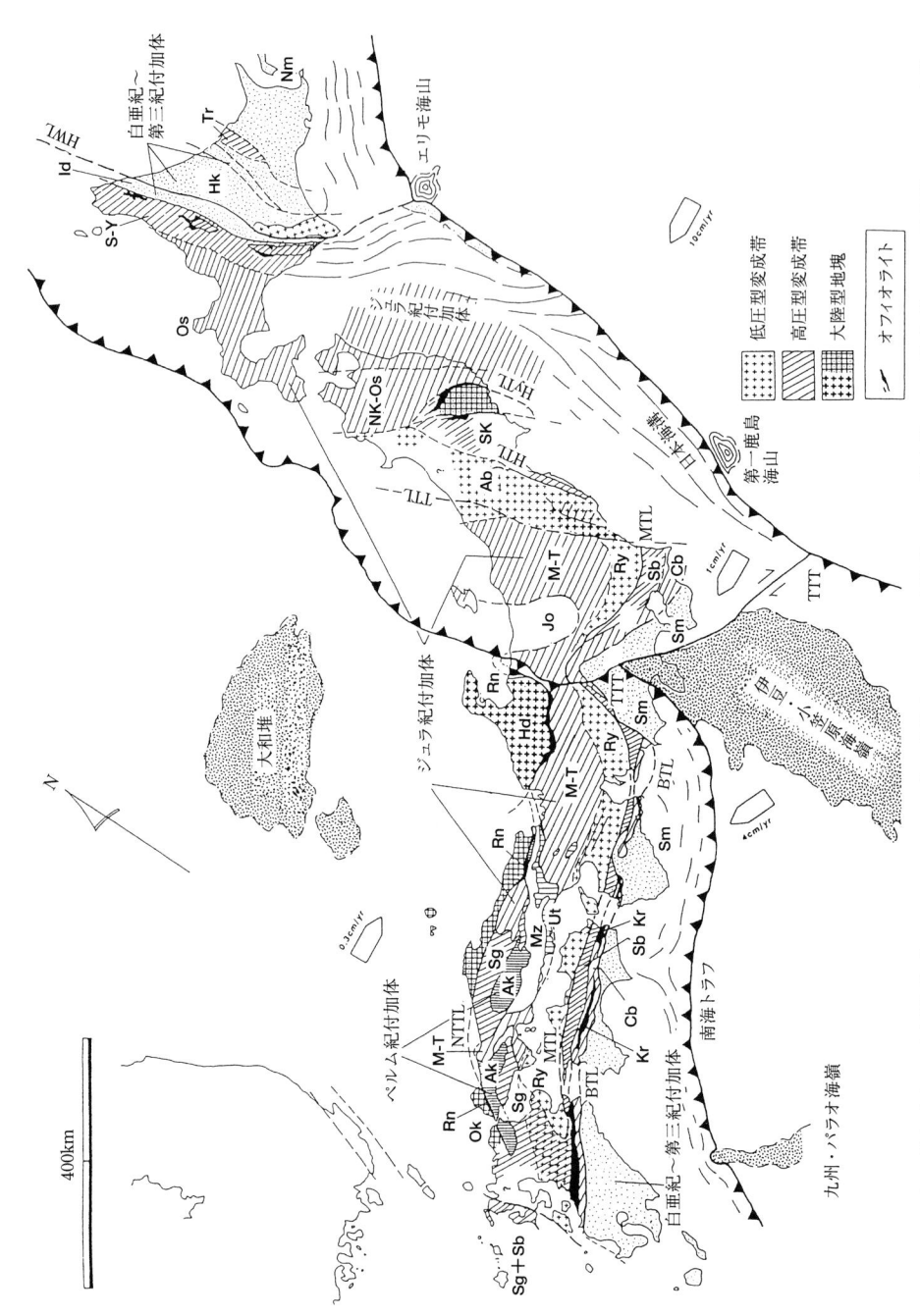

図 1.1.6 日本の基盤岩類の地質構造 [Isozaki, 1996 による]．地帯名：Ab：阿武隈帯，Ak：秋吉帯，Cb：秩父帯，Hd：飛騨帯，Hk：日高帯，Id：イドンナップ帯，Jo：上越帯，Kr：黒瀬川帯，M-T：美濃-丹波帯，Mz：舞鶴帯，NK：北部北上帯，Nm：根室帯，Ok：隠岐帯，Os：渡島帯，Rn：蓮華帯，Ry：領家帯，Sb：三波川帯，Sg：三郡帯，SK：南部北上帯，S-Y：空知-エゾ帯，Tr：常呂帯，Ut：超丹波帯．構造線・断層名：BTL：仏像構造線，HTL：畑川構造線，HyTL：早池峰衝上断層，HWL：日高西縁衝上断層，MTL：中央構造線，NTTL：長門-飛騨構造線，TTL：棚倉構造線．その他：TTT：プレート境界の三重点．

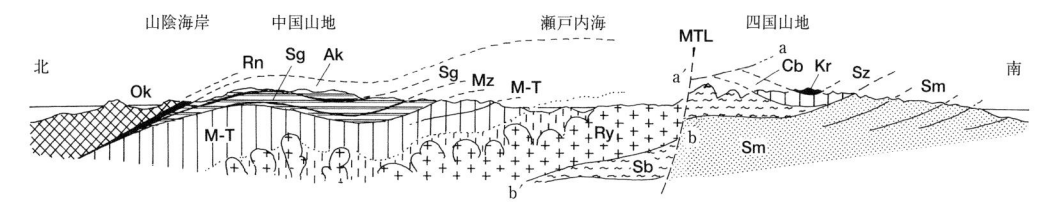

図 1.1.7 西南日本の地質断面 [Isozaki, 1996 の考えに基づく概念的断面] Ok：隠岐帯，Rn：蓮華帯，Ak：秋吉帯，Sg：三郡帯，Mz：舞鶴帯，M-T：美濃−丹波帯，Ry：領家帯，Sb：三波川帯，Cb：秩父帯，Kr：黒瀬川帯，Sz：三宝山帯，Sm：四万十帯，MTL：現在の中央構造線，a-a′, b-b′：古い中央構造線．図中，横線部分は本文中の①に，縦線部分は②に，砂目の部分は③にあたる．

が接する断層である．領家帯は高温型の変成岩だが最深でも地下 12-14 km までという地殻浅所でできた変成岩なのに対し，三波川帯は低温型ながら最高変成深度は地下 30 km をこえていて，領家帯と比べ 20 km 近い深さの違いがある（Wallis, 1998）．現在この両者が中央構造線を境に接しているのであるから，変成当時に両者の間に存在した厚さ 20 km の地殻部分が，その後の中央構造線の活動によってどこかに移動したことになる．

3）関東以北の日本列島の基盤

西南日本の帯状構造はフォッサマグナの西縁，糸魚川―静岡構造線のところで露出は断たれるが，その先は関東山地から関東平野の地下に続き，関東平野南部の地下には西南日本を構成する主要な地帯が揃っている．西南日本の帯状配列は濃尾平野―富山平野の線より東側で大きく屈曲し，赤石山地ではほぼ南北に，関東山地から関東平野の地下では北西―南東に続き，「八」の字型に曲がっている．

従来は棚倉構造線（図 1.1.6 の TTL）をもって西南日本と東北日本の境界とする意見が有力であった（図 1.1.6 および図 1.1.8 のこの部分は従来の説によって描いている）．しかし，高橋（2006）などによると，西南日本のような基盤岩類の帯状構造は，関東平野の中央付近を通る北西―南東方向の線（利根川構造線）を境に見られなくなるという．高橋（2006）は，この線が中新世の日本海拡大時に西南日本と東北日本の境界であったと考えている．棚倉構造線より北東側には，新第三紀層の下に花崗岩類（阿武隈帯）が点々と続いて広く分布し，東北日本内弧側の基盤を構成している（図 1.1.8）．

一方，太平洋側の阿武隈山地と北上山地のうち，阿武隈山地東縁域と北上山地南部とは一連の地帯とされ，南部北上帯と呼ばれる．ここには，オルドビス紀〜デボン紀の浅海成層，石炭紀・ペルム紀の礁性石灰岩や中生代の浅海成層が広く分布する．日本の他地域の中・古生層は主として深海堆積物かタービダイトであるが，南部北上帯のものは大陸縁辺の浅海性堆積物で，両者は著しく違う．このことやその化石群の内容から，南部北上帯が他所から移動してきた異地性地塊であるとされるが，どこからきたかについては意見の対立がある．

北上山地北部から渡島半島，北海道の西半部は，東北日本の続きで，三畳紀〜ジュラ紀のチャート・塩基性火山岩とジュラ紀のタービダイトを主とする付加体である．北海道の中央部には，日高山脈，夕張山地，およびその北の延長である天塩山地などが南北にのびて，北海道の中軸山地をなしている．これらの山地の西半部は東北日本の続きで，ジュラ紀〜白亜紀の付加体が高圧型の神居古潭変成帯を伴って南北に続く．

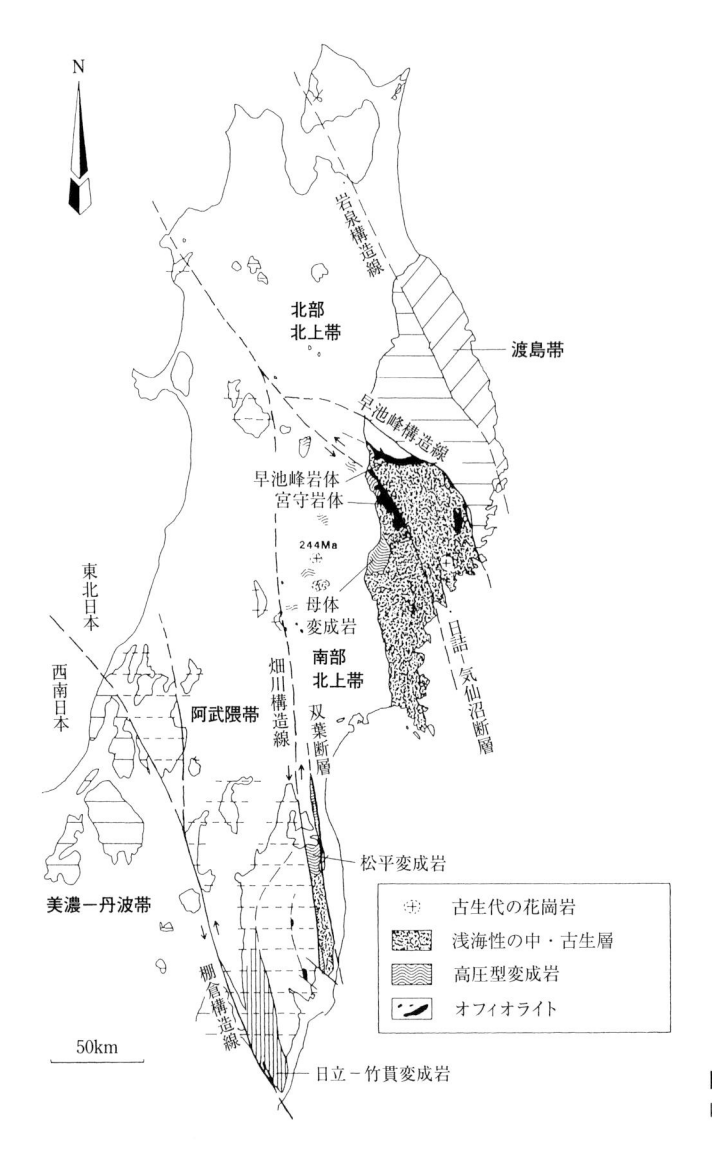

図 1.1.8 東北日本の基盤地質 [磯崎・丸山, 1991 による]

一方，北海道東部は北東に続く千島弧の一部で，中軸山地のところで千島弧が東から東北日本弧に衝突してのり上げ，島弧の地殻断面が地表に露出して「日高帯」をつくっていると考えられている．日高帯は低圧高温型変成岩を主とする地帯で，西縁に沿って地殻中部でできた変成岩が露出し，東に向かって変成度の低い地殻浅所の岩石となる（Komatsu et al., 1983; Nakajima, 1997）．日高帯の変成岩や花崗岩類は，古第三紀末〜新第三紀初頭の放射年代を示す．

(3) 島弧時代における日本列島の地域特性

1) 島弧の構造区

日本列島は中新世の初期ごろ大陸から離れて島弧になった．それ以後の日本列島は共通の性質をもついくつかの地質地形区に分けられる（たとえば垣見ほか，2003）．図 1.1.9 は日本列島に露出する新生代後期の地層の分布図である．

①前弧海盆：島弧前面の沖合にある新生代の主な沈降性の堆積盆地．日本海溝に面する大陸

図 1.1.9 日本列島における後期新生代堆積層の分布［地質は産総研 100 万分の 1 地質図ラスタデータ版，地形は国土地理院 50 m-DEM に基づき野上道男作成］ 灰色の部分が前期中新世〜完新世の堆積層．ただし，付加体堆積層および火山岩類を除く．

斜面や四国沖の土佐海盆など．
② 外弧（外帯）：火山活動のない新生代後期を通じての緩慢な隆起地帯．東日本島弧系の色丹島―歯舞諸島―根室半島―釧路，北上山地―阿武隈山地，西日本島弧系の赤石山地―紀伊山地―四国山地，奄美諸島―沖縄諸島―先島諸島など．
③ 内弧（内帯）：火山活動があり，比較的波長の短い褶曲・隆起山地・沈降盆地がある地帯．沈降部には新生代後期まで新第三紀層の堆積盆地があった．東北地方中西部の奥羽山脈―横手盆地・会津盆地―出羽山地―越後平野・日本海東縁帯など．西南日本弧では火山活動も上記の地形・地質的特徴も比較的明瞭でない．琉球弧では硫黄島・口永良部島，トカラ列島の火山島など．
④ 背弧海盆：島弧背後の海盆．オホーツク海，日本海，東シナ海などの縁海．

⑤重複・衝突帯：島弧の会合部での島弧の衝突や性質の重複によって生じた特異な地帯．北海道中央部，本州中部・フォッサマグナ，九州中南部など．

2）衝突してまとまった北海道

　北海道は，東北日本弧をのせたユーラシアプレートと千島弧をのせたオホーツクプレートが新生代中頃に衝突して接合した陸塊である．衝突して隆起した山地が北海道中央部を南北に走る天塩山地―夕張山地である．北方へはサハリン（樺太）に続く．この北海道中軸部は上記のような2つのプレートの境界と考えられているが，第三紀末あるいは第四紀にそれが日本海東縁へ移動したという議論もある（中村，1983；小林，1983）．なお，中軸部の南部にある日高山脈は，太平洋プレートの千島海溝の走向に対する斜め沈み込みのため引きずられて西進する千島弧の外弧の一部であり，その西縁（石狩低地帯東縁付近）での衝突によって生じた隆起山地である（Kaizuka, 1975）．石狩低地帯以西の道南地域は，東北日本弧の内弧の一部である．

　北海道の新生代後期の海成層は，主に中軸部山脈の西側に厚く堆積している．日高山脈の東側の盆地（十勝平野）にも広く分布する．道東地域には中新世の変質した火山岩層が多い．

3）外弧内弧の接合している東北地方

　東北地方は東日本島弧系の外弧と内弧がほぼ白河―盛岡を結ぶ南北の低地帯（北上低地帯など）をはさんで接している陸地である．外弧側は長波長でゆっくり隆起した高原状の山地（北上山地・阿武隈山地）があり，内弧側は火山を伴い山地と低地が交互する（奥羽山脈・出羽山地と横手盆地・新庄山形盆地・会津盆地など）．その地形は中新世の海の時代を経て主に鮮新世以降に成長したものである．

4）3つの弧が重複・衝突している中部日本

　本州の中央部は東北日本弧，西南日本弧，伊豆・小笠原弧の3つの弧の接合部である．その付近にはフォッサマグナと呼ばれる本州横断帯がある．関東平野は火山フロントの東側に位置する東北日本弧の外弧の沈降盆地であり，中新世以降第四紀までの地層で満たされている．西南日本弧の古期岩類の帯状構造は，伊豆・小笠原弧の火山弧の北進を受けて北に湾曲している（関東対曲と呼ばれる）．フォッサマグナの南部では伊豆・小笠原弧と本州弧の衝突によって地層の圧縮や隆起が著しい．

　伊豆半島の北側周辺には，伊豆・小笠原弧の火山活動による火山岩類を含む厚い海成層があり，それらが隆起した山地が伊豆・小笠原弧と本州とを結んでいる．

5）フィリピン海プレートに面した西南日本

　中部地方から南西諸島にいたる西南日本は，その前面でフィリピン海プレートの沈み込みを受けている．基盤地質の大きな境界である中央構造線の南側（外帯）は，紀伊山地・四国山地などの非火山性の隆起山地である．これに対して，内帯側には瀬戸内海などの東西にのびた低地と鮮新世以後に緩く隆起した吉備高原や中国山地がある．西南日本では新生代後期の地層は瀬戸内海沿いにわずかに分布するが，概して先新第三紀基盤の露出が広い．新生代後期層の変

形も少ない．近畿地方内帯には南北にのびた山脈の列で特徴づけられる近畿三角帯がある．

九州は西南日本内帯の性格を引き継ぐ北部九州と，琉球弧の内帯の性質をもつ中南部九州とからなる．九州山地の南東部を火山フロントが通り，琉球弧に続く．南西諸島は主に琉球弧の外弧の島列からなるが，北部には霧島火山群に続く火山島の列がある．

1-2 日本列島の地形の概観

(1) 日本列島の地形の概観

日本国土の北端は，択捉島カモイワッカ岬；北緯 45° 33′28″（北海道宗谷岬；北緯 45° 31′22″），南端は沖ノ鳥島；北緯 20° 25′26″，東端は南鳥島；東経 153° 59′，西端は与那国島西岬；東経 122° 56′2″となっている．

日本列島の面積は 37 万 5671 km^2，平均標高は 382.4 m，重心の経度緯度は東経 137° 45′50″，北緯 37° 19′18″（富山湾口）である（国土地理院 250 m-DEM から計算；野上，2004）．面積は陸地・国土の定義（潟湖・埋立地，北方領土の扱いなど）で若干異なる値となる．海岸線の長さはフラクタルであるので，編集された地図の縮尺と尺度を決めないと大幅に異なった値となる．

年平均気温の面積平均値は 10.24℃，年降水量の面積平均値は 1777 mm である（気象庁気候値メッシュマップ 2000 年から計算）．

国土地理院数値情報（1 km 解像度）の地形区分面積比（％）は以下の通りである．

　　　中小起伏山地　44.0　　　丘　陵　11.9　　　台　地　11.7　　　大起伏山地　10.6
　　　扇状地　　　　 7.8　　　火　山　 7.7　　　低　地　 6.3

地形区分ごとの人口（1990 年センサス）の割合（％）は以下の通り．

　　　台　地　　31.1　　　海岸平野　28.2　　　扇状地　21.2
　　　丘　陵　　10.3　　　山地（河谷）9.2

産業技術総合研究所の 100 万分の 1 地質図（250 m 解像度ラスタ型データ）を用い，地質区分ごとの面積比（％）を計算した（野上，1995）．なお中・古生代層には付加体は含まれない．

　　　付加体　　　　17.7　　　火山岩類　　17.1　　　新第三紀層　　11.8
　　　完新世層　　　11.5　　　深成岩　　　10.5　　　第四紀火山岩　10.2
　　　更新世末期層　 5.4　　　中・古生代層 5.0　　　変成岩　　　　 3.9
　　　更新世中期層　 2.3　　　更新世前期層 1.9　　　古第三紀層　　 1.8

環境省緑の国勢調査植生（1 km 解像度）を用い，植生区分ごとの面積比（％）を計算した．上位 5 位までは以下の通りである（野上，2004）．

　　　自然林・二次林　41.1　　　常緑針葉樹植林　25.1　　　水　田　11.7
　　　畑　　　　　　　 5.7　　　市街地・住宅地　 5.7

日本列島の主な 11 島の面積（理科年表：km^2）と最高点（m）は以下の通りである．

　　　北海道　 78073　　　大雪山（旭岳）　2291
　　　本　州　227414　　　富士山剣ヶ峰　　3776
　　　四　国　 18256　　　石鎚山天狗岳　　1982

九　　州	36554	九重連山中岳	1791
択　　捉	3139	西単冠山	1634
国　　後	1500	爺爺岳	1822
沖縄本島	1185	与那覇岳	503
佐　　渡	857	金北山	1172
奄美大島	709	湯湾岳	694
対　　馬	698	矢立山	648
淡　　路	593	諭鶴羽山	608

(2) 各地域ごとの地形配列

　日本列島は活発に運動するプレートの境界付近に位置してきたため，地質構造や累積する地殻運動などの影響を受け，地形的高まり（山地・山脈など）や凹地（平野・盆地・河谷など）は列状の配列をする．ここでは，その配列に注目して日本列島の地形を概観する．一般にプレートの移動方向がプレート境界に対して直交している場合（たとえば東北地方）には，しばしば島弧の内帯（ときには外帯にも）にできる地形はプレート境界に平行する列状配列となり，斜交している場合には雁行する配列（千島列島，伊豆・小笠原諸島）となる（Kaizuka, 1975）．日本列島付近では横ずれの境界は存在せず，開く境界も存在しない（表1.2.1）．

表 1.2.1　日本周辺の島弧の諸元

	走　向	弦の長さ	島弧幅	外帯隆起軸	VF距離	角　度	平行成分	直交成分
千　島　弧	N55E	2180	270	150	180	50度	5.4	6.4
東北日本弧	N30E	820	360	230	290	75度	2.2	8.1
伊豆・小笠原弧	N10W	1200				65度	7.6	3.6
八丈島付近			350	210				
小笠原付近			410	110	230			
西南日本弧	N60E	970	460	170-230	360			
琉　球　弧	N45E	1500						
種子島付近			310	140	210			
喜界島付近			330	85	190			
那覇付近			330	130	—			

注）　距離と幅の単位はkm. 左から，島弧がはる弦についての走向と長さ，島弧幅は大陸斜面上端（大陸棚外縁）から内帯の地形的高まりまでの幅，外帯隆起軸は海溝から隆起軸までの距離，VF距離は海溝から火山フロントまでの距離．なお，西南日本弧については，島弧幅は海溝から日本海側大陸棚の北縁まで，VF距離は大山火山までの距離，外帯隆起軸は中央構造線までの距離とした．
　日本に最も近いハワイのホットスポットの位置を不動点として，天皇海山列南端までの方向から，太平洋プレートの平均的運動方向と速度を求めた（軌跡の方向と火山の年代から約42Myにわたり定方向・定速とされている）．千島弧，東北日本弧，伊豆・小笠原弧の前縁となるプレート境界における，この運動の方向をそのプレート境界の方向との「角度」で表し，運動ベクトルをプレート境界の方向（「平行成分」）と「直交成分」に分解した（いずれも単位はcm/年）．北米プレート・ユーラシアプレート・フィリピン海プレートもそれぞれ動いているので，平行成分・直交成分がそのまま各プレート間の相対速度になるわけではない．全球にわたる相対運動を検討したLe Pichon（1968）の計算結果では，北海道東方のプレート境界で，相対速度はN93E，8.5cm/年の短縮とされ，この表の成分分解前の値（N105E，8.4cm/年）と比べてみると，ユーラシアプレートも，たぶん北米プレートも，絶対的に（ホットスポットに対して）ほとんど動いていないようである．したがって千島弧・東北日本弧については，表の各成分値はほぼ相対速度を表していると見なすことができる．

1) **北海道**（図1.2.1 (a)）

　この島の地形配列には脊梁（宗谷丘陵―夕張山地）方向のほか，主として火山からなる千島列島の雁行配列（南西―北東方向）が見られる．雁行する火山列の西南端の火山が海溝に最も近く，それをつなぐ線が火山フロントとなっている．つまり火山フロント（線）と各島の火山列は斜交している．東北日本の連続であるとされる渡島半島でも，新第三紀層と新しい火山からなる地形的高まりは雁行配列（南東―北西）を見せている．

　北海道の脊梁は樺太から宗谷海峡をわたってから南に高度を増し，天塩山地をへて夕張山地で最も高くなるが，その南でとぎれる．脊梁の西側は第三紀層の山地と石狩―苫小牧低地帯となっている．さらに西側には古い火山などからなる増毛山地がある．

　脊梁方向とほぼ平行する日高山脈は夕張岳の東（狩勝峠）では低いが，そこから南へ高度をまし，中央部で最も高くなった後，襟裳岬を経て襟裳堆へと傾き下っている．日高山脈は白糠丘陵（名前に似ず急な山地）とともに，千島列島から続く雁行配列の一部をなしているが，日高山脈の方向は海溝方向とほぼ直角になっている．日高山脈と白糠丘陵は非火山性で北端部に

図1.2.1　日本列島の地形と地名［国土地理院50 m-DEMにより野上道男作成］　(a) 北海道．1. 阿寒・屈斜路火山群，2. 白糠丘陵，3. 十勝・大雪火山群，4. 宗谷丘陵，5. 天塩平野，6. 天塩山地，7. 名寄盆地，8. 上川・富良野盆地，9. 夕張山地，10. 増毛山地，11. 積丹半島．

それぞれ大きな火山群（十勝・大雪，阿寒・屈斜路）がある．日高山脈も白糠丘陵も平面形で凸面を西に向けており，西に向かってのし上げるような形態となっている．日高山脈と白糠丘陵の間には扇状地群からなる十勝平野がある．白糠丘陵以東では外帯の地形的高まり（釧路—根室半島—歯舞・色丹島）と北側の火山列との間には，釧路平野と主として火山山麓扇状地群からなる根釧台地（平野）が分布する．この平野は国後島の南側から歯舞島・色丹島列までの間で50 km以上もの幅をもつ大陸棚に連なる．大陸棚には扇状地や海岸平野が沈水している．

脊梁の東側には名寄盆地・上川盆地・富良野盆地があり，北見山地に発する川（天塩川・石狩川・空知川）はそれらの盆地を通り，脊梁に神居古潭などの先行性の河谷をつくって日本海側（天塩平野・石狩平野）に達している．すなわち脊梁の形成は北見山地より新しいことを示している．北見山地は個々の山体が孤立しているなど古い山地の特徴を備えている．この山地は北に高度を減じ，オホーツク海の海岸線とは斜交しながら，日本列島周辺で最も広い大陸棚に連なっている．

2) 東北日本（図1.2.1（b））

東北日本弧は島弧-海溝系における地形分布モデル，つまり，地形単位が細かい内帯（圧縮）地形帯，火山フロント，単位が大きい外帯地形帯という配列が典型的に成り立つ地域である．他の地域では配列が雁行したり（千島弧，伊豆・小笠原弧），外帯の大部分が海底にあるか（千島弧，伊豆・小笠原弧），火山フロントを欠いたり，内帯と外帯の地形的特徴が典型と異なるところがある（内帯とされる中国山地，琉球弧）．

図1.2.1（b）東北日本．1.三本木原，2.北上山地，3.北上低地帯，4.仙台平野，5.福島盆地，6.阿武隈山地，7.郡山盆地，8.八甲田・十和田火山群，9.鷹巣・大館盆地，10.八幡平火山群，11.横手盆地，12.新庄盆地，13.山形盆地，14.蔵王火山群，15.米沢盆地，16.磐梯火山群，17.会津盆地，18.津軽平野，19.白神山地，20.太平山地，21.秋田平野，22.笹森丘陵，23.本荘平野，24.丁岳山地，25.庄内平野，26.朝日山地，27.飯豊山地，28.越後平野．

脊梁山脈（奥羽山脈）は南北約 500 km もの長さで分水嶺として東北日本の中央部を縦貫しており，脊梁を横切る河川はない．火山フロントの位置はそれと一致している．火山フロントの内側（海溝と反対側の内帯）は小さな単位で盆地—山地が繰り返されており，外帯は大きい単位でゆったりとした曲隆を示す地形となっている．背梁を縦の背骨とすれば，片側の肋骨にあたるような配列が背梁の内側に見られる．白神山地・太平山地・笹森丘陵・丁岳(ひのと)山地・朝日山地・飯豊山地などである．この東西方向の地形的高まりの列を選ぶかのように，火山がとびとびに分布している．また背骨と平行に肋骨を縦に貫くような方向の地形的高まりがあり，総称して出羽山地と呼ばれている．

　脊梁山脈と出羽山地の間は盆地となっており，脊梁に発する川が流れ込み，出羽山地列を横切って日本海に注いでいる．大館盆地（米代川）・横手盆地（雄物川）・新庄・山形・米沢盆地（最上川）・会津盆地（阿賀野川）などである．ただし，東西方向にのびる白神山地・丁岳山地の稜線は直線的でかつ高低差が小さいことから，出羽山地列よりはむしろ新しい山地の特徴を備えている．出羽山地の西側の海岸平野も南北にとびとびに分布し，津軽平野・秋田平野・本荘平野・庄内平野・越後平野となっている．

　脊梁の東側には北上山地・阿武隈山地がやや雁行して分布し，その間は仙台平野・仙台湾の凹地となっている．脊梁と両山地の間は馬淵川・北上川・阿武隈川などが流れる河谷盆地となっている．北上山地は準平原*を原形とし，中央部に孤立した高い山体（早池峰山など）があるが，最近の地殻運動によって，全体として見ると南北に次第に低くなり，東西にそれよりは急に傾く，逆舟底形となっている．

　階上(はしかみ)岳周辺には高い海成段丘が，内陸の軽米(かるまい)付近には高い河成段丘が広く分布するなど最近の地殻運動の傾向が示されている．南部のリアス海岸では，リアスの谷は大陸棚の途中で終わっている．また大陸棚上に MIS 2（海洋酸素同位体ステージ（Marine Isotope Stage）2；1-4 節参照）よりも古い汀線がそれより沖のより深いところに沈水しており，大陸棚を含めて東向きの傾動（曲隆の東翼の）運動が認められる．

　逆舟底形をなす阿武隈山地も準平原を原形とし，新しい地殻運動を受けている．現在見られる孤立した山体は組織（岩石特性）を反映したものである．しかし残丘の比高は北上山地のそれより小さい．新しい時代の隆起軸は山地の東縁近くにあり，大陸棚の地形から知られる傾動は，軸から大陸斜面に向かって東下がりとなっている．山地の隆起軸と平行する双葉断層崖をつくった運動は，東下がりの地形をつくる傾動運動と同じセンスである．東側（海側）から山地に入り込んでいる河川（夏井川など）の分水嶺は，その隆起軸の西側すなわち西に傾く地域に位置している．そのため河川の上流部は無能力化しており，地殻変動開始前の準平原地形がよく保存されている．

3）フォッサマグナ周辺地域（図 1.2.1（c））

　フォッサマグナは本州島を東西に分断する凹地帯で，伊豆・小笠原弧の延長上に位置する．その西縁は飛驒山脈・木曾山脈・赤石山脈の東縁で，地形だけで見れば身延山東の富士川の谷

---

*準平原：　白亜紀後期から中新世末くらいまでの間（約 60 My），日本列島では地殻運動がほとんどない平穏な時代が続いた．この間に形成された小起伏の地形を本書では準平原と呼ぶ．

図 1.2.1 （c）中央日本. 1. 阿武隈山地, 2. 八溝山地, 3. 那須火山群, 4. 日光火山群, 5. 足尾山地, 6. 関東山地, 7. 甲府盆地, 8. 越後平野, 9. 魚沼丘陵, 10. 東頸城丘陵, 11. 高田平野, 12. 長野盆地, 13. 筑摩山地, 14. 松本盆地, 15. 伊那山地, 16. 木曾山脈, 17. 富山平野, 18. 金沢平野, 19. 福井平野, 20. 鈴鹿山脈, 21. 伊勢平野, 22. 比良山地, 23. 京都盆地, 24. 奈良盆地, 25. 大阪平野, 26. 和泉山脈.

である．天竜川はフォッサマグナの西縁を先行谷として横切っており，これら山脈の隆起が新しいことを示している．フォッサマグナ東縁は火山が多数分布しているため不明瞭である．

東北日本外帯と伊豆・小笠原弧外帯（小笠原諸島を除きほとんど海底）が交差するところには，三浦半島から房総丘陵にのびる東西方向の地形の高まりがあり，その北側は日本で最大の沈降平野である関東平野となっている．関東平野北部では，東北日本の脊梁は足尾山地で終わり，八溝山地も平野で終わっている．西南日本外帯の連続である関東山地（秩父山地）は東に傾き関東平野で終わっているが，断層崖で画されることなく平野の下に没し，関東堆積盆地の基盤になっている．

火山フロントは日光火山群付近で東北日本の脊梁とは離れ，方向を西に変え越後山脈の南限の赤城・榛名・浅間火山に連なっている．小笠原列島の火山フロントは伊豆大島・箱根火山・茅ヶ岳・八ヶ岳などを通り，越後山脈南の火山フロントと会合している．

火山性の伊豆・小笠原島弧（内帯）の先端は，相模湾と駿河湾に両側を限られた伊豆半島として本州と接触している．さらにその先（北側）ではハの字形に，西に天守山地，北に御坂山地，東に丹沢山地が分布している．その背後でも，赤石山脈や糸魚川—静岡構造線の東側にあ

たる関東山地は，彡とミの字を組み合わせたような，凸を北に向ける配列をなしている．北海道の例にもあるように，プレート境界で斜め方向に沈み込みを受ける側に見られる彡の字やミの字をした雁行配列は，火山フロントで分けられる内帯・外帯のいずれにもしばしば見られる特徴であることがわかる．

フォッサマグナ北部では北北東—南南西方向にのびる新第三紀の褶曲運動あるいはその構造の組織を反映したしわ状の新しい地形（背斜軸が稜線）が顕著で，信濃川の流路はそれに規制されている．犀川が先行性の河谷で横切る筑摩山地や，その延長のしわ状の地形（東頸城丘陵・魚沼丘陵）は，全体としては北北東方向に低下し越後平野に没している．

4）西南日本内帯（図 1.2.1 (d)）

フォッサマグナ以西で九州までを西南日本とする．この地域では慣習的に中央構造線で内帯と外帯に分ける．ただし中央構造線の西側の伊那山地は地形的には赤石山脈の一部（前山）で，木曾山脈とは天竜川の河谷で隔てられている．中央構造線との位置関係で見ると，伊那山地は讃岐山脈や和泉山脈と同じような位置にある．さらに，地形的特徴だけから見ると，フォッサマグナ以西の赤石山脈・木曾山脈・飛驒山脈から赤石山脈だけを西南日本の外帯であるとして区別する理由は見あたらない．これらの山地では稜線の標高が高く（3000 m 近い），深い谷に刻まれている．動的平衡山地*に近い状態であると想定されるが，稜線の定高性がまだ残っているので，隆起開始後それほど時間が経過していないと思われる．このことはその山地が周囲に礫を供給し始めた年代（礫層の年代）などの証拠で確かめられる（2-1節（4））．

これらの大起伏山地には隣接して南へあるいは西に緩やかに傾く高原・丘陵地帯（美濃・三河高原）があり，ここでは隆起量が小さく，比較的小起伏の地形となっている．つまり，木曾山脈・飛驒山脈・飛驒高原から美濃・三河高原を経て濃尾平野・伊勢湾に続く地帯には，かつて準平原が存在し，その後の隆起量（傾動および断層変位量）によって，大起伏山地・隆起準平原・平野・盆地底と分化した．このような準平原はさらに西の近畿地方から中国山地・瀬戸内海地方（MIS 2 以後の氷河性海面変化で沈水しているが，あまり変化を受けていない準平原）を経て九州北部に及ぶ地域の現在の地形の原形となっている．この準平原を「西日本準平原」と総称することにする．西日本準平原は，中新世末にはじまり，第四紀中期ごろ（1 Ma）になってから加速した地殻運動によって谷が刻まれ，現在の隆起準平原地形となった．

近畿地方では，互いに斜交あるいは直交する幅のせまい山地列や盆地群が交互に形成されている．隆起量が小さい地域（信楽高原・上野盆地周辺など）では準平原の地形が面的によく保存されている．幅のせまい山地（たとえば比良山地・和泉山脈）や現在の起伏が 1000 m 近い丹波高地でも稜線の定高性が見られ，準平原の地形が残っている．近畿地方の山地・盆地群は西日本準平原を原地形として，中新世末あるいは鮮新世後期のころはじまった地殻運動によっ

---

*動的平衡山地： 隆起し続ける山地では，まず河川が反応しその下刻によって，急斜面が出現する．十分な時間が経過すると，やがて隆起速度に見合う侵食速度となる斜面勾配が出現する．このような状態を山地の動的平衡という．山地の隆起速度と斜面勾配の計測結果（野上，2008b）によれば，山地の動的平衡の出現には 1–10 My の時間が必要だと見積られる．動的平衡山地では理論的には隆起速度と勾配は比例関係にあるが，山地の勾配が閾値（気候，岩石・風化層の特性などによるが 30–40° 程度）をこえると山崩れなどが発生するので，上限があるといえる．

て形成された.

　中国山地は日本海よりに位置する東西軸を中心に，中央構造線方向に（南に）緩く，日本海方向に（北に）やや急に傾く曲隆を受けるようになった．日本海側の広い大陸棚はこの運動の結果であろう．また，この隆起によって中国山地の河川上流部は峡谷を形成するなど下刻傾向となり，さらに南側では海面低下期には陸地であるものの，上昇期（現在など）に海域となる瀬戸内海となっている．つまり瀬戸内海地方では西日本準平原が隆起によって破壊されることなく，海成層などに覆われるという状況が現在でも続いている．これは新第三紀の中国山地地域や，現在の朝鮮半島西海岸地域および隣接する黄海の大陸棚地域と同じである．日本海に注

図 1.2.1　(d) 西南日本. 1. 播磨平野，2. 徳島平野，3. 津山盆地，4. 岡山平野，5. 讃岐平野，6. 讃岐山脈，7. 出雲平野，8. 高知平野，9. 筑紫平野，10. 阿蘇火山群，11. 熊本平野，12. 人吉盆地，13. 宮崎平野，14. 霧島火山群，15. 鰐塚山地，16. 大隅半島，17. 薩摩半島.

ぐ江の川は隆起軸の南側にまで流域をもっており，その部分の流路は無能化しており，南流する河川に争奪されている．このことは隆起運動が準平原地形を破壊するようにはじまったことを示す証拠の1つである．

九州北部は中国山地の連続である．しかし，中国山地と違って地形的高まりはそれぞれ孤立しており，その間は平野あるいは湾となっている．対馬海峡付近から山陰沖付近では大陸棚の地形が広い．この海域は低海水準期には波浪作用限界深（約15 m）程度の浅海となるので，効率的に大陸棚物質が日本海に運び込まれ堆積したらしく，溝状の地形とその前面の日本海側にデルタ状の地形が形成されている．

5）西南日本外帯

西南日本外帯には，紀伊山地・四国山地・九州山地が並ぶ．これらの山地は大きく見ると塊状の高まりをなし，伊勢湾，紀伊水道，豊後水道の凹地帯で相互に隔てられている．外帯山地に共通する特徴として，全体として大きなドーム状の高まりをなし，峡谷をつくり，嵌入蛇行する河川が入り込み，稜線は分断され，孤立した山体が多い，などを挙げることができる．海に面する勾配の急な斜面をもつ大起伏山地でありながら，砂礫の堆積地形（扇状地など）は貧弱である．

紀伊半島では沖積層に埋められた河谷平野は見られない．東端の志摩半島付近はリアス式の海岸線となっているが，その地形は深さ-40 mくらいで終わっているので広域で長く続く地殻運動を反映したものではない．紀伊山地南側の大陸棚の幅はせまい．

四国山地には嵌入蛇行する四万十川・仁淀川のような例もあるが，一般に地質構造を反映していると思われる東西方向の流路と，それを南北につなぐ格子状の流路網が卓越する．讃岐山脈と四国山地の境界（中央構造線）を通る吉野川が四国山地の隆起軸を峡谷で横切り（大歩危・小歩危），はるか西の方まで，隆起軸（石鎚山脈）の南側をその流域としている．水系網の保守性を考慮すれば，四国山地の隆起は新しい．

室戸岬や足摺岬付近には海成段丘が分布しているが，四国山地と大陸棚を含む広い範囲は大陸斜面に向かって傾き下っている．吉野川下流の徳島平野はやや広いが，仁淀川・物部川の高知平野では扇状地の発達は微弱である．

九州山地の北西部は九重火山群・阿蘇火山などで埋められ，南部は霧島火山群で終わっている．中央構造線の地形的延長は明瞭でない．ここでは祖母山付近から国見岳を通り，人吉盆地の南を限る国見山地の東端付近までを九州山地とする．

九州山地から発し太平洋に注ぐ五ヶ瀬川・耳川（美々津川）・一ツ瀬川などは，深く嵌入蛇行している．そして第三紀層が存在する下流平野部（宮崎平野）に扇状地や段丘を形成している．

6）南西諸島

南西諸島は九州南部から薩南諸島・沖縄諸島・先島諸島の与那国島まで続く非火山性の島列で，琉球海溝と対になっている．主要な方向は北東―南西であるが，石垣島付近で東西方向となり，台湾島の方向と直角に台湾島に衝突しているとされている．隆起した島はサンゴ石灰岩

に覆われている．南西諸島列と中国大陸の大陸棚との間には平行して幅約 100 km の沖縄トラフが存在する．沖縄トラフは九州に近づくと浅くなるとともに，その東側に火山列（トカラ列島）が存在するようになる．沖縄トラフはユーラシア大陸の東南を縁取るもので，大陸の縁という地形的な連続性からいえば，対馬海峡を通り，朝鮮半島東岸沖のトラフ状の海底に連なっている．九州中部では火山で埋められた別府―島原地溝帯を東に派生させている．

(3) 日本列島周辺の海底地形

海岸線から海溝底までの間は大陸棚と大陸斜面である．大陸棚は MIS 2 以後に沈水した河成・海成の地形が大部分を占める．持続的に沈降し，その速さが大きいところでは，MIS 2 にも波の作用を免れるほどの深度となるので MIS 6 以前の汀線も存在する．海底については陸上と違って崖地形（旧汀線）を読図できるほどの詳しい地図はないが，深度を統計処理すると平坦面や崖の存在が推定できる（3-3 節参照）．

大陸棚は凸な遷急点で大陸斜面と接しているが，その深度に海水準が存在した時期は場所によって異なる．地殻の隆起速度が MIS 2 以後の海面上昇速度（0.01 m/年）を上回ることはないので，隆起地域であっても，MIS 2 の汀線は沈水している．そのような地域ではそれ以前の低海水準期（MIS 6, 8, 10, …）の汀線地形はさらに浅いところに位置することになるので，その後の波の作用を受けてその時期の地形は破壊される．そのかわり，陸上では高海水準期（MIS 5, 7, 9, …）の汀線地形が海成段丘として残る．

大陸棚の幅は北海道北部（とくにオホーツク海側），北方 4 島付近，北九州から対馬付近，隠岐諸島方面で広い．一方，北海道日高海岸，相模湾・駿河湾，紀伊半島沖，富山湾，渡島半島西海岸などでせまい．

大陸斜面は大陸棚外縁の遷急点から海溝底に一気に落ち込んでいるのではなく，途中に段（棚）地形または盆地地形が見られる．とくに南海トラフに向かう大陸斜面では遠州舟状海盆・熊野舟状海盆・室戸舟状海盆・土佐海盆・日向海盆などの棚地形が明瞭で，また付加体の生成が盛んであるとされている．

大陸斜面には密度流による海底谷が刻まれている．十勝沖や伊豆・小笠原海溝，南海トラフに面する大陸斜面で多数存在する．スケールは異なるがガリ状を呈しており，末端は曲流しながら海溝底まで達しているものもあり，途中の棚地形で止まっているものもある．上端（始点）は大陸棚外縁に切り込んでいるものもあるが，大陸斜面の途中からはじまっているものもある．富山湾にはじまる海底谷は蛇行しながら本州島北端に近い緯度の日本海中心部にまで達している．

1-3　日本列島の気候とその変化

地形を変える外作用の種類や強さ頻度，あるいは変化の速さはすべて気候に依存する．H_2O は 0℃ 近くの温度で，液体と固体の相変化をする．積雪は土壌層への熱の伝導を妨げる．氷河の流動は地形を変える．岩石割れ目中の水や土壌の水の凍結・融解の繰り返しは岩石を破壊し，土壌層を動かす．物理的・化学的・生物的風化は温度や水に依存する．土壌層や風化層の滑落

はもちろんのこと，斜面にはたらくすべての作用は気候に依存する．

　降雨による流出すなわち河川のはたらきは，流量という指標でその作用の強さを見ることができる．長期間にわたる河川作用の効果は，強さとその頻度に依存する．海底での物質の動きや海岸線の侵食は波の強さ，すなわち風の強さに依存する．乾燥のため植生の被覆が貧弱あるいは欠落する場合，風は砂粒以下の細粒物質を直接動かし運搬する．気候は植生の成立や土壌層の生成を支配する．それらを欠く場合は，流水の作用が効果的にはたらく．

　デービスによる地形発達理論では，温暖で流水のある気候だけが最初に取り上げられ，それを「正規輪廻」と呼んだことから，それ以外の気候帯の地形，たとえば氷河地形，凍結融解（周氷河）地形，半乾燥地形，風成地形などを気候地形と呼び，それを対象とする研究分野を気候地形学と呼ぶことがある．これはその後の地形学の流れから見て，正当な区分ではない．地形を変化させる作用の種類や変化の速さなどがどのように気候に依存しているか，また歴史的にどのように変遷してきたか，それを明らかにしようとする視点をもつ地形学が気候地形学である．

　ヨーロッパでは地形を変化させる局地的な地殻運動が弱く，気候帯と地形の対応が注目され体系化された（たとえば，トリカール・カユ，1962）．また，現在の地形は気候の変化の影響を重層的に受けてきた（ビューデル，1985）という地形発達観が，デービスの地形観に替わって，ヨーロッパでは一般的に受け入れられてきた．この地形（発達）観を日本の発達史地形観と比べると，日本のものから地殻運動・火山活動を除き，気候と気候変化の効果（とくに古土壌と地形）を重要視して地形発達（地形の時間的変化）を取り扱っている，という特徴があることを指摘できる．

　過去の気候変化は地球上における気候帯の移動であると見ることができる．したがって過去の気候地形がどうであったかを知るには，それに相当する現在の気候帯においてどのような地形が形成されつつあるかを調べればよい．たとえば氷期の関東地方の平野や山地の地形形成は，現在の十勝平野や日高山脈のそれとほぼ同じであったと予想される．また山地にあっては氷期・間氷期間の 6-7℃ の気温変化は，気温減率から気候地形帯の 1000–1400 m くらいの高度変化に相当する．また気候変化の影響は新しいものほど強く残っているので，現在のほとんどすべての地形は，最終氷期の地形に現在の地形が重合していると解釈される．段丘やテフラに覆われた斜面ではこの重合を分離することができるが，それを欠く山地斜面では難しい．

(1) 現在の日本列島の気候特性

　北半球は大陸が広く，大陸と海洋が交互に配置されている．そのため中緯度高圧帯は海洋ごとに分断され，偏西風も大きく蛇行しやすい．高緯度地方の積雪は春までもちこされ，そのアルベドのために広大な冷源域となり夏を遅らせる．氷期にはユーラシア大陸および北米大陸の高緯度側に巨大な氷床が形成され，夏でも冷源域となるので，強い南北循環が発達したと思われる．以上の特色は海陸の分布が原因なので，南半球とは大きく異なっている．

　このような地球規模の気候の配置の中で，日本列島の気候はさらに次のような特徴をもっている．太平洋の西縁に位置しているため，海洋上の高気圧（小笠原高気圧：北太平洋高気圧の西部分）の西縁にあたり，低気圧が北上する通路（前線帯）にあたっている．そのため北太平

洋高気圧が強力となって西に拡大する季節（夏）でも降水が多い．日本では植物の生育を阻害するような夏の乾燥はない．梅雨季あるいは台風による強い雨が，斜面や河川の地形を変える力となる．ただし北海道や日本海側では，融雪による洪水流量が重要である．

　一方で，日本列島は大陸の東縁にあるため，冬には強い北西季節風にさらされる．ユーラシア大陸の東寄りには，東西にのびるヒマラヤ山脈やチベット高原があり，大陸の冬の冷気の南への流出を遮っている．そのためシベリア方面で貯留された冷気は南東に流れ出す．乾燥した気流は黒潮の分流が流れ込んでいる暖かい日本海で水蒸気の供給を十分に受け，成層状態が不安定となる．そして脊梁山脈の前面で激しい地形性上昇気流が起こり，日本海側の山地や平野に大量の降雪をもたらす．逆に太平洋側は冬に晴天が続き乾燥する．しかし，これは冬の乾燥であるので，植生の分布に大きな影響を与えることはない．植生の分布は主に夏の暖かさ（暖かさの指数）で決まっている．寒さや積雪が植生分布に与える影響は二次的である．

1）積雪

　積雪は深さで測られる．積雪の密度は深さで変わるので，それを調べると水の量に換算できる．それを積雪の水当量（または水等量）という．ところが，降雪の観測値はなく，アメダス（AMeDAS）では降雪を融かしてから降水量として計測している．降雨と降雪の差異は重要であるので，気温の閾値（約2℃，地方と季節で変わり1-3℃の幅をもつ）で判別する（小川・野上，1994）．AMeDAS雨量計の降雪捕捉率は50％以下になることもある．捕捉率は風速に依存していると思われ，冬季山岳地域の降水（雪）量は気候値メッシュデータでも過少に見積られている．

　積雪は雪崩などで直接地形を変える．また雪崩や雪庇などで大量の積雪が生じるところでは，積雪が夏まで続き，さらに越年雪渓となることもある．そのような場所では植物の生育期間が短くなり，高山草地や無植生地となる．日本の高山では，積雪分布・植生分布・周氷河作用・地形が複雑に関連している．山地の融雪は気温に応じて徐々に進むため，その融雪水が地形を変える力は弱いが頻度は大きい．

　飛騨山脈・東北地方・北海道などの山地に越年する雪渓はあるものの，山岳氷河はない．日本の越年雪渓は小規模なので，ある年には全域が涵養域となりある年には全域が消耗域になるなど，両者を分ける平均的平衡線（後述）が存在しないため，氷河にならない．しかし越年性雪渓の存在は平衡線がこの付近にあることを示す有力な証拠である．

2）降雨強度

　気温と異なり降水量はある期間の積算量である．年，季節，月，降りはじめからの期間の量などが用いられるが，24時間（日），1時間，10分なども用いられる．短時間の降水量をとくに降雨強度と呼ぶ．降雨は積算されて水文現象（土壌水，流出の変化など）となるので，時間降水量ないし日降水量，あるいは2-3日程度の降水量が山崩れや洪水に意味をもつ．表1.3.1には代表的な観測所について，降水量および降水頻度などの統計的特性が示されている．観測所は，日本列島の北から南へ，そして間に天気界（降水量で顕著）をはさみやすい日本海側と太平洋側から選んでいる．

表1.3.1 代表的地点の降水量統計（1951-1980）［理科年表による］

観測所	平年降水量	最大記録（カッコ内は発現月）		日降水量がそれぞれの数値をこえた年間日数				
		日降水量 (mm)	1時間降水量 (mm)	1 mm 超	10 mm 超	30 mm 超	50 mm 超	100 mm 超
稚　内	1187	156（10）	64（ 9）	159	35	5	1.1	0.1
札　幌	1158	207（ 8）	50（ 8）	139	35	6	1.5	0.2
帯　広	952	161（ 8）	57（ 7）	92	28	7	2.2	0.1
釧　路	1104	182（ 9）	56（ 8）	95	33	9	2.8	0.3
秋　田	1787	187（ 8）	72（ 8）	176	56	11	3.0	0.2
宮　古	1278	285（10）	64（10）	95	36	11	4.7	0.8
金　沢	2645	234（ 7）	77（ 9）	185	87	22	6.2	0.6
水　戸	1341	277（ 6）	82（ 9）	107	43	10	3.3	0.6
松　本	1067	156（ 8）	59（ 7）	96	36	7	1.7	0.1
静　岡	2361	298（ 9）	95（ 6）	113	60	25	11.7	2.6
松　江	1957	264（ 7）	78（ 8）	155	60	14	5.1	1.1
尾　鷲	4116	806（ 9）	139（ 9）	130	75	38	23.2	9.4
岡　山	1223	177（ 7）	67（ 9）	95	39	10	3.4	0.3
高　知	2666	525（ 9）	107（ 6）	117	63	27	14.4	3.9
福　岡	1690	270（ 6）	73（ 8）	119	47	14	5.7	1.5
宮　崎	2490	587（10）	134（10）	121	62	26	12.5	2.8
名　瀬	3051	547（ 5）	116（10）	171	75	27	13.6	4.0
那　覇	2128	469（10）	95（ 8）	132	52	20	9.5	2.3

＊北海道に大きな影響を与えた1954年の洞爺丸台風が統計期間に含まれている．

　表1.3.1からわかるように，年降水量は北から南に多くなり，とくに太平洋側でその傾向が著しい．しかし積雪地帯では日本海側に多く，太平洋側で少ない．30年に1回というような強い雨は年降水量と同じように南ほど大きな値となるが，どちらかといえば日本海岸よりは太平洋岸で大きな値となる．その発現月は5-10月にわたっており，台風および梅雨前線活動によることがわかる．また北海道では30 mm/日程度の雨の出現頻度は，西南日本の太平洋岸では100 mm/日程度の雨の出現頻度（3-9回/年）に相当する．北海道で100 mm/日程度の雨は30年に1回程度の大雨となるので，山崩れ・洪水が大規模に発生すると思われる．地形災害を起こすかどうかの降水量は，絶対値が閾値になっているのではなく，その地域の平均値からのずれの大きさによる．

3）雨による山崩れと土石流

　山地の地形は緩慢な物質の動きと山崩れなどの急速な物質移動によって変化する．山崩れは地震で起きることもあるが，多くは大雨によって起きる．山崩れが起きる降雨強度は地域によって異なる．北海道の数倍の強度の降雨でも，紀伊山地では山崩れが発生しないほどである．各地域の山地斜面はその地方の降雨特性に適応しているともいえる．すなわち山崩れはその地域の確率頻度で定義された出現頻度の低い大雨で起きるのであって，降雨の絶対量が意味をもつわけではない．山崩れで河床に達した土砂はそのまま，あるいは谷底に堆積した後，次の機

会に土石流となって下流に運ばれる．

4) 洪水

河川の流量は飽和表面流出，中間流出，基底流出の3成分からなるが，河川地形に意味のあるのは飽和表面流出がつくる洪水流量である．洪水流量を原因別に見ると，熱雷型降雨，低気圧/前線型降雨，融雪に分けることができる．

熱雷型の降雨範囲は10 km以下，持続は1時間以下である．植生がとぼしい半乾燥地ではともかく，日本では降雨強度は大きいものの，大きな地形変化を引き起こすほどにはならない．

低気圧/前線型降雨の範囲は数百 km，持続は1-2日に及ぶ．停滞する（梅雨）前線の場合は単発の熱雷型とは異なって先行降雨もあり，台風の場合は総雨量も多く，降雨強度が大きいので，山崩れを引き起こしやすい．また大きな河川流域全体が降雨域になるほど降雨範囲が広いので，下流では河川地形を変化させるほどの洪水流量となる．

融雪型洪水は持続時間が長いのが特徴で，10日〜1カ月に及ぶ．北海道の河川地形は主として融雪洪水でつくられたと思われる．日本海側積雪地帯では日本海を通過する低気圧によって冬季以外に強い雨が降ることがあり，数年に1回というようなときの洪水と毎年の融雪洪水とのどちらが地形変化に有効であるか判断しにくいが，日単位回数で見れば融雪洪水の方がはるかに頻度が高い．日本海側の積雪地帯では春先のフェーンによって融雪洪水が起きることがある．

日本の河川は平水時には澄んでいる．すなわち溶解物質を別として，水流が細粒物質を運んでいないことがわかる．北海道・日本海側積雪地帯を除くと，洪水流量が梅雨・台風時に現れる．そこでは，数年に一度程度の確率流量以上の洪水が礫を運搬する．融雪洪水地域では，毎年の融雪流量が礫を運び地形を変えているであろう．現在の日本の河川では砂防構築物やダムが多数つくられ，山地の砂礫が平野まで運ばれてくることはほとんどない．

5) 周氷河作用

土壌層の凍結融解の繰り返しによる土壌層の攪乱を周氷河現象と呼び，その地上への表現（微地形）を周氷河地形と呼ぶ．周氷河現象の発現には土壌層の凍結が必要条件である．しかしそれは冬季の積雪によって大きく制約される．断熱材として機能する積雪によって，気温とは無関係に凍結が起こらないことがあり，また凍結融解の回数に影響を与えるからである．日本では冬季の気温（日または月平均）が0℃以下になる地域が広いのに，周氷河現象が現在の地形を変える作用としてきわめて微弱であるのは，冬季の積雪が原因である．凍結融解で乱された土壌（インボリューション）や氷楔の跡（アイスウェッジキャスト）は化石として残りやすいので，古気候推定の「鍵」として有効である．ただしテフラに覆われた場合を除いて形成時期推定の精度は悪い．

氷楔は地表付近の，厳密には活動層以深の低温収縮による割れ目を埋める氷であり，氷河と同じように越年しながら成長する．したがって氷河以上に年平均気温と関係の深い現象である．日本ではオホーツク海岸地方や根釧平野でその化石形の存在が確認されている．

現在の永久凍土は大雪山や富士山に存在する．大雪山のそれは凍結縮小クラック（氷楔が存

在）を伴っている．年平均気温 0℃ 線は北海道で 1200 m 付近，本州中央高地で約 2500 m（森林限界より 100-200 m 低い）であるので，これらの山地に永久凍土が存在するのは当然である．崖錐堆積物が植生に覆われて風穴（冷気が地中を流下する）をつくる場合は，これらの高度より低いところで局地的永久凍土が発見されている．

気候地形帯としては森林限界以高が周氷河地域とされ，日本ではハイマツや落葉性の灌木・草本などがそこを覆っている．尾根やその西側の強風砂礫地斜面では大きな速度の砂礫移動が観測されている．現在周氷河作用による地形変化が見られるのは，人為的な植生破壊地（草地・畑など）や稜線付近の強風砂礫地などの高山裸地，貧植生地であって，しかもそこは河川に土砂を供給するような場ではない．強風砂礫地斜面が一種の山頂現象であることから，氷期に周氷河地域が拡大したことは事実であっても，河川への土砂供給量が増加したかどうかは明瞭でない．

(2) 氷期の日本列島の気候特性あるいは気候地形帯の移動

現在の気候特性が観測値によって把握されるのに対して，過去の氷期の気候特性は「鍵」（プロキシ proxy とも呼ばれる）によって推定される．たとえば現在の気候と，ある事象の対応を「鍵」として，化石となった事象から同じ「鍵」を用いて当時の気候を推定することができる．大型動物や植物化石だけでなく，有孔虫や花粉などの微化石も気候の推定・復元の有効な「鍵」である．推定の確かさは，用いられる「鍵」の確かさと別種の「鍵」で同じ，あるいは互いに矛盾しない気候が復元できるかどうかにかかっている．また復元された気候であっても，現在の気候学の知識に矛盾する，あり得ない気候であっては困る．ここでは日本列島付近の「雪線」「周氷河現象の南限」「台風・梅雨の北限」を取り上げてみよう．ただし陸上の現象（とくに斜面地形など）は海面変化と海洋酸素同位体ステージ（MIS）のように形成時代が明確ではないので，ここでは MIS 4〜2 の頃を氷期と呼んで，現在と異なる寒冷な気候の時代を総称することにする．

1）雪線と森林限界の平行性

氷河の収支平衡線より高いところでは冬に降った雪が秋まで融けずに残り，そこより低いところでは全部融けて下の万年雪が顔を出す．平衡線は冬の降雪量や夏の暖かさによって，その高さが年々変わる．その平均的な高さを雪線という．雪線より上では平均的に氷が過剰になり，下では不足する．ちょうどそれを補うように氷が流動する．氷河の流動によって圏谷や U 字谷がつくられる．圏谷底の高さはほぼ雪線の高さとなるので，現在は空の圏谷地形から後述するように過去の雪線高度を推定できる．

冬の季節風は風向が安定しているので，降水量（降雪量）の分布（天気界）は地形に支配される．冬の北西季節風の風向は北海道では北寄りに，本州中央高地では西寄りとなる．そのため夕張山地・日高山脈の風下になる浦河や，大雪山塊の風下になる帯広などでは，12-1 月の降水量は少ない．日高山脈の降水（雪）は南岸低気圧によるもので，海岸に近い南部ほど多い．本州では奥羽脊梁山脈・中央高地などが天気界となる．風上側の日本海側の山地では，現在でも年降水量の半分以上が降雪としてもたらされている．風下側の松本・甲府・飯田などの降水

量は北西季節風時に少ない．少なくとも赤石山脈や富士山などの降水（雪）は3月以降の南岸低気圧によるものの方が多い．このような降水（雪）量分布は地形性であるので，氷期の気候にも現れていたはずである．

現在の氷河の雪線を推定する方法はいろいろあるが，圏谷出口付近のクレバス帯の高度を指標とする方法が優れている．そこは解氷後は圏谷出口の谷柵となる．すなわち現在は空の圏谷が形成された当時（氷期）の比較的長期にわたる平均的雪線高度は圏谷底高度によって推定できる．最終氷期の氷河がつくった圏谷地形は残りやすく，大型の地形であるので，5万分の1地形図などからさえ読み取れるなど，氷期の雪線高度の非常に優れた「鍵」である．ただし圏谷地形の形成期推定の精度が悪い．対応する堆石などからその時代が推定される．一般に日本では大きく上下2段の圏谷地形があり，堆石は3列程度が認められている．崖錐に覆われる程度で保存のよい上位の圏谷の下方に（日高山脈南部でその差約400 m），圏谷壁や底が谷で刻まれた古い氷食地形が見られる．高位の圏谷形成期は MIS 2 に，低位のものは MIS 4 あるいは MIS 5 の中の亜期に対応される（町田ほか編，2006）．このことから日本列島の氷河最拡大期は海面最低下期（MIS 2）とは一致しないことがわかる．

海面最低下期には日本海への暖流の流入が停止していたので，北西季節風に伴う降水（雪）が減少し，MIS 2 の雪線が相対的に高くなったという局地的な理由による説明がある．大陸の氷床が最大となり海面が最も低下したとき（LGM; Last Glacial Maximum）は，世界の多くの地域で山岳氷河の最拡大期（気候最寒冷期）ではなく，むしろその他の氷河の最拡大期は MIS 4 であったようである．海面変化を単純に気候変化に読み替えることは誤りである．

典型的な地域で雪線高度と気温の関係を見ると，雪線高度は大勢としては年平均気温 0℃ の線とほぼ一致している（野上，1972）．しかし詳細に見ると，降水（雪）量の少ない中緯度高圧帯の高山（乾燥気候帯）や気温の年較差が大きい大陸東岸では 0℃ 線よりも高くなっている．降水量の多い熱帯の高山，大陸西岸（海洋性気候帯）ではよく一致している．

雪線高度と森林限界高度が平行しているのは，自然地理学では広く認められていることであるが，夏の暖かさではなく乾燥が森林の分布を決めているようなところではこの平行性は崩れる．たとえば，内陸性気候の天山山脈では針葉樹林の分布上限は夏の温度によって決まっているが，下限もあり，それは乾燥によって決まっているらしい．海洋性気候の千島列島では夏の冷たい海洋のために大気の成層に強い逆転が生じ，ハイマツはその温暖帯に分布しているらしい．

このような変則的な地域もあるが，日本列島の範囲内では，圏谷底高度（氷期の雪線）と現在の森林限界（常緑針葉樹とハイマツの占有面積の競合線）はほぼ一致し，常緑針葉樹と落葉広葉樹林の面積的競合線もそれと平行している．要するに氷期の雪線高度は，現在の森林限界高度と同じように，主として夏の暖かさで決まっていたと推定される．

夏の暖かさを暖かさの指数（温量指数）で表すと，ハイマツ林と針葉樹林の統計的競合線は 23℃・月，常緑針葉樹林と落葉広葉樹林のそれは 45℃・月となっている（米倉ほか編，2001）．その高さは前者について，本州中央高地で 2600 m，北海道中央部で 1400 m となっている．常緑針葉樹林と落葉広葉樹林の競合線の高度は富士山付近で 1800 m，東北地方南部で 1500 m，本州北端で 1000 m，北海道中央部では 500 m となる．この高度の低下は緯度に対して直線的

な傾きとなっている．ちなみに年平均気温 0℃ 線の高度は赤石山脈で 2500 m，北海道中央部で 1200 m であり，現在の森林限界（競合線）はそれより 200-300 m ほど高いところにある．

夏に高温となる日本列島の気候特性から，草本さえない成帯的な無植生地の存在は日本でははっきりしない．富士山では砂礫の移動が草本の定着を妨げている．夏まで続く残雪のために草本の生育期間が不足するところは残雪砂礫地と呼ばれる．普通秋には積雪の下に入ってしまうため，凍結融解作用は見られない．凍結融解が効果的にはたらくのは積雪がとばされて，冬から春にかけて地表が露出している強風砂礫地である．それは尾根またはその付近の風向（風障）斜面にだけ分布する．これらの砂礫地は気候成帯的な無植生帯（寒冷砂漠）とは呼べない．

2）氷期の雪線および森林植生帯の推定

日本のような湿潤帯では雪線と森林植生帯の平行性（図 1.3.1）は氷期にも成り立っていたと仮定できるので，これをもとに氷期の気候帯を復元できる．前述の上位圏谷底の高度は赤石山脈で約 2700 m，飛騨山脈では約 2400 m，日高山脈の南部で 1200 m，北部で約 1600 m である．圏谷底と稜線の高度差（要するに涵養域）は 200-300 m である．ただし日本には現在の氷河がないので，これだけでは氷期から現在までの雪線上昇量を計算できない．

富士山はとくに山頂火口底に越年雪渓がないことから，雪線は最低でも 3800 m より高い．アンデス山脈中緯度高圧帯の中心付近（乾燥地帯）では，高層気象観測値に基づく年平均気温 0℃ 線の高度からさらに 1500 m ほど高いところに雪線が位置している．この付近は PF（寒帯前線）も ITC（間熱帯収束帯）も近づきにくい非常に雨の少ない地域であるので，この値は

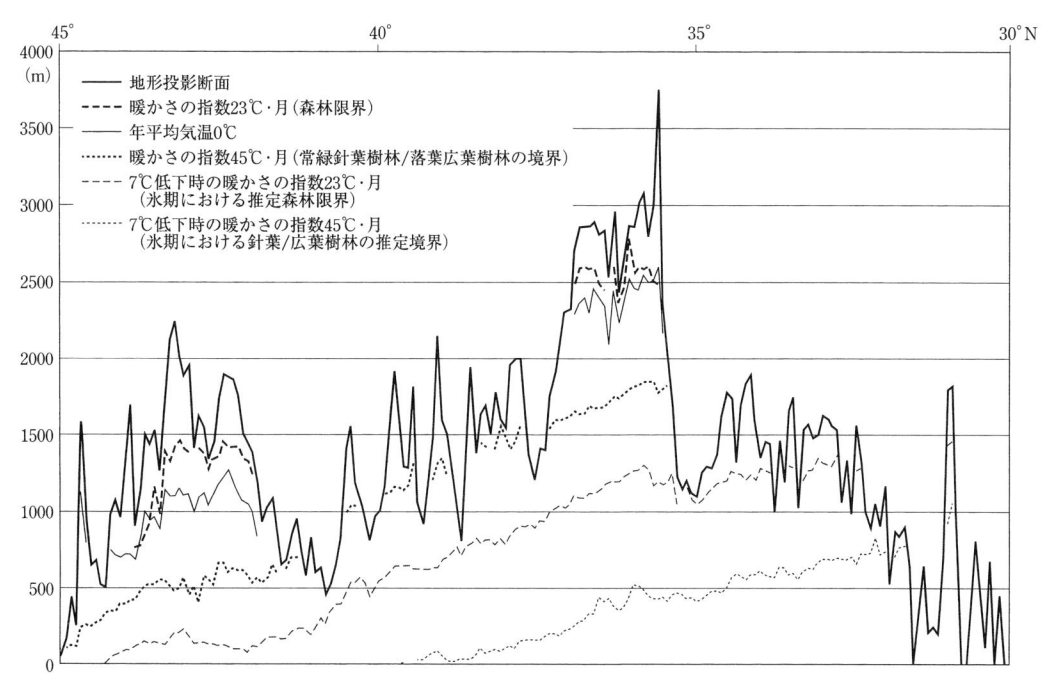

図 1.3.1 宗谷岬から種子島までの地形投影断面と気候植生帯［メッシュ気候値と緑の国勢調査植物群落データから野上が作成］ 気温の年較差が大きい北海道では，年平均気温 0℃ 線より 300 m ほど高いところに，暖かさの指数 23℃・月（森林限界）線がある．氷期の森林限界は現在の常緑針葉樹林/落葉広葉樹林境界線よりさらに 500 m も低いところまで下がっていた．とくに北海道では平野の大部分がツンドラ植生になっていたと推定される．

年平均気温 0℃ 高度と雪線高度の差について，世界的に見た場合の上限値であろう．熱帯や偏西風帯の西岸ではほとんど一致している．富士山付近で 2500 m（年平均気温 0℃ 高度）+1500 m＝4000 m が雪線推定値の上限となる．すなわち富士山では 3900±100 m に雪線が存在すると推定される．富士山がもう 300 m 高かったら，確実に現在でも氷河が生じているであろう．

北海道最高峰の大雪山旭岳（2291 m）の山頂付近には越年雪渓はない．また雪線の高さは年平均気温 0℃ 高度より最大でも 1500 m 以内という値がここでも有効だとすると，大雪山付近の現在の雪線は，2300–2700 m の範囲にあると推定される．ただし，大雪山高根ヶ原は 1500–1900 m ほどの南西に緩やかに傾く斜面であり，その東縁の崖に越年雪渓（雪壁）が存在する．その高さは 1700–1900 m である．雪壁雪渓は雪庇起源であり，西側の広い斜面からのドリフトで積雪量が異常に多くなっている特殊な雪渓である．

以上のことから氷期の雪線低下量は赤石山脈付近で，1200±100 m，北海道日高山脈北部で，900±200 m となり，北海道の方が低下量が有意に小さい．この 900–1200 m 分の気温低下は，気温減率を 5–6℃/1000 m として，5–7℃ 程度の気温低下量となる．

氷期の森林限界（競合線）は本州中央の高地で，現在の常緑針葉樹と落葉広葉樹林の競合線の高度よりも 500 m も低い，1000–1300 m まで下がっていたと推定される（前述の平行性のため，図 1.3.1）．また北海道ではほとんど海面近くまで下がるので，北海道島の主要部はハイマツ低木林か草本だけのツンドラ植生となっていたと想像される．すなわち現在の針葉樹林および一部の落葉広葉樹林は，氷期には高山植生帯あるいはツンドラ植生帯であったところに立地している．

なお季節変化については隣接する北の気象状態が移動してくる冬と，南のそれが移動してくる夏という理解が必要であり，タイムスケールの大きい気候変化の場合も気候帯の南北への水平移動，垂直移動という考え方が基本である．現在は周期的気候変化で特色づけられる第四紀の中の間氷期であるので，過去の異なる気候といっても，それは氷期の気候でしかあり得ず，その場所に隣接して高度で上に 1500 m 程度，緯度で北に 10 度程度のところに現存する気候が低下もしくは南下してきていた，と考えるべきであろう．

3）氷期の周氷河現象の南限

前に述べたように，日本列島で現在周氷河作用が地形を変化させているのは，積雪のない山頂・稜線付近である．強風砂礫地の形成は地形に制約されたものなので，寒冷な氷期にはもっと低い山頂にまで及んだはずである．そのような稜線付近の平滑な凸地形は赤色風化の見られない新しい角礫層をもっている（北上山地など）．

土壌の季節的凍結は十勝平野や根釧平野で普通に見られる現象である．とくに森林植生が破壊されたところ（畑地・道路など）で顕著である．一般に太平洋岸地域は厳冬期に積雪が少ないので，土壌の季節的凍結が起こりやすい条件となっている．十勝平野や根釧平野などでは火山灰土壌の凍結融解を示す化石が広く分布している．氷期にはこの地域は高木のないツンドラ植生であったので，積雪が風によって吹き飛ばされて積雪の少ない場所がパッチ状に生じたと思われる．形成の季節は多分異なるが，内陸砂丘（河で運ばれた降下火山砂が起源）が面的に

広く分布していることも，風の作用を弱めるべき植生が当時（MIS 2 ごろ）貧弱であったことを示している．

土壌凍結は冬季の気温が土壌に伝わるかどうかに左右され，積雪の厚さがその深度を決める重要な要件となっている．季節的凍結を示す化石インボリューションの分布を日本海側の低地で見ると，石狩川河口付近右岸の段丘で見事に発達しているが，道南から東北地方でほとんど発見されていない．オホーツ海沿岸地方および太平洋岸では根釧平野・十勝平野でふんだんに見られるが，噴火湾周辺から下北半島では不明瞭である．北上山地や内陸部には化石インボリューションの報告があるが，海岸部ではなく，また仙台平野沿岸でも報告されていない．

氷期の気温低下量を 5-7℃ とすると，宮古や仙台の氷期の冬の気温が現在の釧路・根室のそれに，氷期の秋田のそれが現在の稚内のそれに相当する．したがって秋田・仙台以北の海岸地域の化石インボリューションの南限は積雪で決まっていたのではないかと推定される．

日本海側の稚内・留萌・札幌では，12-2月の降水（雪）量が 3-5月に比べて圧倒的に多い．寒さとともに雪が積もるといってよい．ところが，根室・釧路・帯広では 12-2月の降水（雪）が 3-5月に比べてかなり少なく，この傾向は宮古・小名浜・水戸・東京・浜松でも同様である．要するに冬の季節風の風下側になる地域では冬季降水量が少なく，太平洋岸を低気圧が通過するようになる春になってから降水が増える．気温が下がってから時差をもって最大積雪がくるという気候特性をもつ太平洋沿岸は，土壌の季節的凍結に好条件なはずである．それにもかかわらず，周氷河現象の氷期の南限（海岸地域）が北海道に留まっていたのは，東北地方の氷期の秋の低気圧による降水が降雪であり，それが厳冬期を通じて積雪（根雪）になっていたのであろう．たとえば氷期の関東平野のイメージは，「3 カ月間も続く根雪に覆われた落葉広葉樹林」である．

4）氷期の台風・梅雨の北限

台風は温暖な海洋からの水蒸気（すなわちエネルギー）供給によって，発達したり，維持される．したがって高緯度にいたるとともに急速に減衰する．現在，台風が発生・発達する海域では 26℃ 以上の海水温となっている．熱帯地方でも氷期の氷河の雪線低下は約 1000 m であり（アンデスやケニヤ山など），海面近いところでも 5-6℃ の気温低下があったはずである．大気の成層安定度の制約から氷河が形成される高さ（4800 m くらい）で 5-6℃ の気温低下があるのに，海面付近で変化が小さいということはありえない．低気圧現象（水蒸気を含んだ空気の上昇により，凝縮が起こり，熱が放出されて周囲より高温になるため，低圧となり，さらに周囲の空気を集める）はポテンシャル現象（簡単にいえば温度差による）であるので，氷期になっても温度が低い方へシフトするだけで，低気圧はもちろん台風が発生しなくなるわけではない．

現在北海道に到着する台風は多くはない．1954 年 9 月の洞爺丸台風のように北海道を横断した強い台風もあり，その末はオホーツク海を横切りカムチャツカ半島まで進んだ．1991 年の台風 19 号，2004 年の台風 18 号，2005 年 9 月の台風 14 号など北海道に影響した台風の例を挙げることができる．台風が減衰すると温帯低気圧と呼ばれる．これは定義上の名称変更だけである．台風や温帯低気圧が北海道に接近あるいは通過する頻度は低いがゼロではない．

また，東北アジア（中国西岸・朝鮮半島・日本列島）に広く認められる梅雨については，北海道はほぼ域外にある．蝦夷梅雨と呼ばれ，弱い降雨とぐずついた天気が2週間ほど続くことがあるが，前線活動は弱く，強い雨が降ることはまれである．

　一方，氷期にはどうであったろうか．十勝平野や根釧平野には現成の扇状地の他に段丘化した扇状地が広く分布している．これは氷期にも扇状地をつくるような洪水があったことを示している．現在の河川流量の特性からこの洪水は融雪洪水であったと判断されるが，氷期の北海道に台風あるいは温帯低気圧が現在のようにきていたかどうかは大きな課題として残る．

　台風の「化石」となるのは山崩れ・土石流と河川氾濫（扇状地形成）である．氷期の扇状地は広く認められるが，融雪洪水時にも扇状地は形成される．融雪洪水性扇状地と集中豪雨性洪水扇状地とで，流量と勾配の関係，あるいは礫径などに差があるのかどうか，このような視点からの研究が望まれる．また，山崩れ・土石流も梅雨あるいは台風時の大雨時に発生する．テフラに覆われ氷期のものと判定される山崩れ・土石流（野上・鶴見，1965）は台風の有力な「化石」であるので，このように課題を鮮明にした研究の蓄積が望まれる．

1-4　地形と環境の編年

(1) 大地形形成編年の基本的枠組み

1) 地形単位の大きさで異なる編年法

　地形は環境が変化するのに伴って形成され，変化してきた．対象とする地形の単位の大きさにより新旧や形成期間は異なるので，変遷史を編む方法は異なる．日本列島やそれを構成する島弧といった大地形，あるいは山脈や盆地（平野）などの中地形の場合は，鮮新世以前（10^6-10^7 年）にまで遡って考察しなければならない．一方，台地，丘陵，海岸や河川地形などの小地形の場合には，中・後期第四紀（10^1-10^5 年）に限定して形成史を論じることができる（図1.4.1）．

　日本の地形発達史の研究ことに編年研究は，およそ1960年代前半までは信頼性の高い数値年代を得る方法が未発達であったため定性的で，とくに小地形の場合には原地形の開析の程度や分布高度といった地形特性から推定し，それに基づくことが多かった．やがて1960年代の後半から70年代になると，地形形成に関わる地層から情報を引き出そうという研究が増え，同時に形成環境の時間的変化，広域的な地史との関連が注目されるようになった．地形発達史研究に地質層序や数値年代決定法が適用されるようになったのである．すなわち地質学における生層序研究が微化石を中心に大いに進歩したこと，古地磁気年代研究が確立してきたこと，さらに各種の放射年代測定法が発達したなどの背景がある．

　それに加えて1970年代以後，世界各地の海底コアと氷床コアから気候環境の変化が詳細に報告されてきた．これは地形研究にも大いに影響し，日本での気候・海面変化が世界各地のそれと同期していたかどうかが確かめられるようになって，地形発達研究は見直されるようになった．また1950年代から南関東の関東ローム層と地形，土壌，考古学遺物・遺構などとの関係についての第四紀学的研究が活発化し（関東ローム研究グループ，1956，1965など），さらに

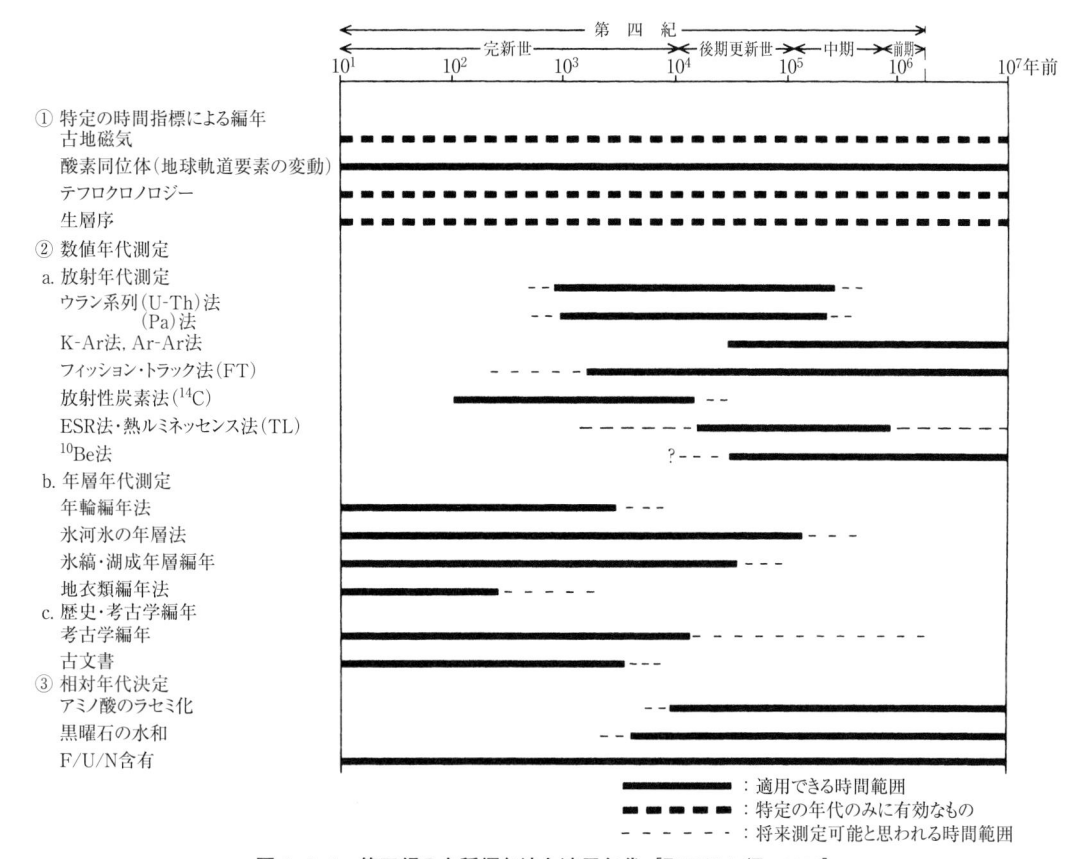

図1.4.1 第四紀の各種編年法と適用年代［町田ほか編，2003］

1970年代以後列島全域と周辺海域を覆うような広域指標テフラが次々に見出されて，テフラ（火山灰）が地形形成史の研究に利用されてきた．

　変動帯日本列島の地形・地質の編年の特色は，テフラや火山岩，また隆起した海成層が多いことを利用した点であろう．これらの地層は放射年代など各種年代測定を可能にする試料を含んでいる．とくにテフラは陸・海にまたがる種々の地層・地形面を広域的に対比することを可能にする．テフラによる編年は日本という火山列島・変動帯における地形と環境編年の特徴である．

2) 山地・平野などの中地形の形成史の編年

　日本列島が大陸の縁から分かれて現在のような弧状列島のシステムが成立した過程とその研究は2-1節で記述されるので，ここでは現在のような圧縮テクトニクスが目立つようになった中新世末以後のうち，とくに鮮新世末以降の編年研究を短く述べる．

　この時代の編年は，古地磁気，火山岩の放射年代，隆起した海成層の生層序などの地形に関係する地層・岩石の編年資料を複合的に用い，広域テフラの時間—地域分布を解明することによって基本が組み立てられてきた．現在関東・中部・近畿地方では4 Ma以降について広域テフラの枠組みができ利用されつつある（町田・新井，2003；町田ほか編，2006など；表1.4.1）．

　前期更新世（2.6–0.78 Ma）とそれ以前に形成し，中地形をなすのは，山地や盆地・平野

表1.4.1 本州中央部における鮮新世〜前期更新世の広域テフラ [町田ほか編, 2006の表1.3.1に加筆]

テフラ記号	テフラ名と対比テフラ名	年代(Ma)	給源
Ss-Az	猪牟田アズキ	0.85-0.89	猪牟田
Ss-Pnk	猪牟田ピンク, 小木	1.02	猪牟田
SK030	上越	1.2?	榛名
SK100	SK100, 出雲崎	1.5-1.6	飛騨山脈白沢天狗岳
Omn	大峰-黄和田25, SK110, 猿丸T4	1.6-1.65	飛騨山脈
Ebs-Fkd	福田, 恵比須峠, 鷹狩山II, 辻又川	1.7	飛騨山脈
Nyg	丹生川	1.75	飛騨山脈
R4-HSC	玉川R4, HSC, Ksg-1c	2.0	仙岩玉川
Tng	谷口, 猿丸T3.5, 武石, 大池I	2.2-2.3	飛騨山脈
Ass-Tzw	朝代, 倭文, 友田2, 田沢白色	2.6-2.65	西日本?
MD2	南谷2, 氷見UN, 二田城Ftj	2.65	飛騨山脈
Hbt1	土生滝1, 南谷1, 有ヶ谷1, 西山Arg-2	2.9	九州?
Sor	佐布里, 室田, 板山Ity, 西山ミガキ砂	3.35	飛騨山脈?
Ojw3	小木の城3	3.5?	飛騨山脈
Ojw1	小木の城1	3.7?	飛騨山脈
Oht-Znp	大田, 猿丸T2, 善久院Znp	3.9	中部地方
Sky	坂井, 掛川B22, 北陸砂子谷1, 新潟Ya-1	4.1	山陰, 北九州?

注) 新しく追加したテフラとその文献: R4-HSC (鈴木・中山, 2007), Ass-Tzw (黒川ほか, 2008).

(概形) や, 山地に見られる小起伏の地形, 一部の溶岩台地などである. 日本列島における多くの山地・平野は, 鮮新世〜前期更新世以降の地殻変動で形成されてきた. 日本列島の平野・盆地は侵食面が卓越する大陸のそれと異なり, テクトニックに沈降しつつある盆地を埋め立てた堆積物からなる. そうした盆地堆積物の層序・編年研究を通じて, 盆地の沈降史と周辺山地の形成史を編むことができる.

一例として, 関東平野と周辺山地の発達史を取り上げる. ここには先中新世の地層を基盤として, 中新世から第四紀にかけての主に海成層 (三浦層群・上総層群) が厚く堆積している. それらの地層の編年には上記の諸編年法が用いられている. またこの平野下の基盤岩とこれを埋める地層との境の面は, 周辺の山地に見られる小起伏地形や接峰面に続くとされることが多い. したがって山地に見られる小起伏地形の最後の形成年代は, 盆地堆積物の年代を調べることで判定できる. 図1.4.2のように関東山地や足尾山地の接峰面は三浦層群と上総層群との境界面に続くと考えられるので, その時代は上総層群の形成初期の年代に近いと判定できる. 上総層群の基底部は古地磁気層序のガウス正磁極期にあたり, 地層中に同定された広域テフラも年代値がつけられ, 3 Maよりやや古い. また山麓の一部を除くと, 上総層群の下部には周辺山地から運搬された粗粒の砂礫は局地的かまたはほとんどないので, 現在の関東・足尾山地は当時まだごく小起伏の陸地であったと考えられる.

山地に見られる小起伏地形が形成されはじめた時期については, その上に中新世などの海成層がのるところでは, その地層の生層序からある程度判定できる. また阿武隈山地の例では, 約4.9 Maとカリウム-アルゴン (K-Ar) 年代が測定されたテフラ (三春火砕流) が小起伏地

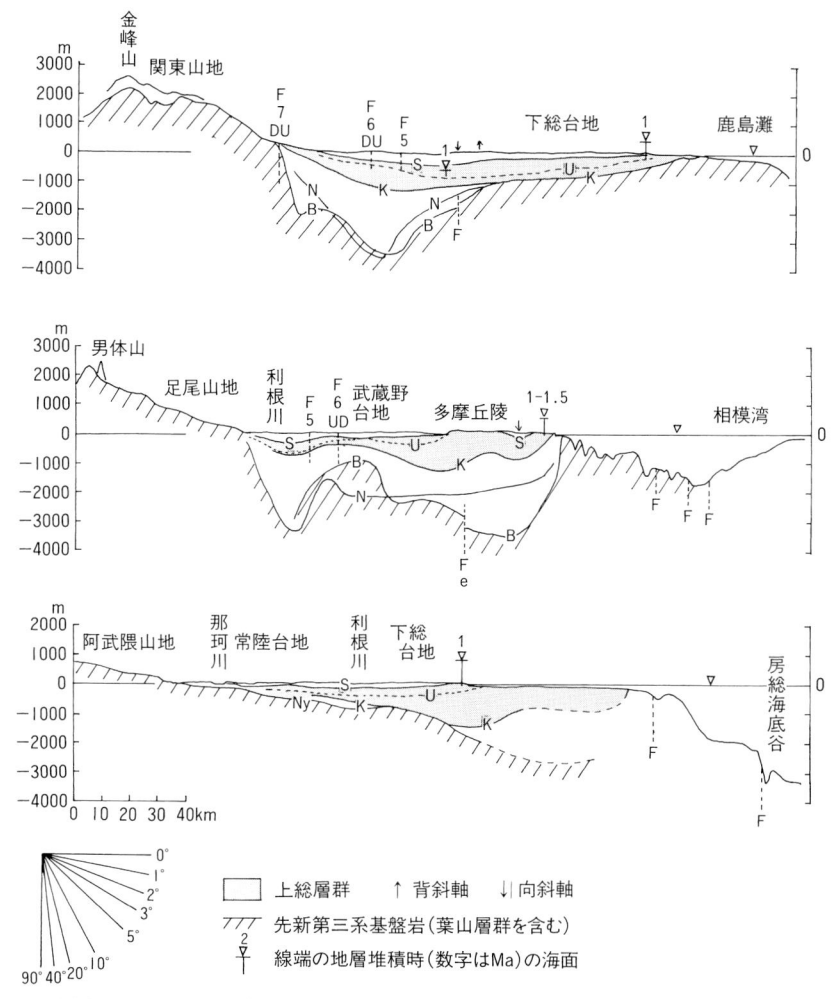

図1.4.2 関東山地の地形と関東平野の盆地堆積物との関係［貝塚，1987を改変］ 垂直は水平の10倍．点線Fは断層で，DとUは沈降側と隆起側．地層境界の記号は，S：相模・下総層群基底，U：上総層群梅ヶ瀬層中部，K：上総層群基底，NとNy：先新第三系基盤上面，B：基盤岩上面．足尾山地の小起伏面は上総層群の基底面に続く．

形を覆うことも（小池ほか編，2003），その形成年代を考える上に役立つ．

また盆地・平野を埋めている堆積物の岩相変化とその年代（テフラなどで推定できる）から，盆地における堆積環境の変化，上記のような周辺山地の隆起・侵食の経過などを含む古地理も推定される．図1.4.3はこうした観点から予察的に描いたいくつかの山地と盆地の発達過程である（鎮西・町田，2001）．

これによると，隆起開始期や速度は山地によってかなり違うが，ほぼ共通するのは5Maころから隆起傾向に入り，3Maないし2Maころ（ほぼ第四紀に入って）から本格的になる点である．山地縁辺の堆積物に砂礫層がはさまると山地が隆起したと見られるが，隆起そのものの開始は砂礫堆積の年代より大幅に古いと考えられる．中期〜後期更新世の海成段丘高度に基づく第四紀の平均的な隆起速度から見ると，低い陸地が隆起を開始して砂礫を流す急勾配の河川をもつ山地にまで成長（隆起）するには，おそらく1My以上の長時間を要したと考えられるからである（町田，2006）．

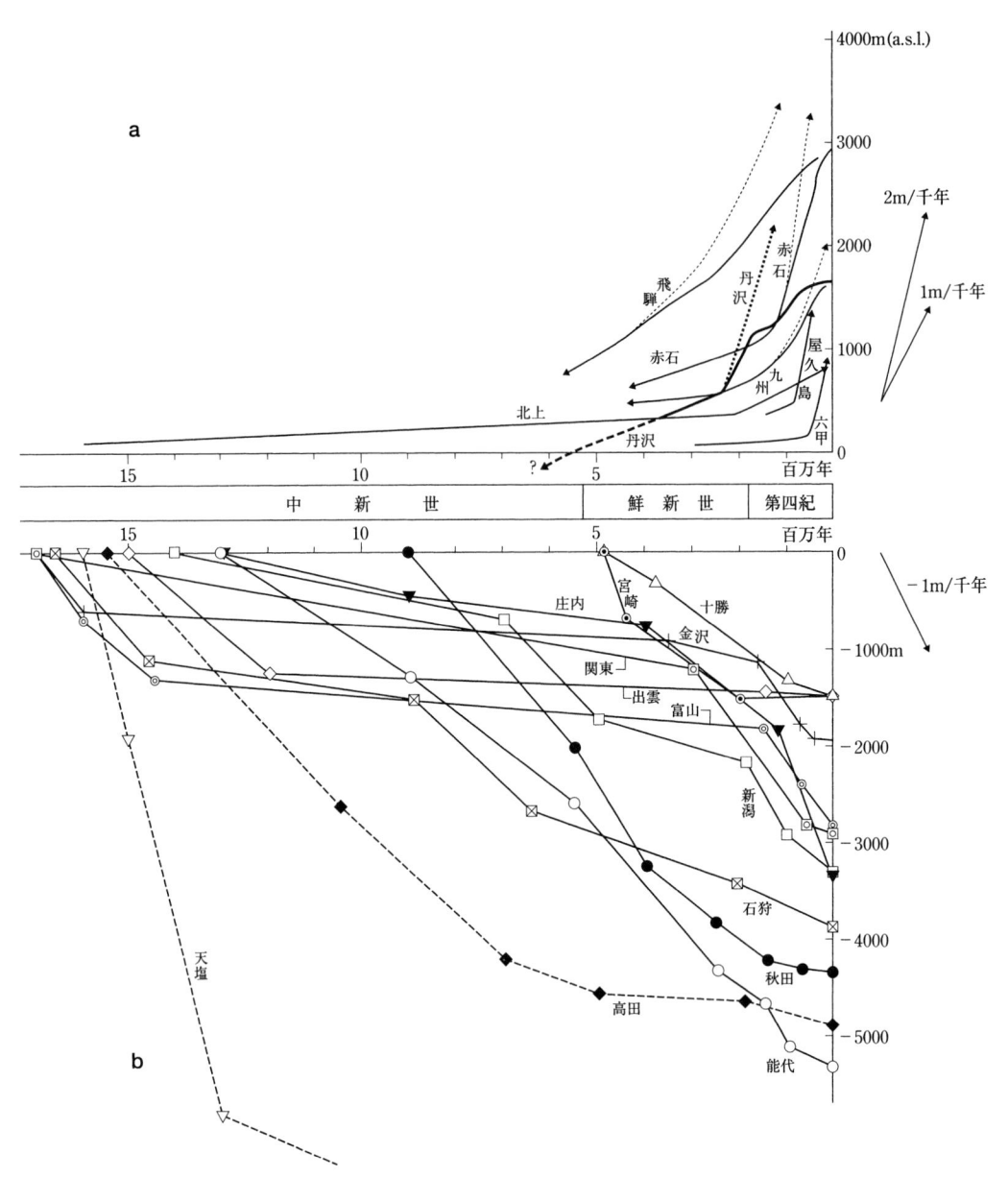

図 1.4.3 日本におけるいくつかの山地 (a) と盆地 (b) の発達過程 [鎮西・町田, 2001] a の実線は各山地の山頂の平均的最大標高, 点線は侵食による山頂の低下がないと仮定した場合の曲線, 破線は推定曲線. なおこの図では鮮新世と第四紀の境界を, 2009 年からの新定義の 2.6 Ma ではなく, 従来の約 1.8 Ma のままとしている.

　一方, 盆地における沈降・堆積は中期中新世から起こった場合があるが, いったん穏やかになった後, 鮮新世以降, とくに第四紀に入って活発化したものが多い. しかし地域によって, また時代により個性があり (2-2 節 (3) 参照), 東北日本内弧や中部地方などの, 隆起の速い新しい山地縁辺部の狭い盆地では沈降も速い. そこでは東西圧縮を受けて起伏が増大した. これに対し, 西南日本などの小起伏山地では盆地の底は浅く, 沈降は遅い.

(2) 第四紀の気候環境変化と中小規模の地形形成の編年

　山地の小地形や微地形，河谷・平野の丘陵・台地・低地などの地形は，中期更新世から完新世にかけての環境変化と深く関係して発達してきた．したがってその地形発達史は，主としてこの時代の環境変化史と地形との対応関係に焦点があてられる．

　第四紀にグローバルに大きく変化してきた気候環境は，地形をはじめ地表の生態系全般に大きな影響を与えてきた重要な要因である．このことが広く認識されたのは，世界的に古環境の復元と編年の研究が1960年代以降目覚しく発展したことによる．日本の地形発達研究が新たな視点を得て進んだのは，海洋底の地形・地質，重力，プレートテクトニクス，古地磁気・微化石層序編年などの研究に，海底コアと氷床コアの安定同位体などの研究，年代学，第四紀テフロクロノロジーなどが著しく発展したことに基づいている．

　このうちとくに海底コアや氷床コアの同位体研究は，関連分野の研究とともに，グローバルな環境変化研究の標準となった．図1.4.4は大陸氷床コアと海底コアの有孔虫の同位体研究に基づく第四紀の気候変化曲線で，過去40万年間大陸氷床の発達と融解を周期的に繰り返す氷期―間氷期サイクルがあったことが知られるようになった．

　ところで多くの研究者は，海洋や氷床の同位体編年がグローバルにはもちろんローカルにも適用できると考えがちである．しかしローカルな環境変化は細部が地域によって異なる場合が多いので注意が肝要である．

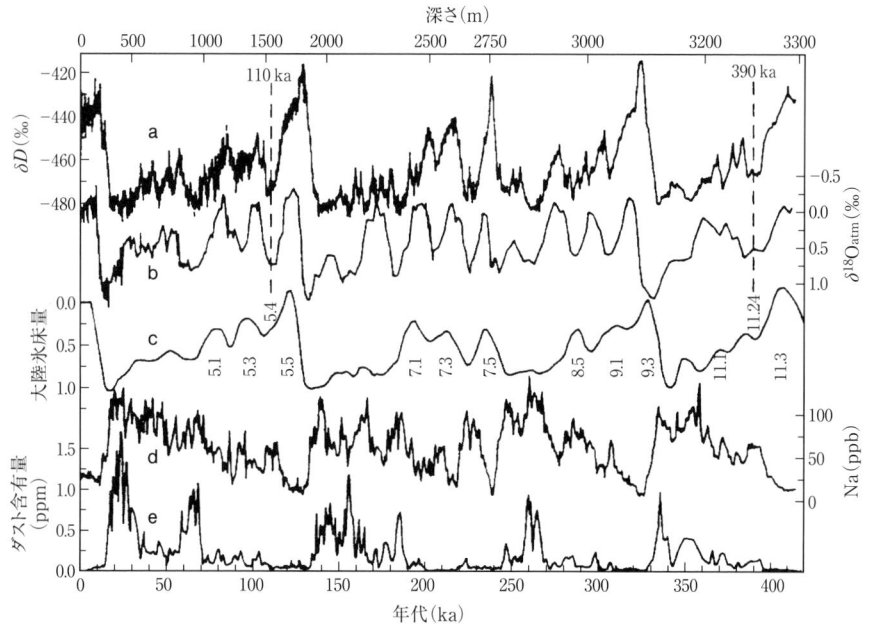

図1.4.4　南極氷床コアの過去42万年間の安定同位体および関連プロキシの変化曲線［Petit *et al.*, 1999］南極ボストークコアデータとして，a：δD，b：$\delta^{18}O$，d：Na含量，e：ダスト含量．cには標準的な海底コアの底生有孔虫$\delta^{18}O$曲線から求めた大陸氷床量を示す．

1）グローバル・セミグローバル・ローカルな変化

第四紀気候変化の有力な指標（プロキシ）

海洋コア有孔虫殻の酸素同位体変化はどの海域でもよく一致するので，グローバルな気候変化のよい指標と考えられた．この場合，底生有孔虫殻の $\delta^{18}O$ は海水のもつ $\delta^{18}O$ を示し，したがってこの資料は大陸上の氷床量およびユースタティックな海面変化量を最もよく示すと考えられる．これに対して浮遊性有孔虫殻 $\delta^{18}O$ の場合は，表層水の同位体組成と表層水温との両者に関係するので，地域的な環境変動の指標になる．なお底生有孔虫殻 $\delta^{18}O$ 変動に若干の地域差があるのは，測定誤差のゆらぎに加えて海底の水温変化（海洋深層循環の変化に伴い若干変わったとされ補正された；Shackleton, 2000）を反映している可能性がある．

サンゴ石灰岩は古海面の位置を示し，しかも高分解能のウラン（U）系列年代が測定できるので，重要な検潮儀の役を果たすとして重要視されてきた．第四紀海面変化は確かに海と陸との間の水の大規模な移動で起こるユースタティックな現象を主体とするが，個々の海岸地域における海面変化の記録は，ユースタティックなものと陸地の海面に対する相対的な運動とが複合した結果を示している．一般の沿岸の記録では，地域によってテクトニックな効果と，氷床や海水量変化のアイソスタティックな効果が重複するので，ユースタティックな海面変化を求める場合には，それらの効果をほとんど無視できる地域（大陸氷床から遠い安定大陸の海岸や大洋島など）の資料が重要視される．

グリーンランドや南極氷床のコアからは，安定同位体比から氷床上の気温のみならず，温室効果ガス成分，火山灰，ダストなどを分析でき，かつ海洋底コアに比べて時間分解能が高いので，気候変化のきわめて有力なデータ源として一躍注目され，気候変化の機構研究の基礎資料となっている（図1.4.4）．その資料は高緯度地域の環境変化を代表するが，その一般的傾向

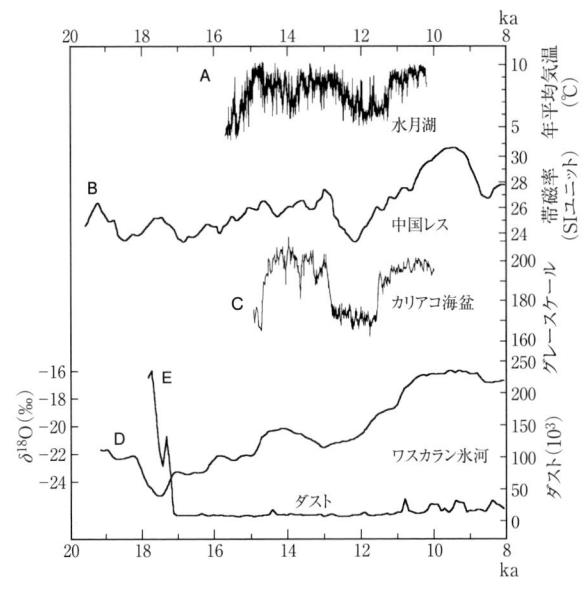

図1.4.5　中・低緯度地域の後期更新世気候変化曲線　A：水月湖底堆積物の花粉組成とそれから求められた年平均温度変化［Nakagawa et al., 2005］，B：中国レス・古土壌の帯磁率［Fang et al., 1999］，C：ベネズエラ・カリアコ海盆コアのグレースケール［Hughen et al., 2006］，D：ペルー・ワスカラン氷河コアの酸素同位体比とE：ダスト含量［Raynaud et al., 2002］．

は海底コア底生有孔虫酸素同位体比の変動とよく似ている．しかし，グリーンランド氷床の資料は，気温の振幅も頻度も海底コアからの資料よりはるかに大きく，また南極氷床のそれとも細部のタイミングは異なり，北大西洋地域の詳細な気候変化を示すと考えられる．後期更新世について両氷床の同位体変化を 1000 年刻みの時間尺度で比べると，変化の振幅やピークのタイミングにかなりの食い違いがあることがわかってきた．とくに Broecker（1998）により両極間のシーソーと呼ばれた現象は，氷床の拡大・崩壊・融解が大西洋における海水の南北循環の変化を引き起こして両極間の気候変化のずれをもたらしたものと考えられている．

高緯度地域から得られた詳しい気候変化と中・低緯度地域の気候プロキシの変化とは，全体的傾向は似るが，タイミングや変動幅は図 1.4.5 のように必ずしも一致しない．

高精度・高分解能の編年

上記海底・氷床コアの万年単位の編年に適用された時間尺度は，海洋酸素同位体変動に基づくものである．それは同位体変動の周期が，北半球高緯度地域での地球軌道要素の変動から計算された日射量変動の周期と一致することから，第四紀の気候変化は地球軌道要素の変化によると考えたこと（ミランコビッチサイクル）に基づいている．そして地球軌道要素変化の周期を古い時代まで計算し，地球が受ける日射量のカーブにあわせるように同位体曲線のピークを調律して年代（天文学的年代，SPECMAP 尺度，海洋同位体時計などという）が決められた（Hays et al., 1976; Martinson et al., 1987 など）．そしてこの年代尺度に基づいて古地磁気や生層序年代の見直しが行われた．

一方，第四紀後期における 1000 年または 100 年という最近の高分解能の編年は，大陸氷や湖成層の年縞（年層），鍾乳石やサンゴ石灰岩の U 系列放射年代，^{14}C 年代の暦年較正値などに基づいている．ただし年代誤差は一般に数 % に達するので，気候・環境変化機構の研究のためには 1%，あるいは ±1 ky 以下であることが望まれている．

日本周辺の海底コアからの資料

日本周辺海域ではコア採取技術の進歩につれて次第に長いコアが採取できるようになり，有孔虫など微化石の分析やテフラの同定などが行われ，世界各地の資料と比較されてきた．最近の鹿島沖コアにおける底生有孔虫の 140 ka 以降の酸素同位体比曲線は世界各地の標準とよく似た変動パターンを示す資料である（Oba et al., 2006）．一方，日本海のコアからは，この縁海への外洋水の流入が氷期―間氷期の海面変化によって大きく変動し，それとともに水温・塩分に太平洋には見られない変化が起こったことがわかってきた（Oba et al., 1991; Tada et al., 1999）．こうした日本沿岸海洋の環境変化は陸上の気候にも大きな影響を与えたと考えられる．鹿島沖コア，九州西岸の海底コアのほか，琵琶湖，諏訪湖，水月湖などの湖底コアの花粉組成も報告されている（Igarashi and Oba, 2005; Kawahata and Ohshima, 2004; Miyoshi et al., 1999; 大嶋ほか，1997; Nakagawa et al., 2005）．

2）ローカルな地形面と地層層序の編年

数値年代が実用化されなかった時代には，詳しく調べられた特定地域の層序を標準にして，各地で対比する研究にとどまっていた．たとえば下末吉期あるいはヨーロッパのエーム期などは，最終間氷期の海進期に形成された地形・地層・花粉層序の時期を示す名称で，現在も使わ

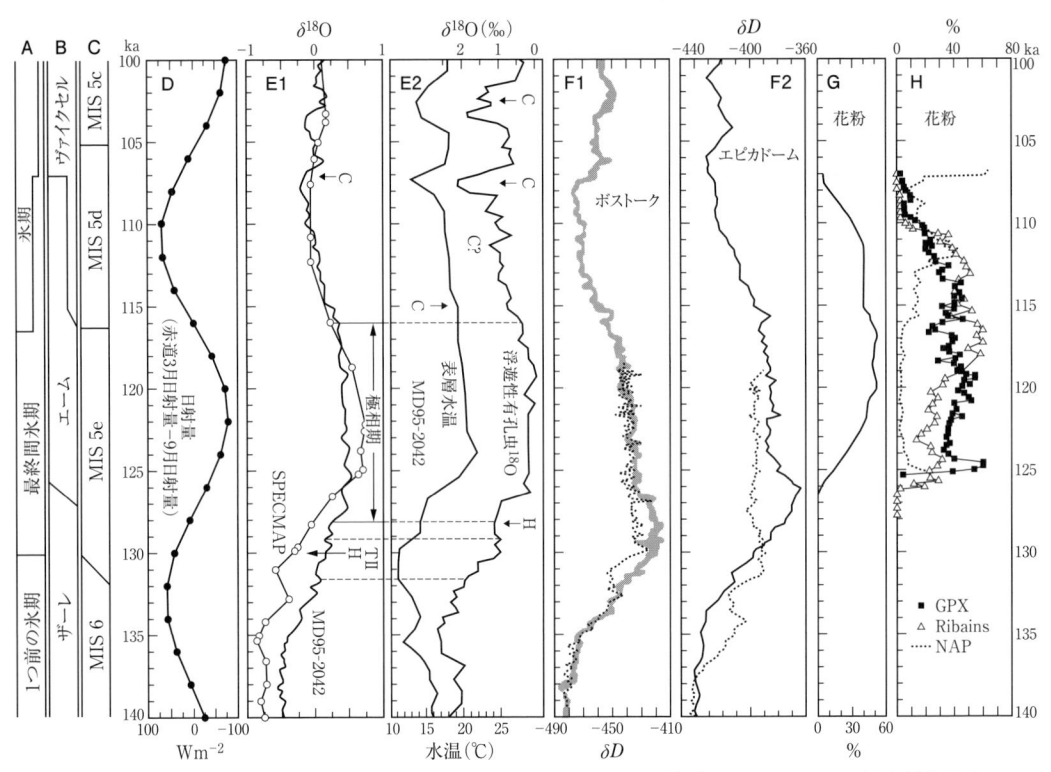

図1.4.6 ヨーロッパにおける最終間氷期の種々の層序単位の関係 [Kukla et al., 2002 の総合対比層序図を基礎とし，いくつかの気候変化のデータを加えた] 140-100 ka の間の最終間氷期, MIS 5e, エーム期を中心とした諸気候プロキシの編年図. A：氷期，間氷期区分，B：ヨーロッパ層序区分，C：海洋酸素同位体ステージ，D：赤道における日射量変化（3月－9月），E1：ポルトガル沖コア MD95-2042 の底生有孔虫と SPECMAP $\delta^{18}O$ 変動（Shackleton et al., 2002 の一部），E2：MD95-2042 の浮遊性有孔虫の $\delta^{18}O$ およびアルケノンに基づく表層水温，なお E1, E2 中の C, H は別な高緯度コアに記録された寒冷水流入イベント，T II はターミネーション II, F1：南極ボストークコアの δD, F2：南極エピカドームコア C の δD (Epica Community Members, 2004), なお F1, F2 の実線は MIS 5-6 の，点線は比較のためそれぞれのコアについての MIS 1-2 の変動曲線，G：ポルトガル沖海底コアの花粉（温暖種の%），H：フランス湖成層の花粉（GPX と Ribains は温暖種，NAP のみ非樹木花粉の%）.

れている．その後，上記の世界の標準となるような有孔虫 $\delta^{18}O$ 変動の編年が得られてくると，これを基にした海洋酸素同位体ステージ（MIS; Marine Isotope Stage）が多用されるようになった．これらの層序編年単位の同時性は，種々の地域での複数のプロキシの定量化と年代が求められると，かなりわかってきた．ここでは古くから研究されてきたヨーロッパの事例を挙げる（図1.4.6）．ヨーロッパでは最終間氷期，エーム期, MIS 5e の時間範囲は必ずしも一致していない（Kukla et al., 2002 など）．とくに花粉層序を軸とするエーム期の温暖化のピーク（図1.4.6 の G, H）は, MIS 5e のそれより5 ky 近く遅い．また海洋と氷床でも数 ky のずれがある．個々の古環境の面ではグローバルな変化と地域的なものとの間にずれがあるらしい（図1.4.6）．日本でもこうした研究が必要である．

(3) 中期更新世における気候変化と地形形成環境

1) 気候変化の特徴

中期更新世と前期更新世はブリューヌ/マツヤマ古地磁気境界で分けられる．その年代につ

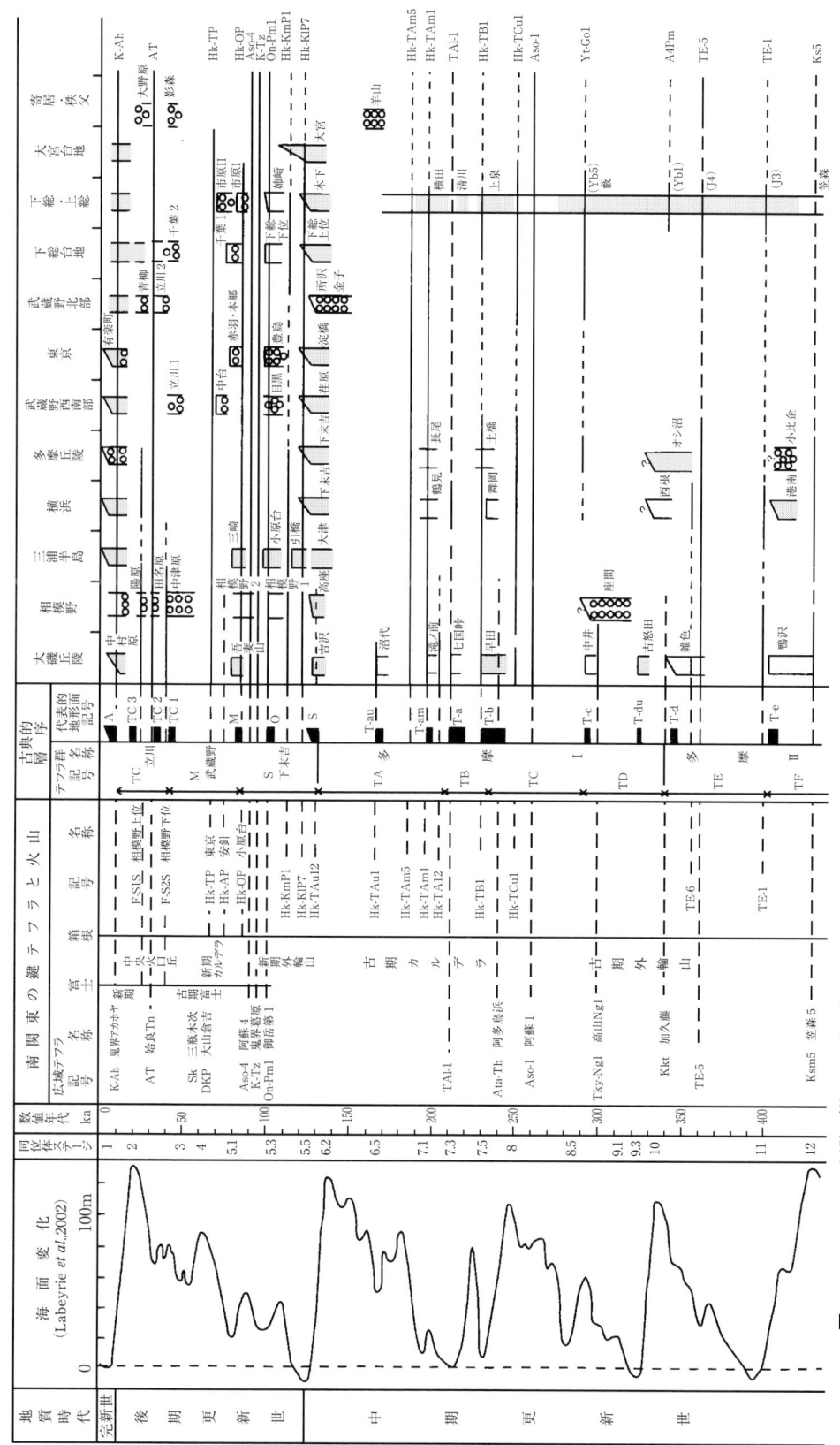

図 1.4.7 MIS 11 以降（約 45 万年間）の南関東更新世の気候変化と地形・地層編年［町田，2008］気候変化曲線は平均的なもの．堆積物中で確認されたテフラ層は地層を示す枠を横切って実線で示した．網地のコラムは海成層，白地のものは三角州性層，丸模様のものは河成層を示す．

1-4 地形と環境の編年 41

いてはかつてのK-Ar法による720 kaよりも，最近では海洋酸素同位体編年の年代（MIS 19：780 ka）に改訂されている．この境界は日本では各地の盆地を埋める海成層やテフラなどの古地磁気研究で知られつつある．たとえば房総半島の上総層群では，国本層中の白尾テフラ層準にある（Satoguchi, 1996）．

ところで第四紀の周期的な気候変化の周期と振幅はおよそ900 kaのころから変わり，周期は平均約4 kyから約10 kyと長くなり，振幅すなわち氷期と間氷期の気候の差は大きくなった．氷期に北半球高緯度大陸の氷床は著しく拡大したのである．またこのときに低下した海面は大陸棚を形成し，かつ広く陸化させた．とくに中期更新世のうち600 kaと420 kaの氷期（MIS 16とMIS 12）はことに寒冷であったことが知られている．この時期に日本列島とその周辺には陸橋が形成され，大陸と陸続きになった（南西諸島のいくつかの海峡は除く）．しかしMIS 11以前の間氷期（MIS 17, 15, 13）の温暖化の程度はさほど大きなものではなかった．MIS 11（約400 ka）は温暖かつ異例に長く続いた間氷期で，世界各地から広い海成段丘が形成されたことが報告されている（Droxler *et al.*, 2003など）．

中期更新世のうちMIS 11以後の気候変化を基準にした南関東の地形・地層編年は図1.4.7のようである．MIS 9はかなり大きい間氷期であったが，極相期は短期間であった．MIS 7は3つのサブステージに分かれ，しかもそれらのピークは亜間氷期レベルにとどまった．このような各間氷期の特徴は海成段丘地形とその堆積物にも影響している．すなわちMIS 11や9の段丘の識別は比較的容易であるが，MIS 7の場合は3ピークに分かれ，かつ段丘面が狭く認定し難い．南関東ではテフラによると次のようである：MIS 11＝港南面，MIS 9＝オシ沼面，MIS 7＝早田面（土橋面），七国峠面（長尾面）など（図1.4.7）．

2) 中期更新世の地形面と地層

日本列島陸上の段丘地形に限ると，侵食作用や地殻変動が速いところでは，古い時代の段丘は開析が進んでいるため識別し難い．MIS 11の海成段丘は第四紀地形研究では基準の1つと考えられるが，開析度が大きく南関東や上北地域を除くとまだ同定が進んでいない．対比・同定のためには鍵になる広域テフラ層が重要である．南関東ではKsm 5（約430 ka）とTE-5（約360 ka）などのテフラが，また上北では八甲田第2火砕流（約400 ka；工藤・駒澤，2005）とその降下火山灰などが指標となる．南関東ではMIS 11に対比される港南面より古い高海面期の地形面は保存されておらず，それを構成していた地層（屏風ヶ浦層や長沼層）のみが残っている．隆起の著しい房総半島上総丘陵でも，それらの堆積地形は失われ，主として海成の上総層群が重なっている．

(4) 中期および後期更新世の気候イベント

第四紀の編年に気候変化の層序・編年に基づく海洋酸素同位体ステージ（MIS）やSPEC-MAP年代が放射年代測定値よりも重要視されるようになったのは，前述のように海底や氷床から詳しい気候変化記録が得られ，ミランコビッチサイクルが見直されるようになったからである．図1.4.4，図1.4.5のように，第四紀の気候は高緯度から中緯度まで細かい点は別として，ほぼ同時に同じようなパターンで変化してきた．

氷床コアや海底コアの分析では，気候は徐々に変化してきたのではなく，ある安定期と次の安定期との間で急変することが多く，とくに氷期から次の間氷期への移行（温暖化）はごく短期間に進行し，明瞭な氷期の終焉ターミネーションが指摘できる．全体として鋸の歯状の変化パターンを示す．これに対して間氷期から氷期への移行は，やや緩徐に起こりトランジションと呼ばれる．氷床コアでは最終氷期のターミネーションの気候急変現象は数百年より短い間に気温にして7℃以上変わったとされ，この時期は大きな環境変化を起こす気候イベントであったと考えられている（Alley *et al.*, 1993）．

　こうした気候イベントの大きな例を挙げると，ターミネーションIIはMIS 6からMIS 5eとの境界（135 ka）（中期更新世/後期更新世），ターミネーションIはMIS 2とMIS 1との境界（更新世と完新世の境，11.7 ka；このほか14.6 kaにも急変があった）にあたる．これらの時期に日本各地の山地河川は激しく下刻し，また沿岸では内陸まで海進が進んで三角州が形成されたように，地形もかなり急速に変化した．ただ地形が気候変化の影響を受ける場合には，中間にいくつかの過程がはさまり，過去のさまざまな気候の下でできた地形も重なっているので，ある気候イベントだけの地形変化を識別するのは難しい場合がある．しかし気候変化イベントはその前後にかけての地形変化に特定の契機を与えたことは確かである．

　数千年ほどの周期の短い気候変化の場合でも，温暖化は寒冷化よりも短期間に起こることはグリーンランド氷床コアでわかった（ダンスガード・オシュガー（Dansgaard-Oschgar）イベントおよびハインリッヒイベント（氷床の拡大・崩壊による大氷山の中緯度への流出）を含めたボンド（Bond）サイクル；Dansgaard *et al.*, 1993；Bond *et al.*, 1993）．これらの気候イベントも地形を段階的に変える要因であるが，上に述べたターミネーションに比べると振幅はやや小さく，しかもその前後の安定期も短いため，地形に与えた影響は弱かったのかもしれない．日本でこうした気候サイクルが普遍的に認められるか，また地形変化の有無は今後の課題である．

1）気候変化史研究に果たす指標テフラの役割

　上述のように気候変化は，一般に継続的に堆積した海底堆積物や湖成堆積物などから微化石のもつ諸性質を分析し，主な指標として解明される．前述のように日本でも琵琶湖，諏訪湖ほか各地の湖成層の花粉分析を中心に議論されてきた．こうした環境変遷の資料を地形に適用し地形の成因を論じるには，両者をつなぐ鍵層または高分解能の年代が必要である．鍵層としては日本では水域にも陸域にも瞬時に堆積するテフラが最も有力である．

テフラの同定

　テフラによる編年研究は，テフラの同定と年代決定を軸として進められる．テフラを同定するには個々のテフラの多くの特性（野外での層相，構成粒子の岩石記載的性質，化学組成など）を記載・分析し，それぞれを見分け，いつのどの火山の噴出物かを判定する資料とする．もちろん長期にわたって数多くのこうした資料が記載される必要がある．日本列島とその周辺地域では1970年代から第四紀後半のテフラについて研究が続けられ（町田・新井，1992, 2003），現在はより古い鮮新世〜前期更新世のテフラの記載が盛んに行われている．また最終氷期末以後といった新しい時代についても，肉眼で識別できる地域の外側で，海底堆積物を含め潜在テフラの認定や高分解能の年代研究が続けられている．

テフラは風で運ばれるので本来広域分布をするはずである．こうした考えに基づき上記のような岩石記載的同定法を適用して，日本全域に分布することが最初にわかった広域テフラは，南九州起源の姶良 Tn テフラ（AT）と鬼界アカホヤテフラ（K-Ah）であった．両者とも火口上空に噴煙柱を高く上げ，上層風でテフラが運ばれるプリニー式噴火の産物ではなく，崩れ落ち流れて広がる巨大火砕流噴火と同時に生じた降下火山灰（coignimbrite ash）である（町田・新井，1976, 1978）．その後見出されたほとんどの広域火山灰もこの類の火山灰である．日本には広狭さまざまなテフラが知られているが，普通のプリニー式噴火（火山爆発度指数 VEI 6 以下）のテフラは分布の方向と面積が限られるのに，この降下火山灰は給源火山から同心円的ではるかに広い地域に分布する（町田・新井，1992, 2003）．

　テフラ同定上の大きな問題はテフラの保存状態である．陸上に降下堆積したテフラは流亡しやすくかつ風化しやすい．当然古いものほど野外で検出できる機会は減る．このため地形と関連し連続的に堆積した地層中のものに注目することが多い．それは複成火山の風下地域に発達する厚いテフラ累層や湖底・海底堆積物などで一般にテフラの保存程度はよい．最近のテフロクロノロジーでは，給源からかなり離れた深海底堆積物やグリーンランド・南極などのコアで散点するごく微粒の火山ガラスを見出し，その化学組成を測定するといった問題に関心が集まっている（Turney et al., 2006; Lowe et al., 2008 など）．

2）テフラの年代と水域・陸域の気候記録の対比

　図 1.4.8 は海底コア，湖成層，陸上の風成層などにおける気候環境変化の諸記録に，広域に分布するテフラの層位を示したものである．テフラで地形を編年したものは河成地形の場合図 3.1.5 に，氷河地形の場合図 3.1.2 にある．

　よく知られているように，テフラとそれに関連する噴出物は条件がよければ残留磁気も測定できるし，放射年代測定が可能な鉱物を含むことがある．また ^{14}C 年代測定可能な有機物を含んだりしばしば上下に随伴する．また年代が確実にわかっているテフラとの層位関係から内挿して推定する場合もある．新しい時代のテフラの噴出年代決定で重要な ^{14}C 法では，地球大気上面での ^{14}C の生成が年代により異なるため，求めたい暦年と測定値とが系統的に相違する．このため年輪，年縞やサンゴ石灰岩の U 系列年代とのチェックで ^{14}C 年を較正する方式が提案されて利用されている（Reimer et al., 2004 など）．放射年代値は対象，方法や機器により誤差，時間幅が生じ，同じテフラでも報告される年代値が異なることは珍しくない．

　日本とその周辺では，テフラは海底堆積物，陸上に隆起した海成層，湖成層など気候変化記録を抽出した地層中に重要な時間指標としてはさまれており，気候・環境変化の広域対比に役立っている．そこで気候変化のどのステージ（とくに MIS）に堆積したかがわかったテフラは，地形の編年にも適用されて，気候と地形との関係の研究に利用される．また所属するステージの中の層位から年代範囲も推定できるし，放射年代とクロスチェックできる．特定の放射年代測定法だけでは分解能が低い年代のテフラでは，どのステージの層にはさまるかを解明することにより年代が大きく訂正された場合がある（例：箱根東京テフラ Hk-TP：50 ka→66 ka：青木ほか，2008）．

　日本やニュージーランドなどのテフラの多い地域では，同一テフラについて複数の放射年代

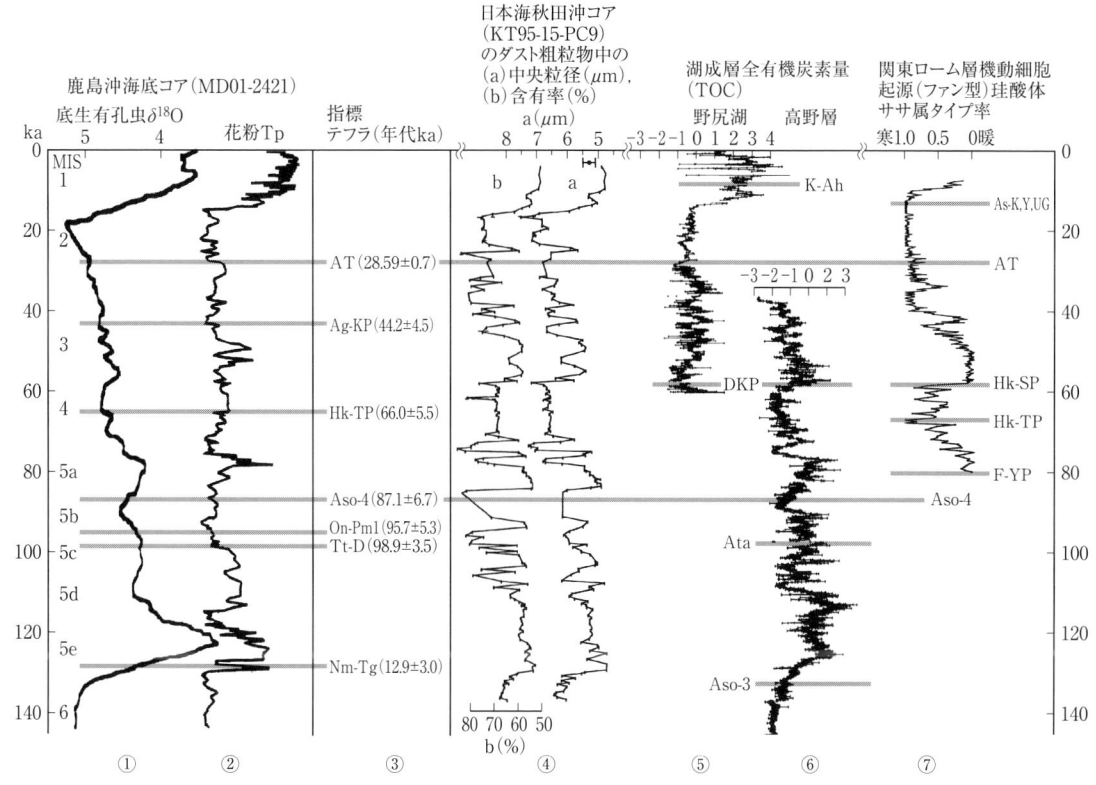

図1.4.8 テフラで対比・編年できる日本近海の海底コア，湖成層や陸上の風成層の後期更新世の気候プロキシの変化 [① Oba *et al.*, 2006, ② Igarashi and Oba, 2005, ③青木ほか，2008, ④鹿島ほか，2004, ⑤公文ほか，2003, ⑥田原ほか，2006, ⑦佐瀬ほか，2008] テフラ名…K-Ah：鬼界アカホヤ, As-K, Y, UG：浅間草津，黄色，立川ローム上部ガラス, AT：姶良 Tn, Ag-KP：赤城鹿沼, Hk-SP：箱根三色旗, DKP：大山倉吉, Hk-TP：箱根東京, F-YP：富士吉岡, Aso-4：阿蘇4, On-Pm 1：御岳第1, Tt-D：立山 D, Ata：阿多, Nm-Tg：沼沢田頭, Aso-3：阿蘇3.

と SPECMAP 年代とを比較して，最も信頼できる数値年代と方法（または方法論上の問題点）を知ることが可能である（町田・新井，1992, 2003；Pillans *et al.*, 1996）．その結果約 30 ka より古いテフラでは，周辺海域の海底コアで得られた酸素同位体編年から推定した値は多くの放射年代よりもむしろ信頼性が高い．町田・新井（2003）の年代記載では，テフラが海底堆積物に見出された場合，底生有孔虫同位体層序における層位を重要視している．

後期更新世〜完新世の気候イベントに近い時代に噴出したテフラは，イベントの地域的な変化を検討する上できわめて重要なので信頼度の高い年代を求めておきたい．以下にはその対象になる主なテフラを挙げ，地域的な環境変化研究でそれぞれが時間指標層として使われることを期待する．

- ターミネーションⅡおよび MIS 5e に近いもの：阿蘇3 Aso-3（西日本，日本海西部），沼沢田頭 Nm-Tg（東北地方南部，太平洋本州東方沖）
- MIS 5e-5d：洞爺 Toya，三瓶木次 SK，阿多 Ata（日本広域，海成段丘対比）
- MIS 5d-5c：御岳第1 On-Pm1，鬼界葛原 K-Tz（日本広域，海成段丘対比）
- MIS 5b-5a：阿蘇4 Aso-4（日本広域，海成段丘対比）
- MIS 4-3：大山倉吉 DKP（中国〜中部〜東北広域，河成段丘対比）

- MIS 3-2：始良 Tn AT（日本島と周辺海域）
- MIS 2-1：十和田八戸 To-H，浅間黄色 As-Y，桜島薩摩 Sr-S（やや地域的，環境変化）
- MIS 1：鬱陵隠岐 U-Oki，鬼界アカホヤ K-Ah（日本広域，環境変化，海面変化）

2 ― 変動帯を特色づける山地・平野・火山の形成史

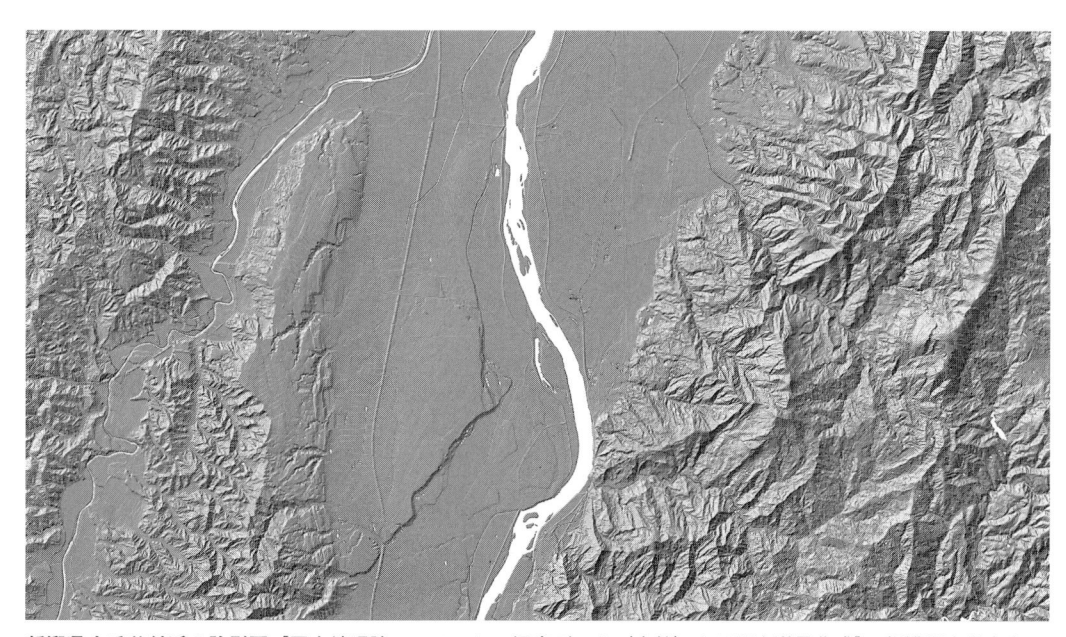

新潟県小千谷付近の陰影図［国土地理院2mメッシュ標高データ（中越）より野上道男作成］ 信濃川左岸中央部は西に傾く小粟田原の段丘．南北に走る関越道沿い西側部分の凹地状地形は活向斜谷．さらにその西側で一段高い越路原の段丘面は活背斜状に変形し，かつ北北東に傾き下がっている．

2-1 鮮新世以降の地殻変動による隆起域と沈降域の出現

(1) 日本列島の地殻応力場とその起源

　日本列島は起伏の多い島国である．その起伏の大部分は，島弧時代の日本列島において最近の数百万年間（ほぼ鮮新世以降）に成長したものである．そのころから地殻の応力状態（応力場という）が，地殻を顕著に変形させたり切断移動させたりするようになった．本節では，そのような応力場の存在は何を手がかりにして判明したのか，また，起伏の増加や地殻の分断はいつごろからどのような速さで進行したのか，などについて述べ，そのような応力場によって動く断層，また褶曲の役割やその地域性についてもふれる．

　地殻の内部には静水圧的な状態とは異なって，向きによって大きさの異なる異方性の力の状態が生じている．そこには常に最も大きな圧縮力の方向と，それに直交する最小の圧縮力（あるいは引っ張り力）の方向がある．前者が最大圧縮力であり，その方向を最大圧縮（軸）の方向と呼ぶ．日本列島の現在の地殻の最大圧縮軸の方向は，多くのところで東西ないし北西—南東方向である．

1) 現在の地殻の応力場

　地殻の応力状態は，坑内や試錐孔内での岩盤の測定から推定することができる．しかし，一般には地震や地殻運動などの地殻の動きから推定する．1960年ごろには地震の震源から放出された地震波の方向異方性を利用して，多くの日本の浅い地震が東西圧縮の応力場で発生していることが推定された．また大地震のときに日本内陸の震源地付近に出現した地震断層も，その断層を動かした力の最大圧縮方向がほぼ東西方向であることを示していた．

　1927年の北丹後地震のときに動いた北北西走向の郷村断層は左ずれの向きであり，その地震で同時に動いた東北東走向の山田断層は右ずれであった．このように，同じ応力場で生じたずれの向きを互いに異にする1組の断層を共役断層系という．それらが横ずれ断層である場合には，走向線のなす交角を2等分する2つの方向のうち1つが最大圧縮軸の方向であり，他方が最小圧縮軸の方向である．北丹後地震地域での地殻応力の最大圧縮軸方向は，ほぼ西北西—東南東であることがわかる．濃尾地震時に北西走向の根尾谷断層が左ずれに動き，鳥取地震時の北東走向の鹿野断層が右ずれに動いたことも，両地域を含む広い範囲が東西圧縮の場にあることを示している．

　中部地方で見出された多くの活断層（第四紀に繰り返し活動している断層）が，第四紀を通じて同じ向きの動きを累積していることは，断層を動かしてきた東西圧縮の地殻応力の状態が長期にわたって維持されていることを意味している．たとえば北西—南東走向の阿寺断層（Sugimura and Matsuda, 1965）や根尾谷断層（村松ほか，2002）は第四紀後期を通じて左ずれに動いているし，北東—南西走向の跡津川断層（松田，1966）や四国—紀伊の中央構造線活断層帯（岡田，1968）は右ずれに動いている（図2.1.1）．同様の東西圧縮は近畿地方や東北日本の内帯でも示されている．両地域では横ずれ断層に代わって逆断層が発達するが（池田ほか，2002），それらはほぼ南北走向で西あるいは東傾斜であり，これらの動きが東西方向の短縮を

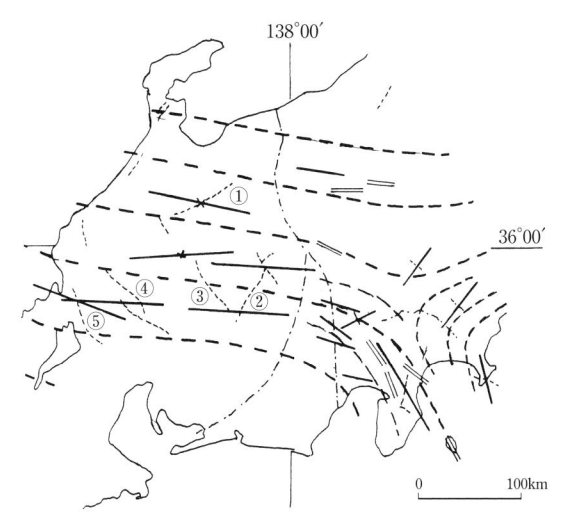

図 2.1.1 共役活断層系などから推定される中部地方の最大水平圧縮軸の分布 ［松田 1967, 1977；中村，1969 より作成］ 太実線：横ずれ共役断層系（細破線）から推定される最大水平圧縮軸，平行線：火山体から推定された最大水平圧縮軸，短破線：中部地方の最大水平圧縮軸の方位．①跡津川断層，②伊那谷断層帯，③阿寺断層系，④根尾谷断層帯，⑤柳ヶ瀬断層帯．

もたらしている（その方向に最大圧縮がある）．

顕著な活断層は第四紀に土地を数百〜数千 m もずらしている．1 回の大地震では土地は断層に沿って通常数 m しかずれないから，それ以上の大きなずれをもつ活断層は，大地震のときのずれが累積した結果である．このような日本の活断層に見られる第四紀を通じての変位の累積性は，断層に限らず，活褶曲などを含めた日本の第四紀の地殻運動の通性である．現在見る日本の山地・低地の起伏は，このような第四紀および鮮新世における持続的な応力場のもとで累積した地殻運動の産物である．

2）応力場の起源

応力場の形成には，その物体に外から作用する力（外力）が必要である．日本の地殻における上述のような広域的・持続的な応力場の成因は，最近地質時代を通じて安定して移動し続けているプレートによる押しの力によって説明できる．日本列島の前面で沈み込んでいる海のプレート（太平洋プレートとフィリピン海プレート）の移動方向と，上述の日本列島の地殻応力場の最大圧縮の方向とがほぼ一致しているからである．沈み込む海のプレートがその上盤側にある日本列島に対して，その移動方向の押す力を加えていると考えられる．なお，伊豆半島周辺地域では東西よりもむしろ南北に近い最大圧縮の場が生じているが，それは伊豆・小笠原弧をのせたフィリピン海プレートが本州に衝突しているためと考えられる．

3）日本列島は圧縮性の変動帯である

地殻は外力として下向きの力（地球引力）を受けているため，地殻の内部には地表からの深さと岩石の密度に応じた大きさの鉛直方向の応力が存在する．その鉛直応力の大きさは世界各地で大差はないが，それに直交する水平方向の応力の大きさは地域によって大きく異なる．水平方向の応力状態は，互いに直交する方向の最大水平圧縮応力（$\sigma H_{\max}$）と最小水平圧縮応力

($\sigma H_{\min}$) の大きさで表される．日本列島のような造山帯では，通常水平方向の最大圧縮応力は鉛直応力よりも大きい．しかし，アフリカ大陸やオーストラリア大陸のような安定大陸の一部では，最大水平応力はしばしば鉛直応力よりも小さい．一般に最大水平圧縮応力が鉛直応力よりも大きい地帯では，地殻は圧縮されて褶曲構造や逆断層ができる．水平応力が鉛直応力よりも小さいところでは，正断層やそれによる地溝ができやすい．前者を圧縮性の応力場あるいは圧縮テクトニクス地域，後者を伸長性の応力場あるいは伸長テクトニクス地域という．日本列島の東北地方内帯は，典型的な圧縮テクトニクス地域である．

(2) 造構応力場と撓曲・断層

1) 造構応力場

　地殻の水平方向の最大圧縮応力が鉛直応力よりも大きい（あるいは小さい）場合には，重力のほかに何か別の外力を受けていると考えざるを得ない．そのような重力以外の地球内部に起因する外力は造構力といわれ，それによって地殻内部に生じた応力場は造構応力場と呼ばれる．このような非等方的な応力場が地殻を変形させ，地形の起伏や切断・移動（断層）をつくってきたのである．その運動を造構運動という．日本のような変動の著しい地帯では，造構応力場の非等方性が著しい．

　造構応力場では地殻は変形または破断して，その結果が隆起・沈降・傾動などとして地表に表れる．日本列島では多くの場合両者が組み合って現実の山地・低地ができている．地殻の変形にはその性質・規模などによって褶曲・撓曲・曲隆などがあるが，本書ではそれらの変形を総括して撓曲と呼んでいる．一方，地殻の破断は多くの場合ずれを伴う剪断破壊であり，それは断層と呼ばれる．断層はずれの向きと地表面（水平面）との関係によって，横ずれ断層と縦ずれ断層とに大別される．

　実際には横ずれ断層にも多少の上下成分が伴い，縦ずれ断層にも横ずれ成分が伴う．そのような場合，横ずれ成分が上下成分より大きい場合は横ずれ断層，小さい場合には縦ずれ断層とする．阿寺断層や丹那断層など中部地方の顕著な横ずれ断層では，第四紀における累積変位の上下成分はときに横ずれ成分の 10–20% に達している．阿寺断層の場合，それが比高約 700 m の顕著な断層崖をつくっている．撓曲による地表変形は断層がつくる地形の起伏よりも概して波長が長く，中地形の山地—低地をつくり，緩傾斜ではあるが地表に大きな高低差をもたらしている．地殻の撓曲は日本列島における中規模地形の主要な形成様式である．

2) 撓曲変形と不調和な山地

　木曾山脈，養老山地，鈴鹿・布引山地，生駒・金剛山地，比良山地などは山麓に逆断層があり，その動きによって山地が成長した例といえよう．しかし，山地が示す隆起と山地付近の断層の動きの向きとが相反していて，山麓部にある断層の変位の累積結果では説明できない山地も少なくない．飛騨山脈や越後山脈はそのような山地である．飛騨山脈の山麓基部には山地を隆起させる活断層はない．したがって，飛騨山脈は西側の飛騨高原の隆起準平原がさらに撓曲隆起して生じた山脈であると考えられる．

　越後平野の東縁部—越後山脈の西斜面には，山麓線にほぼ平行する北東走向の活断層が複数

あるが（櫛形山断層など），それらはいずれも山地側を低め平野側を高める向きの変位をしている．平野側を高め山地側を低めている同様な活断層は，北部九州の古第三紀炭田地域にも知られている（福智山断層や小倉東断層；千田ほか，2001）．

3) 東北地方と中部地方の違い

東北地方には横ずれ断層がほとんどなく，逆断層が卓越している．これに対して中部地方（中国地方も）では，横ずれ断層が特徴的に発達している．東北地方も中部地方も最大圧縮軸は前述のようにほぼ東西であるが，上記の断層の性質の違いから判断すると，東北地方では最小圧縮軸の方向が上下方向であり，中部地方ではそれが南北方向である．このような地域差は何を意味しているのか．その理由は明確にはされていないが，次のような可能性がある．東北地方内帯は火山が多く地殻熱流量も大きく，したがって弾性的な硬い地殻は薄く弱い（嶋本，1989）．そのような場合には物質は上下方向に逃げやすく，結果として地表に起伏（逆断層や活褶曲）が生じやすい．これに対して，中部地方では最大水平圧縮軸に斜交する走向の既存の古傷（北西走向の阿寺断層や北東走向の跡津川断層）があるため，断層運動はそれに支配されて動き，土地が南北方向に逃げ，南北方向が最小圧縮の方向になる．

(3) 日本の山地・低地の形成速度

1) 変位基準と変位量

日本列島の山地・盆地は，上述のような地殻応力場のもとで主に第四紀に成長してきた．一般に動きをとらえるには，目印になるもの（変位基準という）が必要である．地殻運動の復元に用いられている各種の変位基準を表2.1.1に示す．

各変位基準には，それぞれその年齢（生成時代）がある．変位基準（たとえば段丘面）はそれが形成された時代以後に生じた変位だけを記録し，それ以前の記録をもたない．したがって，対象とする山地や断層について，時代を異にする複数の変位基準を見出すことができると，複数期間のそれぞれの変位量と向き（変位ベクトル）がわかり，それらのベクトルを連ねた折れ線によって断層運動の時代的推移を知ることができる（杉村・松田，1961）．たとえば阿寺断層では，断層線上の時代を異にする複数の段丘面ごとに断層による変位の量と向きが求められ，

表2.1.1 主な変位基準 [松田ほか，1978]

種別・性質	例
I 岩石，地質構造	
(a) 特徴ある岩体またはその境界	花崗岩などの貫入岩や各種の岩脈，特徴ある堆積岩．層序や岩相の境界など．
(b) 地質構造	褶曲軸，不整合面，等変成度面，古い断層面など．
II 地形	
(c) 地形面	段丘面・扇状地・平野などの平坦面，火山斜面その他の山腹斜面，段丘崖などの急崖．
(d) 地形線	稜線，谷，段丘面上の旧流路，カルデラなどの特徴ある地形，2つの地形面の交線（旧汀線，山麓線など），浜堤など．
III 人工物，その他	道路（路面，センターライン，縁石，側溝など），石垣，柵，畔，三角点網・水準路線，自動車などの轍，草木の根．

約7万年前から現在までの断層運動の軌跡が復元されている．

　日本の山地・低地の成長・分化の把握に最も広く用いられている変位基準は，準平原あるいは小起伏の地形である．この地形面は海面に近い低位置に生じた巨視的な意味での平坦面である．それが現在さまざまな高度に分布しているとしたら，それはその平坦面形成以後の隆起・沈降を表している．海岸付近では海成段丘の旧汀線を変位基準として土地の上下変動を知ることができる．内陸地域では河谷の系統的な屈曲地形や河成段丘面の現河床からの比高の分布も用いられている．より間接的ではあるが，山地周辺に堆積した地層の岩相や層厚などから山地の隆起や盆地の沈降が推理される．これらの変位基準を用いた古地形や地殻変動復元の実例が，本章の以下の各論で示される．

　動きによる位置の変化を変位という．その量（変位量）は現在観察される変位基準の「現状」とその変位基準の生成時の「原地形」との差である．しかし「原地形」はその後の変位のため現存していないので，変位を正しく求めるには現在失われている原地形を適切に復元して推理する必要がある．たとえば断層による河谷の屈曲量から土地の横ずれ量を求めるには，その河谷の原初の谷地形の直線性を推理ないし仮定しなくてはならない．そのほか原地形の変化には侵食や堆積の作用によるものもあるので，その点も考慮される必要がある．

2）変位地形の形成速度

　変位基準の変位量とその変位基準の形成年代とを用いて，その変位基準が生じてから現在までの変位の平均速度（平均変位速度）を求めることができる．たとえば，淡路島北部の野島断層では約2万年前に生じた段丘が現在約20m右ずれしている（水野ほか，1990）ので，この期間における野島断層の平均変位速度はおよそ1mm/年である．

　一般に活断層の活動度は，第四紀後期における平均変位速度値で表される．平均変位速度値

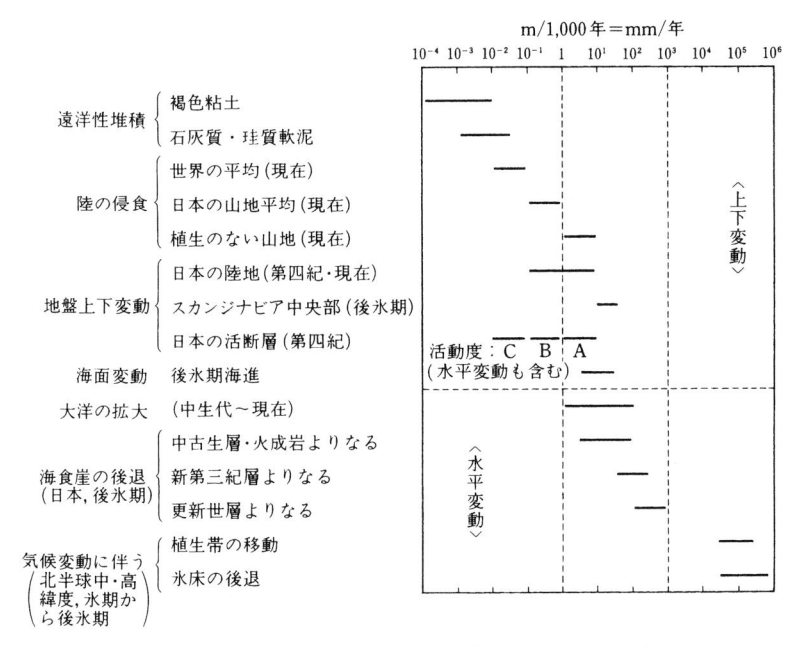

図2.1.2　諸現象の変動速度の比較［貝塚，1969による］

V（mm/年）が $1.0 \leq V < 10$ のものを活動度A級，$0.1 \leq V < 1.0$ をB級，$0.01 \leq V < 0.1$ をC級と呼ぶことがある．四国の中央構造線や糸魚川―静岡構造線，阿寺断層，丹那断層など数十例がA級の活断層として知られている．B級の活断層は数百以上あり，現在知られている活断層の大部分を占めている（活断層研究会編，1991）．

　日本内陸では第四紀後期の変位速度値は，大きくてもmm/年の桁である．年あたりmmという値は，活断層の変位だけでなく，山地の隆起速度でも活褶曲の成長速度でも盆地底の沈降速度でも知られている（Kaizuka, 1967；図 2.1.2）．つまり日本の第四紀はmm/年の地殻変形が進行している時代である．その速さはそれ以前の第三紀の変動に比べてきわめて高速である．しかしこの速度は，日本列島の前面で沈み込む海のプレートの現在の移動速度，すなわち沈み込むプレート境界断層の変位速度（数cm/年）に比べれば1桁小さい．

3) 累積変位量と日本の地形の起源

　日本列島内で第四紀に進行している地殻の動きは一方向的であり，変位の量は時間とともに累積している．しかし，その累積した変位の総量はせいぜい数km程度である．たとえば活断層による横ずれの累積変位量は，中部地方の代表的活断層である阿寺断層で7-9 km，跡津川断層で2-3 kmである．糸魚川―静岡構造線の左ずれは約12 kmとされているが，それが日本内陸での既知活断層のずれ量の最大である．これらの日本内陸活断層の累積変位量は，米国のサンアンドレアス断層の変位量500 km，ニュージーランドのアルパイン断層の450 kmに比べて桁違いに小さい．累積変位量は平均変位速度と累積期間の積であるが，日本の活断層ではこの両方（とくに後者）が著しく小さいためである．

　このように，第四紀の日本内陸での累積変位量が数km程度であり，第四紀後期の地殻の平均変位速度が前述のように数mm/年であるとすると，数kmの累積変位量はおよそ100万年間で達せられる．このことは日本列島の山地形成や断層による地形の分化のはじまりの時期が，おおむね第四紀の初期ごろ（1-2 Maころ）であることを示唆している．これはそれが10万年程度前ではなく1000万年程度前でもないという程度に漠然としたものであるが，1つの目安にはなっている．実際，日本の横ずれ活断層が示す古い変位基準ほど大きく変位しているという比例関係は，第四紀の変位基準について成り立っているが，より古い変位基準では成立していない．たとえば根尾谷断層・跡津川断層・阿寺断層のいずれの例でも，それに沿う第三紀以前の古い基盤の変位量は第四紀初期の変位基準の変位量とほぼ同じ（数km）であり，有意な差異は見られない．このことは第四紀より前の少なくとも第三紀から中生代後期の期間は変位量の目立った増加のなかった静かな時代であったことを示唆している．なお，第四紀における日本山地の起伏の増加は，山地周辺の堆積物（主に礫岩の出現）からも推定されている．

(4) 鮮新世以降の地形発達

　現在の日本列島は，高い山地とその間の低平な平野・盆地が複雑に分布する大起伏の地形で特徴づけられる．日本各地の山地頂部には周囲に比べて著しく平坦な小起伏の地形が残されていることがある．この地形は面上に見られる堆積物から見て，白亜紀後期ごろから新第三紀ごろまで50 Myあまりの長期にわたって変動が少なく，ゆっくりした侵食で形成された準平原

の残片であると考えられる．この日本の原地形であった大陸的な小起伏地形は，海面近くで形成されたものが，いまは標高数百 m から 1000 m もの高所に残されている．また，たとえば東北日本では，現在，外帯である北上・阿武隈山地が南北に並び，内帯には列島ののびの方向に続く2列の山地，奥羽山脈と出羽山地と，これらの山地にはさまれる山間盆地の列がある．このような山地や低地はいつごろからできてきたのであろうか．

　この項では，日本がアジア大陸から分離して島弧となったときを出発点として，現在のような山地と低地の分布が現れ，その凹凸が大きくなってきた歴史を，東北地方，フォッサマグナ地域，中部地方，中国・四国地方と近畿地方を例に概観しよう．

　この日本列島の骨格をつくる地形の起伏は，場所によって多少の違いはあるが，おおよそ中新世末〜鮮新世はじめごろ（6-5 Ma）からはじまった地殻変動によって出現したもので，鮮新世のうちは緩やかであったが，更新世中期ごろから変位速度が桁違いに大きくなり，大起伏の地形をもたらしたらしい．

1）島弧としての日本列島の出現

大陸から島弧へ

　古第三紀や中生代には，日本列島は大陸に接続し，その一部であった．このことは，日本列島の基盤岩のつくる帯状構造（1-1節参照）が大陸に連続すること（たとえば山北・大藤，1999；図 2.1.3），また白亜紀・ジュラ紀の陸成層から大型恐竜類が頻繁に発見されること，あるい

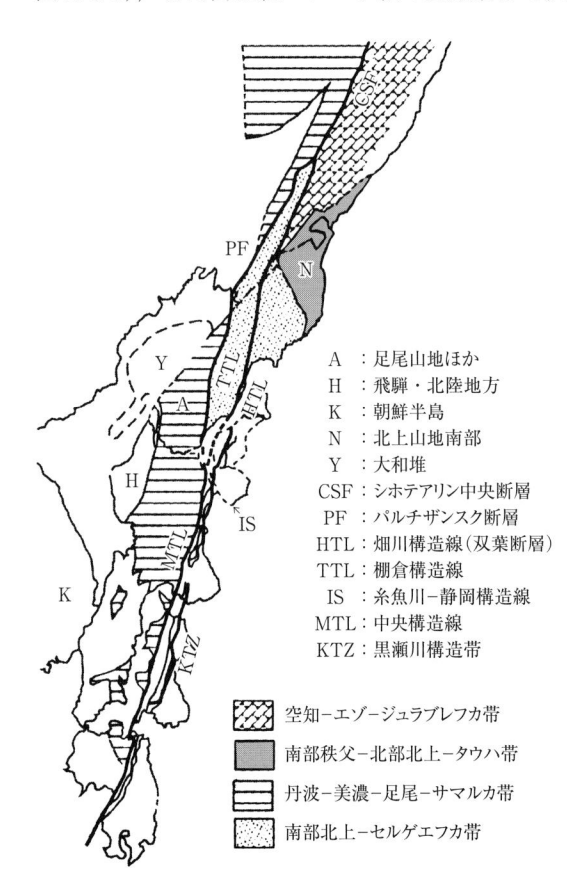

図 2.1.3　日本海拡大前，大陸縁辺にあった東北日本と西南日本の復元［山北・大藤，1999］　日本の地帯名と主要断層名は図 1.2.1 を参照．この図は，西南日本・東北日本・沿海州の各地帯と中央構造線などの白亜紀の左横ずれ断層が，もともと大陸縁辺にあって北東―南西に直線的に続いていたという前提で，沖縄トラフの拡大，日本海の拡大以前に戻したもの．空知―エゾ―ジュラブレフカ帯は白亜紀のタービダイト，前弧海盆堆積物からなり，南部秩父―北部北上―タウハ帯はジュラ紀・白亜紀の付加体で三畳紀の石灰岩を含む．丹波―美濃―足尾―サマルカ帯はジュラ紀の付加体，南部北上―セルゲエフカ帯では古い基盤岩をデボン紀以後の浅海成層が覆う．中央構造線は棚倉構造線―パルチザンスク断層および畑川構造線―シホテアリン中央断層に分かれるが，両断層は北方でまた合流する．

A ：足尾山地ほか
H ：飛騨・北陸地方
K ：朝鮮半島
N ：北上山地南部
Y ：大和堆
CSF：シホテアリン中央断層
PF ：パルチザンスク断層
HTL：畑川構造線（双葉断層）
TTL：棚倉構造線
IS ：糸魚川―静岡構造線
MTL：中央構造線
KTZ：黒瀬川構造帯

空知―エゾ―ジュラブレフカ帯
南部秩父―北部北上―タウハ帯
丹波―美濃―足尾―サマルカ帯
南部北上―セルゲエフカ帯

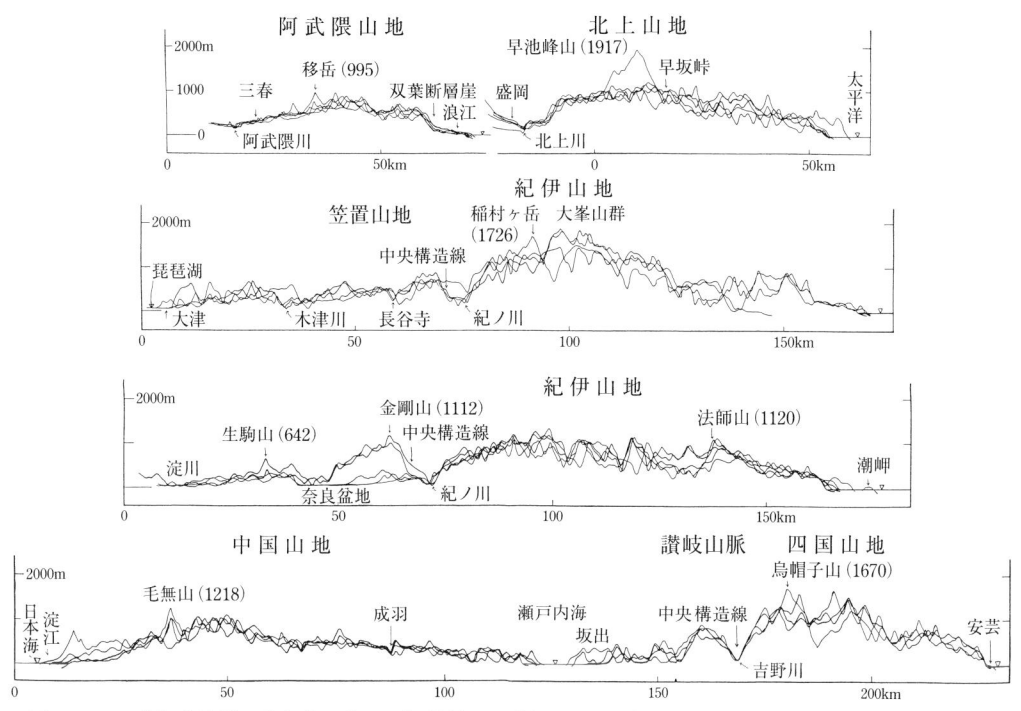

図2.1.4 小起伏地形の分布する山地の投射断面図［小池，2001a］ 1/20万地勢図につくった幅2kmの帯に沿う投射断面図.

表2.1.2 日本列島における小起伏地形の主な分布とその標高

山 地 名	小起伏地形の平均的高度	代表的な小起伏地形
北見山地	300–1000 m	
北上山地	800–1200 m	早坂高原，外山高原，種山ヶ原など
阿武隈山地	300–1000 m	
飛騨高原	1000–1700 m	
美濃・三河高原	200–700 m	明智付近 500–600 m，根羽付近 1100–1300 m など
近畿三角帯の山地	400–1000 m	鈴鹿山脈，高見山地，信楽山地，布引山地，六甲山など
中国山地	0–1000 m	道後山，吉備高原
九州北部山地	400–600 m	筑紫山地，背振山地

シリーズ「日本の地形」に記載してある標高を集成した.

は中生代陸上植物群が大陸のものと共通性が高いこと，各地に点在する陸成の古第三紀層に大陸地域と共通の大型哺乳類化石が産出するなど，さまざまな証拠から推測される.

日本列島が現位置に定置したころから陸地であり続けたところは，北海道中央部，北上・阿武隈・八溝山地，朝日・飯豊山地，足尾—三国—関東山地，濃尾—近畿—瀬戸内にかかる低地群をのぞくフォッサマグナ以西九州までの大部分の山地などである（図2.1.4，表2.1.2）（鎮西・町田，2001）. これらの山地は，山地中央部を除き，中新世以来の上下変動量が+1000 m 未満と推定され（Matsuda *et al.*, 1967），15 Ma ころ，日本列島の陸地はきわめて起伏の小さいなだらかな丘の続く準平原の地形であったと考えられる.

山地に発達する小起伏の地形は準平原の遺物で，山地地形の成り立ちを解明する上で重要な鍵となる地形であると考えられてきた（小藤，1909；三野，1942など）. 小起伏地形に関する初期の研究でも，日本の山地は中新世ころまでに平坦化（準平原化）した時代があったと考えら

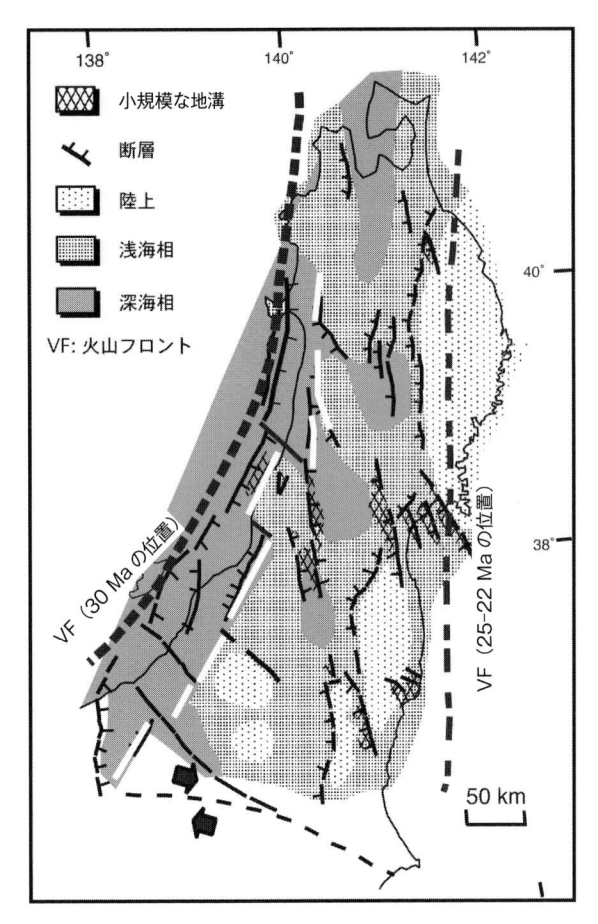

図 2.1.5 日本海拡大時前後の東北日本の古地理とテクトニクス［佐藤・池田，1999 を簡略化］日本海側から斜めに入り込んだ深海盆の存在に注意.

れてきた．従来，山頂部や稜線に沿って分布する小起伏地形は，地形発達史的には，侵食輪廻の終末地形である準平原として基準面（海面）近くの低所に形成された地形であると位置づけられ，山地の隆起や地殻変動様式を復元することに用いられることが多かった（たとえば，第四紀地殻変動研究グループ，1968）．準平原の見られるそれぞれの山地では，その後の地殻変動（主に断層・隆起運動）とそれ以降の侵食作用によって，周辺部に分布高度を異にする複数段の小起伏地形が見られることもある．

古第三紀漸新世の後期（30 Ma ころ），現在の東北日本にあたる地域の大陸側で火山活動・地殻変動がはじまり，太平洋側にあって変動の少ない外帯（北上・阿武隈山地）と，大陸側の内帯とが分化しはじめた．中新世前期から中期（25-14 Ma）にかけて大陸との間に日本海盆が拡大し，そのため東北日本は比較的ゆっくりと反時計まわりに回転した．一方，大和海盆は18-19 Ma ごろに出現し，15 Ma ごろから急速に拡大して，西南日本を時計まわりに回転させ，14 Ma ごろまでに停止した．これらの回転は，日本各地の火成岩や堆積岩に残留磁気方位の急激な変化として記録されている（Otofuji et al., 1985; Baba et al., 2007）．これに伴って日本列島の内帯の広い範囲が沈降して，海域が著しく拡大した．

日本海拡大期には，日本列島の日本海沿岸域（内帯）にあたる地域は広く浅海に覆われており，その間の各所に水深 2000 m に達する深いくぼ地が存在していた（北里，1985; 佐藤・池田，1999; 図 2.1.5）．また，断層に沿って急速に沈降して半地溝（両側を断層で限られた凹地を地

溝といい，一方だけに断層がある凹地を半地溝という）が形成され，そこに周囲から運び込まれた礫が厚く堆積した地域もある．北上山地と奥羽山脈にはさまれた北上低地帯でも，低地表面を埋める中新世上部層の下に隠されて，深さ2kmに達する半地溝が存在することがわかってきた（Kato et al., 2006）．

西南日本は，この時期に中国地方から中部地方まで暖流が入り込む浅く広い海域（古瀬戸内海）となった．その海の堆積物（備北層群や瑞浪層群）は，中国地方の内帯山地から近畿，中部地方の各地に点在している．このころから，東北日本の内帯と西南日本の内帯の地形発達は明瞭に異なるものとなった．

海の時代

日本海拡大期に続く中新世中・後期の14-6 Maには，日本全体が地殻変動も火山活動も少ない比較的静穏な時期であった．当時，日本の地形がどこも低平であったことは，陸上侵食で生産された砂や泥の堆積物は分布が局限され，珪藻や放散虫など珪酸質プランクトンの遺骸ばかりが集積した珪質泥岩が広く堆積したことからも理解される．東北地方日本海側に広く分布する女川層がそれで，同様な堆積物は北海道の日本海沿岸（稚内層），新潟油田—北部フォッサマグナ（七谷層，別所層），北陸（各地の珪藻岩）など，分布が広い．中新世中期後半（14-10 Ma）には，この海は多くの場所で水深700-2500 m（漸深海帯中部）に達し，珪質泥岩は場所によっては数百mもの厚さに堆積した．中国山地でもこの時期には主として外洋性の泥岩が堆積した．現在の東北地方では，奥羽山脈と出羽山地のように南北方向にのびる地形の配列が卓越しているが，中新世の海はそうではなく，深い部分が日本海域から南東方向に向かい出羽山地の部分を横切ってU字型に入り込んでいた（図2.1.5）（Taguchi, 1962；佐藤，1986など）．

奥羽山脈の中部，現在JR北上線の通っているあたりの奥羽山脈では，沈降の開始期から日本海拡大期にかけての地層（大石層，18-13.5 Ma）は，急激な沈降に伴う海底堆積の厚い珪長質火砕岩とその間にはさまれる泥岩からなり，泥岩には漸深海帯に生息する有孔虫化石が含まれる（Nakajima et al., 2006）．また，秋田・山形県境の出羽山地および日本海沿岸地域では，この時期に膨大な量の玄武岩の海底噴出があった（青沢層，15.5-13 Ma）．このような深いくぼ地や正断層で片側を限られた半地溝の存在，あるいは断層や岩脈の方向性から，この時期には日本列島域も日本海海底とともに伸長応力場にあり，激しい火山活動を伴って地殻の開裂が起こったと考えられている（Sato, 1994）．

2) 東北日本の外弧・古い陸地の地形—北上・阿武隈山地

北上山地は全体として南北にのびる卵形の曲隆山地で，西側を北上低地帯に限られ，東側が三陸のリアス海岸で終わり，周辺部がやや急斜するドーム状の山地である．北上山地では，早池峰山を取り囲むように高度800-1200 mの広い山頂平坦面が分布し，古くから北上準平原と呼ばれてきた（写真2.1.1）．その下位には高度500 m前後および300 m前後の小起伏地形が分布する．北上山地では，遠野付近の山地内部には淡水性の，海岸では浅海性の貝化石を産する下部ないし中部白亜紀層が分布する．これに対し，新第三紀層は山地周辺に広がる小起伏地形を部分的に覆う．したがって，北上山地は白亜紀後期にはかなり低平であったといえる．中新世〜鮮新世にかけて山地周辺に小起伏地形が形成されたと言われている（Nakamura,

写真 2.1.1　定高性のなだらかな山稜の続く北上山地 [1994年6月檜垣大助氏撮影]　外山高原大尺山より.

写真 2.1.2　阿武隈山地 [1987年9月小池一之撮影]　船引町西南方の片曾根山頂上より北北西方向を望む.ここに見られる小起伏地形は大部分が上位から2段目(船引面)である.

1963).

　阿武隈山地には広く小起伏地形が分布し,それらは残丘状の高位面群(750-1000 m),中位面群(550-730 m),下位面群(300-550 m)に区分され,中新世以前(高位)から鮮新世・更新世初期(下位面群)にかけて形成されて,現在はある程度開析を受けているとされてきた(中村,1960,1996;木村,1994).阿武隈山地内で小起伏地形が最もよく分布するのは大滝根川流域周辺の山地で,ここでは南北方向にのびる複数段の小起伏地形が分布する(写真2.1.2)(小池,1968;Koike,1969).これらの小起伏地形のうち最上位の面を除く5面は形成後まもなく三春火砕流(約5 Ma)に覆われ,さらに剝離化石面となった後,下位の2面は芦野火砕流(0.96-1.4 Ma;山元,2006)に覆われている(鈴木,2005;鈴木・植木,2006).阿武隈山地は,全体として,隆起軸が東にかたよったやや西に傾く傾動地塊の形態を有し,その背面の緩傾斜部にあたる山地北西部を中心に数段の下位面群が形成された.

3) 東北日本内弧—海から低地・山地への道筋

山地と盆地の出現

　東北日本内弧の地域で最初に隆起の兆候が現れるのは奥羽山脈の中部,JR北上線の沿線で,10 Maころのことである(Nakajima et al., 2006).このあたりでは奥羽山脈は標高1400 mをこす西側の真昼山地と,東側で標高800-900 m前後の支脈とに分かれ,間に南北に長い湯田盆地を抱いている.ここは地質構造上も著しい凹地になっている(図2.1.6).

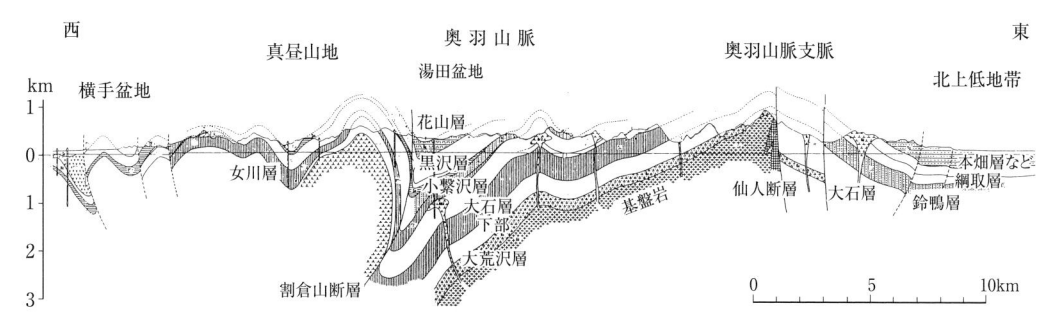

図2.1.6 北上―横手間の奥羽山脈の地質構造［北村編，1986に加筆］ 奥羽山脈はこの付近で，東側の支脈と西側の真昼山地の2列の山列に分かれ，間に湯田盆地の低地をはさむ．

　この地域では，日本海拡大期の大石層に続いて泥岩を主とする中期中新世の小繁沢層（13.5-12 Ma）が漸深海帯に堆積した．しかし，小繁沢層は上に重なる浅海成の黒沢層（後期中新世層，9-6 Ma）に著しい斜交不整合で覆われている．不整合の程度は湯田盆地の東縁，奥羽山脈東側山列の稜線に近いほど大きく，黒沢層の分布東縁部では，小繁沢層を欠いて大石層の上に黒沢層が直接重なるところもある．すなわち，12 Maから9 Maまでの間に奥羽山脈の軸部で隆起がはじまり，黒沢層はその西側に，隆起域を侵食しながら堆積した．この黒沢層基底の不整合は奥羽山脈の隆起のはじまりを示していると考えられる．

奥羽山脈の隆起

　このように，奥羽山脈の隆起は中新世中期末，10 Maころからはじまった．隆起を起こしたのは，中新世前期には沈降する半地溝か凹地であったところで，それを埋積した厚い火山性堆積物を主とする地層（大石層）の部分である．すなわちはじめ大きく沈降した部分が逆転して，隆起部となったのである．10 Maの東側山列の隆起に続いて，西側山列も含め，奥羽山脈全体が広域的に隆起をはじめるのは中新世末期，6 Maころからである．たとえば湯田盆地では，黒沢層は上方に急速に浅海化し，礫層をはさむ河成ないし湖成の鮮新世層（花山層，6.5-3 Ma）に覆われる．さらにその上に厚い扇状地礫層（1.5-1 Maころ；時代未確定）が続く．このように，奥羽山脈の隆起が本格化したのは，花山層の堆積が終了した3 Maころからか，それより後のことである．

　東側の北上低地帯は中新世の間は静かな浅海であったが，そこに奥羽山脈方面から供給された礫が現れるのは，中新世末（6.5 Ma）ころからである．だが低地帯の鮮新世・前期更新世層は，各所にゾウなど大型哺乳類の足跡化石が知られる河成あるいは淡水成の砂泥層を主とし（大石，1998），礫層はあるが，粒径が小さく，小規模である．そして，最後にこれらを覆って粗粒な厚い扇状地礫層が低地帯を埋めるようにひろがる．奥羽山脈東麓にひろがる扇状地群は，およそ0.5 Maごろから大規模に形成されるようになった（渡辺，1991）．奥羽山脈の東縁にはこの扇状地を切る活断層群があり，扇状地の出現とほぼ同時期から活動をはじめたらしい．

出羽山地の出現と横断する先行性流路の決定

　出羽山地は，東北地方を南北に走るもう1つの隆起帯である．奥羽山脈の西を，横手・新庄・山形などの山間盆地を隔てて，50 kmほど離れて併走する．この山地と山地に囲まれた盆地は，いつごろ出現したのか．出羽山地を横断する最上川や雄物川などの典型的な先行河川の流路，先行谷の位置は，いつごろどのようにして決まったのか．

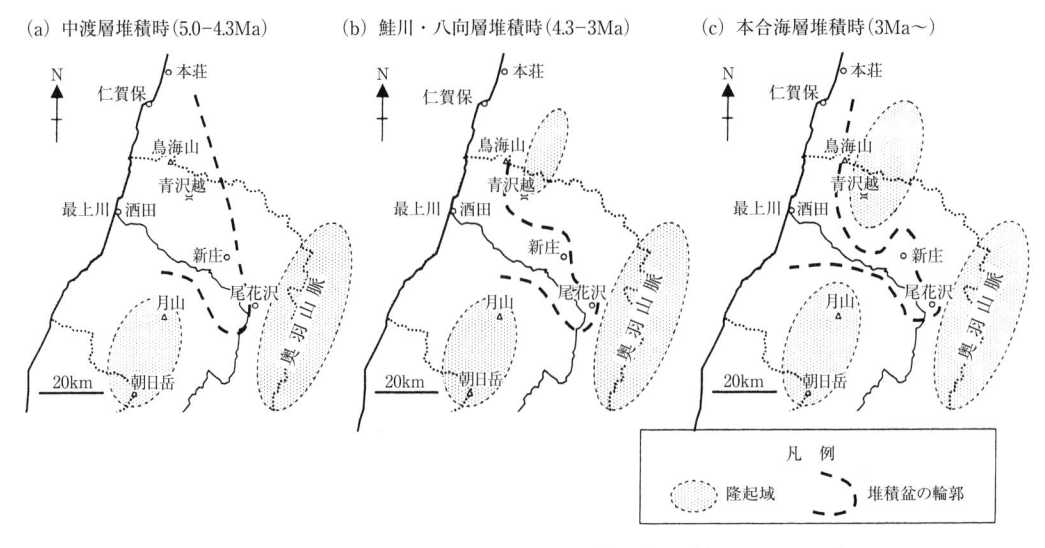

(a) 中渡層堆積時 (5.0-4.3Ma)　　(b) 鮭川・八向層堆積時 (4.3-3Ma)　　(c) 本合海層堆積時 (3Ma〜)

凡　例
　　隆起域　　　　堆積盆の輪郭

図2.1.7　新庄盆地周辺における出羽山地域の変遷 ［守屋ほか，2008］

　中新世中期〜後期（14-6 Ma）の海の時代には，前に述べたように，現在の出羽山地の位置を横切って秋田南部から山形にU字型に続く深い海盆が存在していた（図2.1.5）．新庄盆地およびその西の出羽山地では，この海盆底に静穏な外洋的環境を示す珪質泥岩の女川層が厚く堆積した．珪質泥岩の上位は，秋田や新潟の油田地帯の典型的な層序と同じように，順に黒色泥岩・灰色泥岩と次第に粗粒化し，含まれる底生有孔虫化石も次第に浅い種類になる．鮮新世前期の地層（中渡層，5.0-4.3 Ma）は浅海ないし淡水成で，亜炭層も含む．

　出羽山地の隆起を示す確実な兆候は，鮮新世中期（鮭川層，4.3-3.7 Ma）に現れる（本田ほか，1999；守屋ほか，2008）．この時期に，それまでU字型盆地の中軸に位置していた新庄盆地北部に浅海成砂岩が現れ，新庄の西，現在の最上川流路付近に深い環境を示す外側陸棚〜大陸斜面上部の泥岩層が分布する．斜面の向きを示す古流向も，南西から北東に，新庄盆地の方向を向くようになる．この傾向は鮮新世後期（八向層，3.7-3 Ma）でもっと明瞭になり，新庄盆地の北部は隆起・陸化して削剝域となり，堆積盆は西に開いた形をとるにいたった（図2.1.7）．この西に開いた口が，現在の最上川の先行性横谷の位置と一致する．新庄盆地で海成層が見られるのは，鮮新世末（本合海層下部，2.8 Maころ）までで，このころから新庄盆地西方の出羽山地の部分の隆起と新庄盆地中心部の沈降，すなわち内陸盆地の形成がはじまったのである．

　新庄盆地に東側の奥羽山脈で隆起がはじまったことを示す礫層が出現するのはずっと上位になり，段丘礫層の下位にある山屋層（更新世中期）の基底部からである（中川ほか，1971）．

日本海沿岸域の沈降

　出羽山地の西縁は，現在の海岸線に沿って南北に走る北由利衝上帯と呼ばれる断層群で限られている．これは出羽山地側が隆起した衝上断層群で，日本海側は数千mも深く落ち込んでいる（図2.1.8）．中新世後半の地層はこの断層の両側で岩相も厚さも大差なく，連続的で，当時この断層帯は活動していなかった．だが，鮮新世に入るころから，桂根相と呼ばれる厚さ数百mに達する砂質タービダイトが衝上断層帯中あるいはその西側に沿って出現する（掃部ほ

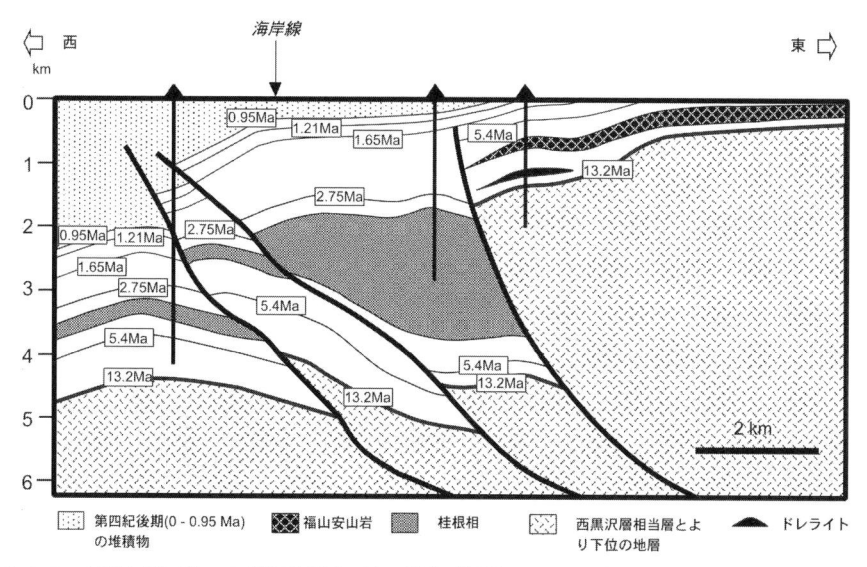

図 2.1.8 出羽山地西縁，本荘海岸付近の地下構造［佐藤ほか，2004］　枠内の数字は微化石によって決まった年代，単位 Ma．およそ 5 Ma ころを境に断層の東と西でその上位の地層の厚さが著しく異なることに注意．

か，1992；佐藤ほか，2004）．これは，近隣の高所から重力流として海底の低所に流れ込んで堆積したもので，出羽山地の隆起など，地形の凹凸の出現を示唆している（藤岡，1968）．このタービダイトの堆積は 5.2 Ma ころにはじまり，場所を移して 2.7 Ma 前後にまで続いたらしい．秋田県南部の出羽山地では，5-4 Ma ころに堆積の中心があった（掃部ほか，1992）．

4）フォッサマグナ地域の山地・低地の生い立ち

北部フォッサマグナ

北部フォッサマグナ地域は，ほぼフォッサマグナのうちの八ヶ岳より北の地域であり，糸魚川―静岡構造線を西縁とした本州中部の高原地帯（八ヶ岳―美ヶ原地域）から日本海沿岸にいたる地域である（図 2.1.9）．この地域は中新世中期の初頭には火山活動を伴った深い外洋性の海であった．信州中部の筑摩山地から三国山脈にかけては北部フォッサマグナ地域で最も早い時期（中新世中・後期）に隆起し陸化した地帯であり，中央隆起帯と呼ばれている．この隆起帯の出現によって北部フォッサマグナ地域は，その南東側の佐久・上田・八ヶ岳の地域と，その北側の山地・丘陵・低地とに分かれた．中央隆起帯を構成する美ヶ原や塩嶺山地のある筑摩山地には，中新世後期以後の海成層はほとんどなく，下位の地層（内村層）とそれを貫く石英閃緑岩が露出している．地層はほとんど褶曲していない．最上部には鮮新世の陸上溶岩が覆って高原状を呈し，海抜 2000 m に達している．筑摩山地や赤石山地の縁では中新世中期の海成層（内村層・守屋層）が海抜 1500-2000 m の高所に分布している．このような隆起は水内丘陵でも生じていて，中新世後期〜鮮新世の海成層が現在海抜約 1000 m の丘陵をつくり，信濃川や犀川の谷に深く（約 300 m）下刻されている．このように北部フォッサマグナの内陸部は日本海側への傾動を伴った鮮新世以後の顕著な隆起地帯である．

信州―新潟油田地域

筑摩山地の北にある水内丘陵は越後平野にいたる丘陵（東頸城丘陵）に続く．この信濃川沿

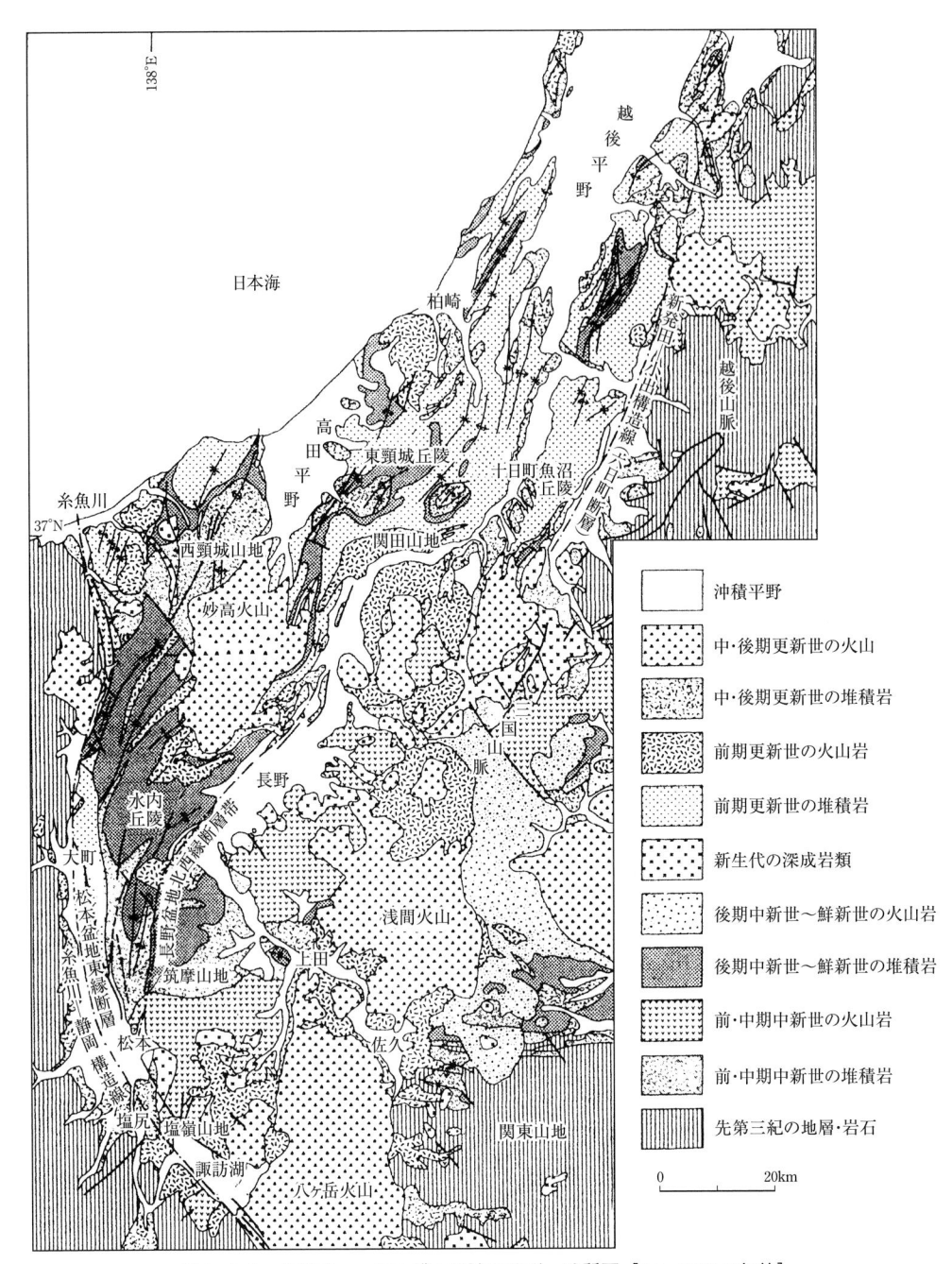

図 2.1.9 北部フォッサマグナ地域の地形・地質図 [Kato, 1992 に加筆]

岸から日本海沿岸までの地域は新第三紀の大きな堆積盆地であり，信州―新潟油田地域あるいは信越褶曲帯と呼ばれている．そこでは中新世中期の海成層は沈降して現在地表下 5000 m にも達している．この海は中新世後期以後次第に信州中部から日本海沿岸に退き，更新世前期の魚沼層の大部分は陸成層となる．この地域は鮮新世後期以降現在まで褶曲運動が進行している活褶曲帯である（岸・宮脇，1996；佃ほか，2008）．地層は波長数 km 程度で波状に変形して，背斜は細長い丘陵となり，向斜はその間の低所となって比高数百 m の起伏が生じている．このような鮮新世以降の信越褶曲帯の隆起を伴った顕著な褶曲運動は，それ以前のこの地域の地史の

中にかつてなかったことである．

大峰帯と松本盆地

北部フォッサマグナの西縁には，大峰帯と呼ばれる細長い地帯がある．大峰帯は東縁で小谷断層をはさんで水内丘陵に続き，西縁は松本盆地東縁断層で切られて大町―松本盆地に面している．大峰帯を構成する地層（鮮新世の大峰累層）の下部に浅海性の砂岩があるので，当時の北部フォッサマグナの海が飛騨山脈の東麓近くまで達していたことがわかる．その地層の上部は西方の山地（飛騨山脈）から運ばれてきた扇状地性の砂礫層であるので，当時飛騨山脈はある程度山地になっていたと思われる．しかし，その山地と大峰帯との間には現在のような大町―松本の盆地はなく，大峰帯がそのまま飛騨山脈の麓に続いていたと考えられる．第四紀に活動的な糸魚川―静岡構造線は松本盆地東縁にあって東傾斜の逆断層であるので（萩原，1990），飛騨山脈の隆起に関連づけることはできない．

南部フォッサマグナ

西南日本外帯を構成する赤石山地とその続きである関東山地の，さらに太平洋側に，南部フォッサマグナと呼ばれる新第三紀層の地帯がある（図2.1.10）．その上に伊豆・小笠原弧の火山弧が重なって富士・箱根などの火山がのっている．富士火山の西～北側に御坂山地―天守山地が囲み，その北西側に甲府盆地―富士川谷の低地をはさんで赤石山地やその前山の巨摩山地がある．富士山の東側には丹沢山地，その北側に桂川（相模川）の谷をはさんで関東山地があ

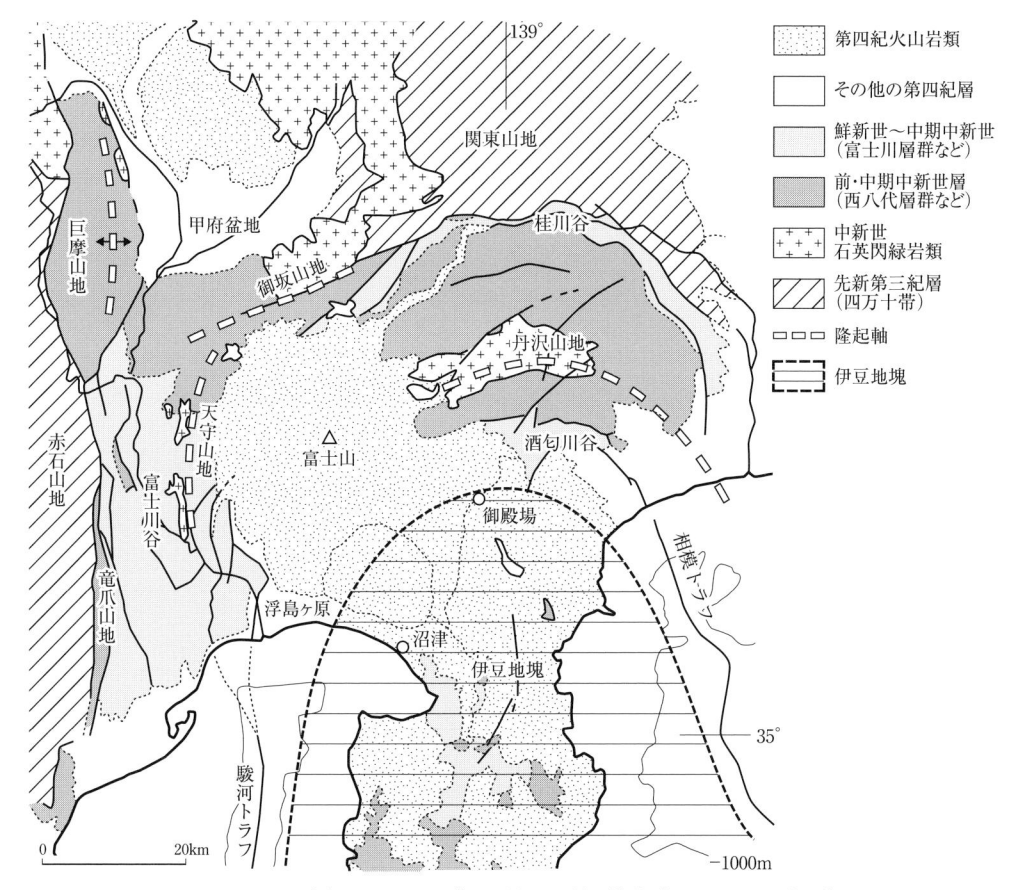

図 2.1.10　南部フォッサマグナ地域の地質と構造　［松田, 2006 を修正］

る．富士山の南側は酒匂川の谷をこえて伊豆半島に続く．

　巨摩山地，御坂山地，天守山地，丹沢山地などは幅20 km以下で細長いが，山地間の低地との間に1500 m以上の高度差をもつ急峻な山地である．そしてその全山が中新世の深い海の海成層からなり，石英閃緑岩がそれを貫いている．南部フォッサマグナでは北部フォッサマグナと同様，数千mの厚さの新第三紀海成層が堆積し，その後隆起して海成層が海抜1500 mをこえる山地をつくっている．先新第三紀の基盤岩類はどこにも露出していない．この地域の中新世以来の大きな沈降とその後の大きな隆起（いずれも1500 m以上）は激しい地殻変動を象徴していて，北部フォッサマグナとともに本州の中の特殊な地域である．この地域の著しい短縮変形は伊豆・小笠原弧内弧の北進や衝突による効果として説明されている．

　南部フォッサマグナでは，隆起部をつくる地層・地形の形成と沈降部での地層の堆積とが，いずれも中新世に相次いで一連の過程の中で進行した．このような堆積物と山地形成の密接な関係は信越―新潟地域などの活褶曲帯にも見られるが，西日本にはほとんどその例がない．たとえば飛騨山脈や近畿三角帯の山地では，それを構成している地層の時代（主に中生代）とそれが山地になった時代（新生代後期）とはまったく異なっている．

鮮新世後期の新しい陸地

　南部フォッサマグナの内部の諸山地は，天守山地を除いていずれも中新世中期の外洋性の海成層からなる．それらの地層には粗粒の陸源砕屑物がないので，中新世中期の海底は本州から遠く離れ，陸源砕屑物の供給をほとんど受けない深海ないし半深海であった．

　中新世中期の終わりごろ（12 Maころ）になると，堆積物の中に周辺山地に由来する礫が現れる．地層の厚さや岩相も変化に富む（中新世後期～鮮新世の富士川層群・西桂層群・愛川層群，鮮新世～更新世の足柄層群など）．中新世後期からその海底に波長10-20 km程度の波状の変形がはじまり，その隆起部が成長して山地になりはじめた．沈降部には北方の関東山地に続く海底のチャネルを通じて多量の砕屑物が運び込まれ，富士川谷には中新世後期～鮮新世にタービダイトを主とする厚さ数千mの地層（西八代層群・富士川層群）が形成された（松田，2007）．鮮新世には御坂山地などに由来する古い火山岩の粗粒の礫も現れるようになった．

　この南部フォッサマグナの海は鮮新世の粗粒の厚い礫岩（浜石岳累層・曙累層など，5-2 Ma）の堆積をもって終わり，以後海は現在の駿河・相模湾まで退いた．最後の海があった名残の低地帯には，富士川・相模川・酒匂川などが流れるようになった．丹沢山地と伊豆半島との間の海は更新世中期まで残り，その北側の丹沢山地に由来する礫を受け入れた（足柄層群，2-0.3 Ma）．その礫種の変化（中新世火山岩類から変成岩や石英閃緑岩へ）は，丹沢山地での侵食が次第に山地の深部に及んでいったことを示している．鮮新世後期以後の陸の時代に南部フォッサマグナの多くの衝上断層が発達し，強く短縮した地質構造ができた．

礫岩から見た関東山地・赤石山地の隆起

　関東山地の内部（秩父盆地）には中新世中期初頭までの海の地層があるので，その当時の海は関東山地の少なくとも東部に及んでいた．秩父盆地には暖流が流れ込んでいた．その関東山地は中新世後期には山地となり，桂川上流部を経て大量の粗粒砕屑物を南方の海底に送り込んだ（三ツ峠礫岩・丸滝礫岩など）．これに比べて，赤石山地の隆起は著しく遅い．富士川谷南部の鮮新世の粗粒礫岩（浜石岳礫岩・川合野礫岩）には，赤石山地にはほとんど露出していな

い変質した火山岩や石英閃緑岩の礫が普通に含まれているので，礫岩の主な供給地はすぐ近くの赤石山地ではなく，北東方の関東山地やフォッサマグナ内部に生まれた若い山地であった．赤石山地が礫を多量に供給するほどの山地になったのは，鮮新世後期以後のことである．因みに赤石山地からの礫の供給は，赤石山地西麓の伊那谷では鮮新世末ないし更新世初期ごろ（伊那層），東海地方でも礫の出現は更新世前期（小笠層，1.5 Ma）ごろである．富士川谷北端部の曙礫岩（鮮新世）は富士川谷海成層最後の扇状地性三角州堆積物であり，花崗岩や緑色岩の礫を含むので，赤石山地北部は南部より早く山地になりはじめていた．

5) 中部地方の山地の形成と分化

中部地方での小起伏地形の形成時期

　中部地方内帯には飛騨高原，美濃・三河高原などの高原状の小起伏の地形がひろがっている．庄川・神通川・飛騨川・長良川（木曾川）などがこの高原を深く下刻している．この高原にひろがる地形は，中生代後期から新生代中ごろまでの長い侵食の時代（数千万年間）に形成された準平原である．この地方は当時アジア大陸の東縁部にあり，白亜紀から現在まで概して陸域であった．ときには淡水域や海域となって，広く湖成層・海成層（白亜紀の手取層群など）が堆積し，あるいは陸上噴出の火砕流堆積物（白亜紀後期〜古第三紀の濃飛流紋岩類など）が広く地表を覆った．それは現在でも両白山地西北部から飛騨山脈・木曾山脈地域まで分布している．その平坦地形は中新世の中期初頭にも存在して海進を受け，中国地方から中部山地の南部まで多島海的な海域（第一瀬戸内海）となり，そこに浅海性―内湾性の堆積物を生じた（美濃高原の瑞浪層群，三河高原の設楽層群，伊那谷南部の富草層群など）．このことはこの地方が当時（白亜紀後期から中新世中期ころまで）それらの広域的な堆積を許すほどに起伏の小さな，広い低平地であったことを意味している．このようにこの地方は白亜紀〜中新世の長い期間に強く隆起することもなく，断層で地塊化することもなく，もっぱら緩慢な面的侵食作用を継続的に受けて小起伏化が進んだ．

準平原の隆起―高原と山脈の形成

　中新世中期にはすでに中部日本内帯にひろがっていた準平原は，それ以後（主に鮮新世以後）に隆起して飛騨・美濃・三河などの標高 1000–1500 m の高原となった．中新世以前の地表付近の堆積物の一部は，現在高原の東部で笠ヶ岳（飛騨山脈西部，標高 2897 m）や恵那山（2191 m）など海抜 2000 m をこえる高所に分布する．このようにかつての準平原は，中新世以前の地表付近の堆積物とともに 1000–2000 m も隆起し，現在 3000 m 級の飛騨山脈や木曾山脈の一部になっている．

　飛騨高原（海抜 800–1200 m）はその南東側で低くなり，美濃高原となって濃尾平野にいたる．濃尾平野の下でも中新世〜第四紀の地層が下位ほど急傾斜している．これらのことから中部地方での西下がりの傾動運動（中部傾動地塊運動）が指摘されている（桑原，1968）．飛騨高原の隆起は北側の富山平野の堆積物にも表れている．飛騨高原の北部は高山盆地の北から富山平野に向かって低くなり，平野の南の縁で中新世中期以降の地層（八尾層群・上部音川層など）に覆われているが，地層は飛騨高原に近い地層ほど北傾斜の度合いが大きく，遅くとも鮮新世以降の飛騨高原の傾動隆起を示唆している．その地層は概して浅海の砂岩やシルトであり，

神通川が大量の粗粒の礫を運び出して北陸沿岸に礫の扇状地堆積物を発達させるようになるのは第四紀になってからのことである（富山平野の呉羽山礫層，金沢付近の卯辰山層など）．

断層と曲隆による準平原の分断

　中部地方には接峰面図（岡山，1969）によく表れているように，高さ数百mの急崖がいくつもあって，小起伏地形がそこで断たれている．木曾山脈の東西両側の急崖は山麓にある活断層の活動によって第四紀に生じたものである（松島，1995）．赤石山地についても，その北東縁の急斜面の基部に糸魚川─静岡構造線があるので，その断層活動に関連づけることができる．しかし，飛驒山脈は西側の飛驒高原からも東側のフォッサマグナ側からも急に高くなっているが，そこに山脈側を隆起させた断層はない．したがって飛驒山脈は撓曲変形によって飛驒高原の東部から生じた山地と考えられる．また飛驒高原を分断している高さ700mもの阿寺断層崖は，阿寺断層の横ずれ運動に伴う上下変位成分が累積したものとして説明される．これらの中部山地の急崖は，いずれもその周辺の堆積物の礫の出現時期や活断層の活動歴から，鮮新世末以降主に第四紀に成長したと考えられている．このように中部地方においても，中新世には海水準に近い低位置にあった準平原が，その後広域的に隆起するとともに，断層と曲隆によって高さを異にする地塊に分断されたと考えられる．

横ずれ地形の発達

　中部地方は近畿地方とともに日本の陸域で活断層が最も多く発達している地域である．活断層の活動度も高い．阿寺断層や跡津川断層は第四紀後期を通じて年あたり数mm，すなわち10万年間に数百mの平均変位速度で土地（地形）をずらしている．神通川や木曾川などの準平原を下刻している川の谷は，その断層線のところで数kmもそろって屈曲している（阿寺断層で左ずれに7-9km，跡津川断層で右ずれに2-3km）．これらの河谷も土地とともに横にずれているのである．この地域ほど多くの地形の横ずれが見られるところは日本列島ではほかにない．

6) 西南日本の山地と低地

外帯山地の隆起

　西南日本には，瀬戸内海の低地をはさんで北に中国山地，南に外帯山地の2列の隆起域が認められる．両山地の地形は対照的で，外帯山地は標高2000m近く，鋭い尾根と深く刻み込まれた谷とからなる急峻で壮年的な山地であるのに対し，内帯の中国山地は1000m以下の高さで山頂高度はよくそろい，広い小起伏地形が残存している．このように両山地は見かけが大きく異なり，まったく違う発達史をたどってきた．

　中国山地の頂部に残る小起伏地形は，白亜紀末から新第三紀初期まで50My近い期間，大規模な変動がなく，おそらく陸上で侵食が進んだ結果形成された地形である．このことは美濃・三河高原から中国山地に続く地帯に共通で，これに対し赤石山地，紀伊山地，四国山地，九州山地と続く外帯山地の主部は，白亜紀から古第三紀までの間，フィリピン海の海底にあって，まさに付加が進行し，そこで形成された四万十帯の堆積岩類が新第三紀以後隆起して山地となったのである．この点で西南日本外帯の山地は日本の多くの山地とはまったく異なる．

　赤石山地から中央構造線をこえて濃尾平野までは，次第に高度を下げていて，この地域一帯

が傾動山地であると見ることができる．一方，紀伊半島以西の外帯山地について，大塚（1952）は，各山地は中央部がドーム状に盛り上がる曲隆運動によって形成されたものであり，周辺の新第三紀層が海の方に向かって傾き下がっているので，この運動は新第三紀層の堆積以来継続している，と述べた．赤石山地が隆起をはじめたのは，伊那谷や富士川谷の山麓堆積物の礫層が示しているように鮮新世後期以後のことである．しかし，紀伊半島以西外帯山地にはほかにできごとを記録している堆積物がないので，現在でもこの大塚の結論以上のことはいえない．なお，四国北西部，松山の南では，外帯山地の北部を東西に続く三波川変成岩の礫が古第三紀始新世（40 Maころ）の地層に含まれていて（成田ほか，1999），このころにはすでに一部が地表に露出し，周囲に礫を供給していたことがわかっている．三波川変成岩は，白亜紀後期の90–70 Maころに深さ最大30 kmものところで変成作用を受けた堆積岩であるから，白亜紀後期から古第三紀までの四国山地北部の隆起量および削剥量はきわめて大きかったと思われる．

中国山地の隆起

中国山地の山頂部はよく高度がそろい，高所に広い小起伏の平坦地形が認められる．中国山地の山頂部に見られるこの平坦面および山頂を連ねる背面は，道後山面（吉川ほか，1973）と呼ばれ，日本各地に残る準平原の中でもとくに広く，典型的であるとされている．その高度は800 mをこえ，道後山付近で1100–1200 mに達する．この中国山地脊梁の南側には，津山，東城，庄原，三次などの東西に並ぶ盆地列を隔てて吉備高原がひろがる．吉備高原にも広い小起伏の台地が残り，その高度も400–600 mでよくそろっている．従来この道後山面と吉備高原面とは新旧2段の準平原であるとされてきた（吉川ほか，1973）．

しかし，吉備高原面上にも各所に始新世の火砕流堆積物が広く分布し，さらに始新世・漸新世の河成礫層（鈴木ほか，2003）あるいは浅海成の始新世の海成層が分布し，古第三紀層の堆

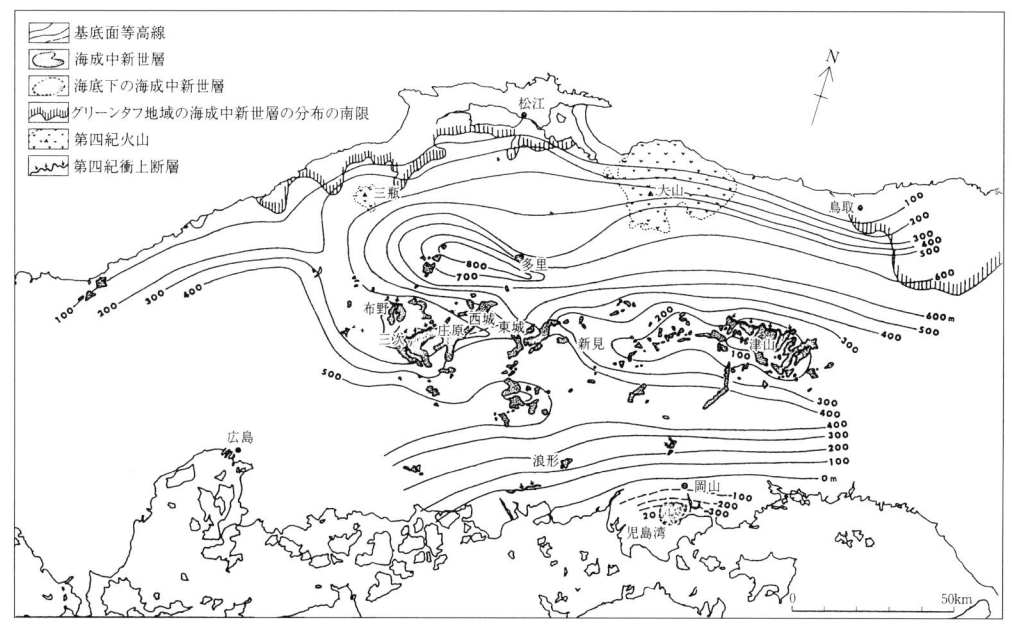

図2.1.11 中国地方に分布する中新世層基底の分布高度［多井，1971を一部省略］

積後，ほとんど削剥を受けていないことを示している．古第三紀末にはほとんど平坦で，おそらく海面に近い位置にあった中国山地の準平原が，その後どのように隆起し変形したか，を示す変位基準として，山地内に点々と，しかし広域に分布する中期中新世初頭の浅海成層，備北層群（16-15 Ma）を用いることができる．備北層群は，基盤岩の凹凸を埋めた非海成層の上にあって，潮間帯の堆積物にはじまり，上部は外洋性化石を含む泥岩層で終わり，道後山面から吉備高原面にまたがって中国山地の広い範囲を覆っていた（多井，1971）．その基底堆積物の現在の高度は，堆積してから現在までの積算変動量を示すと考えてよい．

備北層群基底部の現在の高度を図2.1.11に示す（多井，1971）．中新世中期以後，中国山地には東西にのびる2列の隆起軸があって，緩やかに曲隆を起こしてきた．その隆起量は，道後山付近の脊梁部が高く600 m前後，最高点は1000 mを越す（岡田，2004）が，津山・三次盆地などでは200-300 mに過ぎず，吉備高原では再び400-600 mとなり，それから瀬戸内海に向かって低下する．児島湾では-400 mの位置にあるという．このように中国山地は新第三紀以後，広域的で緩やかな東西に長いドーム状の2列の隆起が起こって山地となった．この緩やかな隆起がこの地域でとくに広域に小起伏地形が残存している理由の1つであると思われる．吉備高原を下刻するV字谷の高所に河成段丘が見られることから，隆起は第四紀にとくに激しくなったとされている（岡田，2004）．

近畿の山地と盆地

外帯山地と中国山地にはさまれた瀬戸内低地を東方に追うと，近畿地方の近江・京都・奈良・大阪などの盆地群にいたる．近畿地方の地形は，これらの小盆地群と，盆地と盆地の間を隔てる小規模な山地群の存在が特徴的である．このような地形は，敦賀付近を頂点とし，南東に伊勢湾にいたる線，南西に淡路島西岸にいたる線，および紀伊半島を東西に走る中央構造線の3辺に囲まれた地域に特徴的で，ここは近畿三角帯と呼ばれている（Huzita, 1962）．近畿三角帯中の淡路，六甲，生駒・金剛，京都東山・比良，鈴鹿・布引，養老などの各山地は，いずれも山麓に沿って活断層が見られ，それぞれが傾動地塊をなし，山頂部には高原状の小起伏地形を残すものが多い．山頂の小起伏地形上には各所に古い礫層（いわゆる山砂利層）や一部で中新世層が見られる．近畿三角帯中の小起伏地形は，北〜北西に傾く傾動地塊に，数段に分かれて分布している（内藤，1979）．大和高原に分布する高度500-600 mの小起伏地形は室生火砕流堆積物（15 Ma；岩野ほか，2007）をわずかに切って発達する．名張—伊賀上野に見られる300 m以下の小起伏地形は，古琵琶湖層群最下部層（鮮新世前期）をわずかに切る侵食面（堆積原面にかなり近い）である．一方，各盆地の地下には深い凹地が埋もれていて，後に述べるように，基盤の凹凸は今見られる地形の凹凸よりずっと大きい．

このような山地や盆地の配列はいつごろから出現し，どのように発達したものであろうか．盆地の出現は堆積物の出現によって知ることができ，このとき山地は相対的に隆起しているといえる．その堆積物の岩質や堆積過程には，周囲の隆起域の侵食の状況や地形の特徴が記録されている（図2.1.12）．

近畿三角帯の山地や盆地も元は中国山地に続く低平な小起伏の地形であった．ここで，山地と盆地の分化がはじまったのは，第三紀中新世末のことで，はじめは緩やかなうねり状の変形であったと考えられている．鮮新世末から第四紀初頭にかけて，このうねり状変形の隆起部と

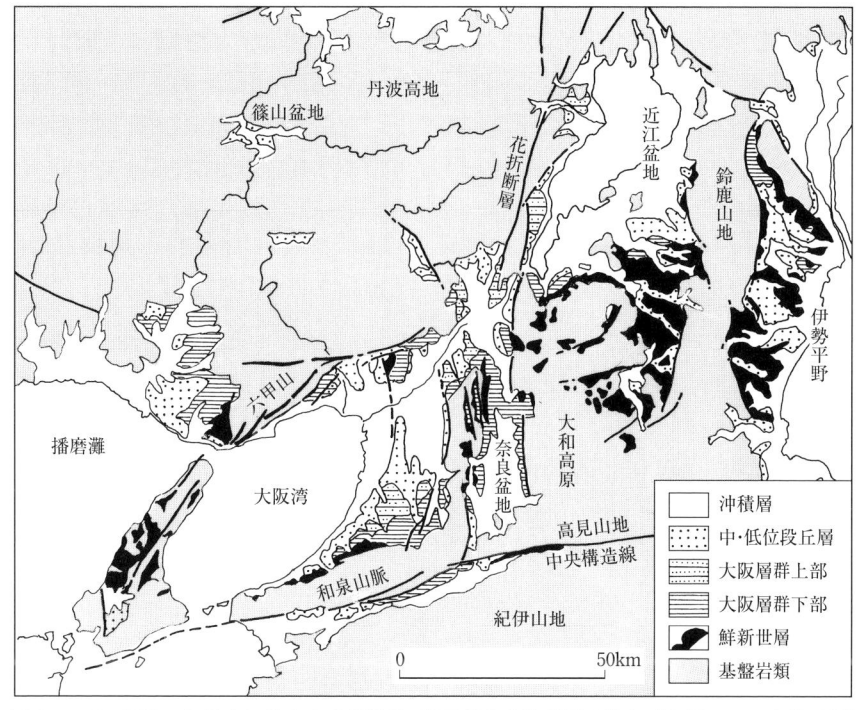

図2.1.12 近畿三角帯中に分布する鮮新世・第四紀の非海成層の分布［市原, 1993を簡略化］
太い実線は主要な断層.

沈降部の境界に断層が出現したらしい．以後，この地殻変動は断層を伴って急速に進行していく．

堆積物が集積する低地は，この地域の東寄りから出現し，沈降は次第に西方に波及していった．また，それぞれの盆地では，堆積は南部ではじまり，その中心が次第に北に移るという傾向が見られる．すなわち，近畿三角帯の凹地を埋める最古の地層は伊勢平野，鈴鹿山地東麓に分布する中新世末，約6 Maの地層（東海層群）で，約1 Maまで続く．

鈴鹿山地の西側，名張・伊賀盆地から近江盆地にかけて広く分布する湖成・河成の地層は，古琵琶湖層群と呼ばれる．鮮新世初頭の5-3 Maころの砂礫層や湖成の泥層は，現在の琵琶湖から70 kmも南の名張・伊賀盆地に分布し，この上に続く3-1 Maころの湖成層は，その北側，滋賀県甲賀盆地を中心に分布する．そして現在の琵琶湖の周辺には2 Maころ以後の湿地〜湖成層が広く分布している．すなわち，琵琶湖は鮮新世前期の5 Maころに出現し，次第に北に移って，2 Maほど前に現在の位置に達した（Yokoyama, 1984）．琵琶湖が湖水化し泥が堆積しはじめたのは，およそ0.7 Maのことである．なお，そこで基盤岩までの深さは900 m，西の比良山地（最高点は1214 m）との比高は2 kmをこす．現在，琵琶湖盆の北西岸沿いでは，西側の比良山地から大量の粗粒堆積物が供給され，大小の扇状地が形成されている．

大阪平野や京都・奈良盆地では，古琵琶湖・東海湖より遅れて沈降がはじまった．大阪湾底の基盤岩上を埋める最古の堆積物（大阪層群最下部）は，鮮新世後期3.5 Maの年代で，ここでも堆積は盆地の南部にはじまり北にひろがっていった（加藤ほか，2008）．3-2.5 Maごろから大阪湾底に北東—南西方向の大阪湾断層が発生，断層の東側が大きく沈降しはじめた．そこでは大阪層群の厚さが3000 mに達する．一方，大阪平野周辺の丘陵には，およそ1 Ma以後

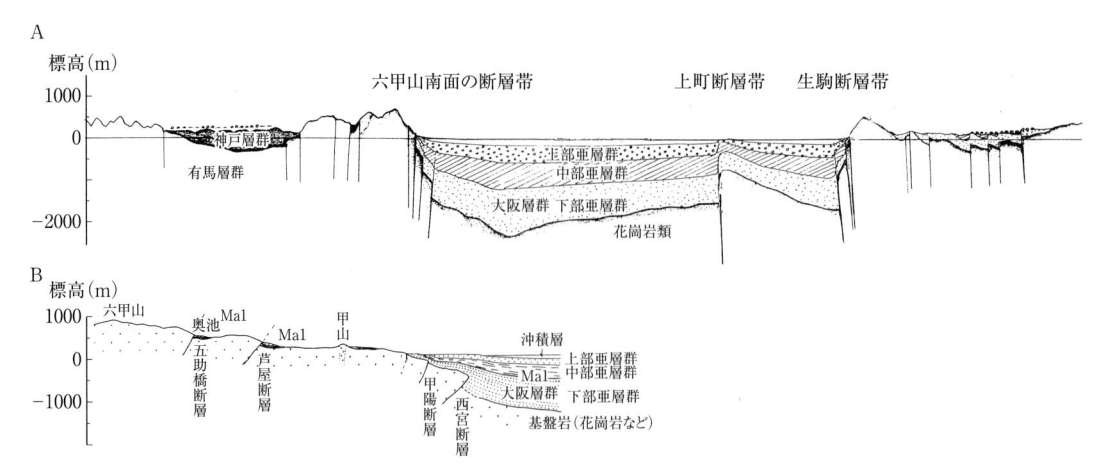

図 2.1.13　六甲山から大阪湾底を経て奈良にいたる線に沿う地質断面［佐野，2003］　A：縦横比 4：1 の断面，B：六甲山南面の断層群と大阪層群 Ma 1（海成層）の分布．

の大阪層群上部が広く分布する．この部分の大阪層群は，10 数枚の海成粘土層（Ma −1, Ma 0–Ma 12）をはさみ，繰り返し海が侵入したことを示す．1–0.8 Ma には，海は京都盆地南部や奈良盆地にまで侵入した．このことは，大阪平野と奈良盆地を隔てる生駒山地（最高点は 642 m）が，それ以後に，主として山地西縁の逆断層の活動で隆起，出現したものであることを示す（図 2.1.13）．

一方，六甲山—淡路島の地帯では，2 Ma を過ぎたころから両地域の北西縁および南東縁を走る活断層群の活動によって隆起がはじまり，大阪平野の北西縁を限る隆起帯となった．この活動は逆断層成分だけでなく，右横ずれ成分が大きいのが特徴的である．Ma 1（約 1.2 Ma）の海成泥層は，大阪湾の北東岸，大阪港の地下では −500 m 付近に存在するが，同じ泥層が六甲山南東斜面では標高 500 m 付近に露出する．すなわちおよそ 100 万年の間に，六甲山南東面の逆断層群によって 1000 m の高度差（＝100 cm/1000 年）が生じたことになる（藤田・笠間，1982；佐野，2003）．

このように近畿三角帯に見られる断層群のうち，南北方向に近い鈴鹿山地東縁断層群や生駒山地西縁断層群などは山地側がのり上げる高角の逆断層で，北東—南西方向の比良山地東縁断層群，六甲南縁断層群，六甲—淡路島断層群などでは右横ずれ成分が大きい．このことから，近畿三角帯には中新世末より現在まで，東西方向の圧縮応力場にあったことがわかる．

2-2　更新世中期以降における変動地形の形成

変動地形は，地質構造を反映する差別侵食に基づく組織地形とは異なり，地形の形成が直接地殻変動に由来するものを総括する用語として，1960 年代以降に用いられるようになった（貝塚ほか，1963；吉川ほか，1973 など）．第四紀，とくに後半以降の地殻変動は地形に直接反映してさまざまな変動地形を形成し，変動帯日本列島を特色づけている．変動地形は，活断層や活褶曲に基づく小波長のものから，広域の曲隆・曲降などさまざまな規模のものがある（2-1 節）．ここでは，前節で述べられたような現在の起伏の大勢が形成されてから以降の，主に第四紀に

おける地殻変動によって形成された変動地形を取り上げる．

(1) **活断層分布の地域性**

活断層は，第四紀を通じて繰り返し活動した断層である（2-1節 (1) 参照）から，侵食が激しい日本列島でも地形によく表現されていることが多く，地形は活断層を認定する重要な手が

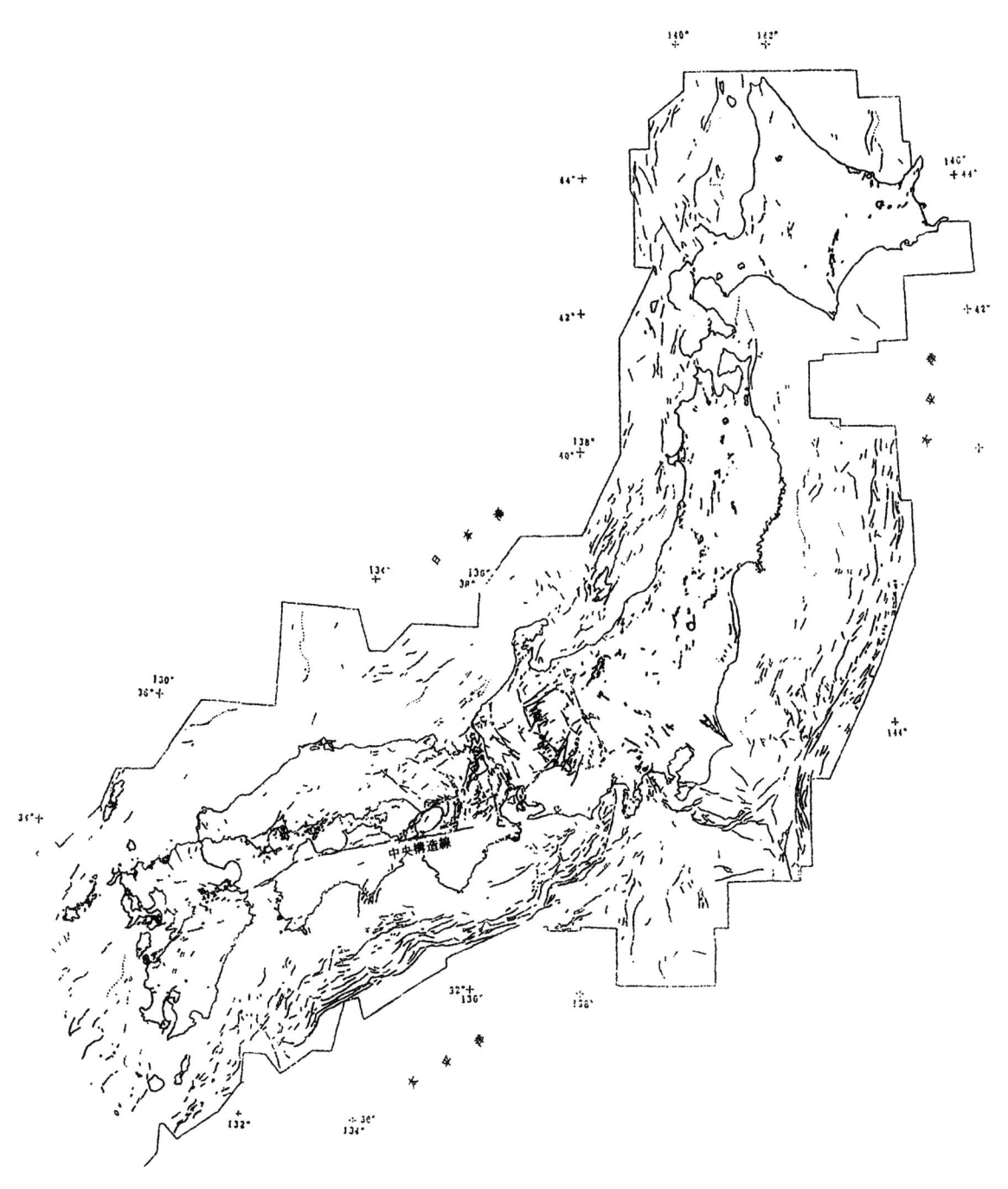

図2.2.1　日本列島およびその周辺における活断層の分布 ［活断層研究会編, 1991］　活断層の分布には大きな地域性があることに注意．海域の直線は海底活断層を認定した範囲を示す．

かりである．日本列島の活断層の位置や性状は多くの文献で総括され（活断層研究会編，1980，1991；池田ほか編，2002；中田・今泉編，2002など），多数の活断層が認定されている（図2.2.1）．とくに近畿・中部の内帯地域は活断層の密集地域である．日本の活断層の特徴の1つは，数は多いが短小であることである．長さ10 km以上の活断層数は近畿中部内帯では100 km^{2}あたり12をこえていて（松田・吉川，2001），傷だらけの日本列島を象徴している．日本の最も長大な活断層（中央構造線や糸魚川—静岡構造線）でも，環太平洋地域の大断層（サンアンドレアス断層，アルパイン断層，フィリピン中央断層など）と比べると，その長さや累積変位量はそれらの数分の1以下である．日本のとくに中部・近畿の内帯地域の活断層がなぜ短小で密集しているのかについては，少なくとも中部日本内帯は伊豆弧の本州への衝突を強く受ける位置にあり，物理的には比較的均質な結晶質岩石（深成岩・片麻岩など）からなり，この地方が顕著な純粋剪断の場にあるためと考えることができる．

活断層の分布だけでなく，活動様式にも地域性がある．第四紀における東西方向の圧縮テクトニクスを反映して，それに直交する南北方向の断層は主に逆断層（東北日本内弧，近畿内帯），斜交する北東—南西方向の断層は右横ずれ断層で，北西—南東方向の断層は左横ずれ断層であり，共役断層系をなす（中部地方）．正断層は，九州中央部の別府—島原地溝帯や南西諸島の一部に見られる．

図2.2.1に示した活断層は，主に活動度の高いA級またはB級の活断層である．C級の活断層は変位速度が小さいために地形の変形が不明瞭で，未発見のものがかなり多いと思われる．最近起こった陸域に震源をもつ被害地震（2004年中越地震，2008年岩手・宮城内陸地震）は，未知の活断層上に起こったとされたが，地震後の詳しい調査で活断層を示す証拠が見出され，これらの地震がはじめてそこに起こったのではないことがわかった．活動度が小さく，活動間隔が長い断層の発見は今後の課題である．

(2) 横ずれ断層による変位地形と変位の累積

1) 横ずれ断層の特色

横ずれ断層は，ずれの向きが断層の走向にほぼ平行していて，ずれの水平成分が上下成分より顕著に大きい断層のことである．横ずれ断層は世界で最も数の多い断層で，歴史時代に活動した世界の活断層の半数以上を占め（Wells and Coppersmith, 1994），日本でも内陸で大地震を発生した断層の大部分は横ずれ断層である．横ずれ断層は多くの場合，断層を横切る尾根や谷，段丘崖などの水平方向の食い違いから見出されている（図2.2.2）．1930年の北伊豆地震で動いた丹那断層が横ずれ断層であることは，それを横切る3つの谷地形がともに1 kmに達する左横ずれを示し，1930年の地震のときと同じ向きのずれが累積していることから確立された（久野，1936）．

1960年代に横ずれ断層の研究は大きな進展を見た．このころに地質学的に知られていた日本の主要な断層が横ずれ活断層であることが相次いで明らかにされた（阿寺断層，Sugimura and Matsuda, 1965；岡山，1966；跡津川断層，松田，1966；中央構造線，Kaneko, 1966；岡田，1968；糸魚川—静岡構造線，金子，1972など）．その後現在にいたるまで多数の活断層が各地から見出され，変位基準となる地形面や変位量の精査，トレンチ調査などに基づいて活断層の変

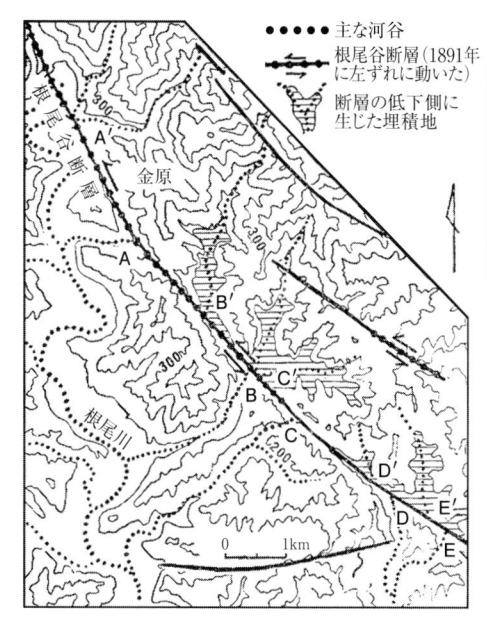

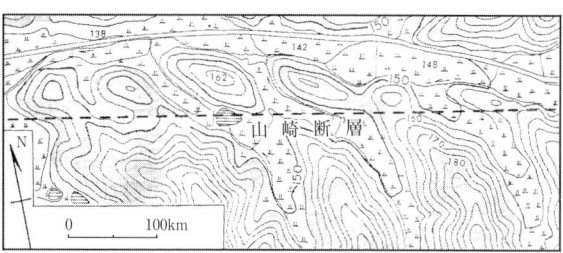

図2.2.2 横ずれ断層による河谷・山稜の屈曲・分離 [松田・岡田, 1968] 左：根尾谷断層に沿う地形（金原付近）. A―A', B―B' などは断層をはさんで対応する河谷の下流と上流. 右：西北西から東南東に走る左ずれの山崎断層の中部（姫路市安富町安志）に沿う谷の屈曲と分離丘陵の例.

位量，活動史が解明されつつある．

中部地方では，北西―南東に走る阿寺断層が木曾川を横切るところに河川の流路と不調和な直線的な崖があり，そこでは複数の時代を異にする段丘崖が食い違っている．それらの段丘面と段丘崖の食い違いの向きと量から，本断層は東上がりを伴う左横ずれ断層で，約6.5万年における横ずれ変位は約140 mに達していることがわかった（Sugimura and Matsuda, 1965）．この断層の左ずれは西方山地内で断層を横切る多くの谷の系統的な横ずれの屈曲として現れている．

日本の顕著な横ずれ断層では，それを横切る谷の屈曲量が谷の長さとほぼ比例している傾向がある（松田，1966；安藤，1972；安江・廣内，2002）．このことは，それぞれの地域において，①谷は断層線をこえてからも谷頭侵食を続けて長くなりつつあり，②谷の位置はその後もあまり側方に移動せず，その屈曲量が土地の横ずれ量をほぼ表していて，③断層は最近地質時代を通じて横ずれ量を累積している，ことを示している．顕著な右ずれ活断層であるサンアンドレアス断層では，右横ずれをしている谷は全体の半分以下である（Gaudemer et al., 1989）．これは同地域では上記の①と②が満たされていないためと思われる．サンアンドレアス断層地域は第四紀の継続的隆起のない安定した地域であり，谷頭侵食も川の下刻作用も弱いのに対して，中部日本は第四紀の顕著な隆起域であり，河谷はよい変位基準となっているのである．

中部地方の横ずれ断層では，谷の屈曲の向きは基盤の先第三紀岩石の横ずれの向きと同じであるが，中国地方の横ずれ断層では両者がしばしば相反していて（山崎断層帯・岩国断層帯・菊川断層など；松田ほか，2004），基盤地質の形成以後に地殻応力場が変化したことを示している．

2）横ずれ断層に伴う上下変位

横ずれ断層は一般に多少の縦ずれを伴う．既述の阿寺断層では縦ずれ変位が累積して比高600-900 mに達する北西―南東に走る直線状急崖をつくり，北東側の阿寺山地と南西側の美濃

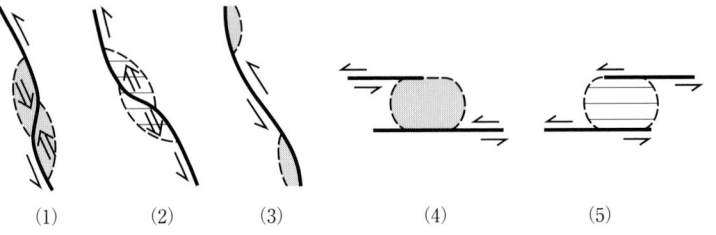

図2.2.3 横ずれに伴う上下変位の模式図［松田，1974；Lensen, 1976 などによる］ 矢印は断層のずれの方向，二重矢印は局地的な伸長や圧縮の向きを示す．Aの(1)(3)ではふくらみ（バルジ，網部）が，(2)では凹地（横線部）が形成される．いずれも左ずれの場合．Bでは(4)ふくらみや(5)凹地（プルアパート盆地）が形成される．

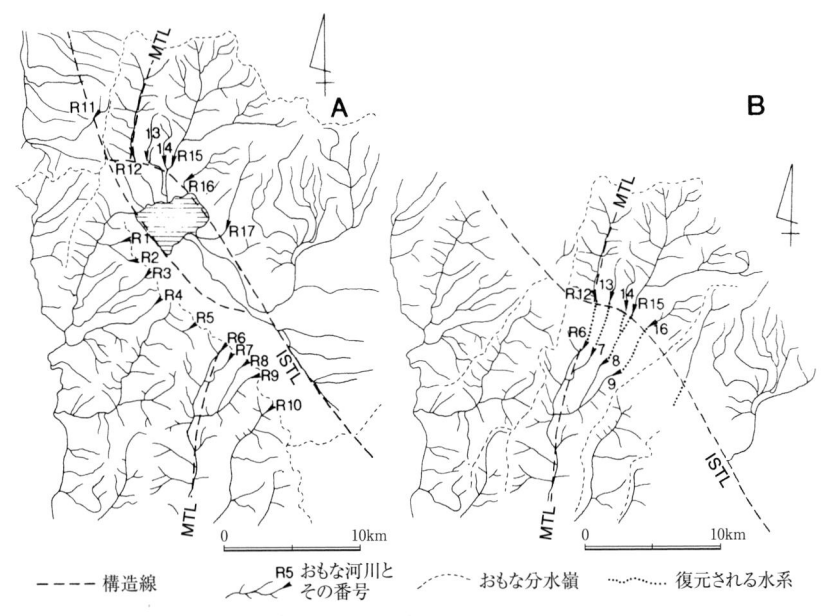

MTL：中央構造線，ISTL：糸魚川－静岡構造線

図2.2.4 諏訪盆地周辺の (A) 現水系図（一次の水系のほとんどは省略）と (B) 復元水系図［藤森，1991］ 盆地南西側の谷頭群は突然終わっていてそれらの上流が切断されたことを示し，それぞれの谷は盆地北東部の谷と対応していると考えられる．横ずれ量は約12 km とみなされる．

高原を分けている．多くの例では，横ずれ断層に付随する上下成分は横ずれ成分の20%程度以下である．

　横ずれの向きが同一断層では常に同じであるのに対して，横ずれに伴う上下方向の向きが場所によって入れ替わることがある．このような現象は丹那断層，根尾谷断層系，野島断層などでの地震時の変位でも明瞭である．その原因の1つに断層面の湾曲や複数の断層線の不連続転移（ジャンプ）がある．そのような場所では，たとえその横ずれ断層が純粋の水平移動断層であっても，横ずれに伴ってその屈曲部あるいは転移部または断層末端部に圧縮あるいは伸長が生じ，そこにそれを反映した起伏ができる（図2.2.3）．起伏は比高数m以下のものから数百mに及び，地塁・圧縮丘などの隆起部，あるいは地溝・プルアパート盆地などの沈降部ができる．大規模なプルアパート盆地の例は諏訪盆地である．ここでは2つの雁行する左横ずれ断層に伴って諏訪盆地が落ち込み，諏訪盆地の両側に連続していた中央構造線や数河谷が約12 km

左横ずれしている（図2.2.4）．諏訪盆地は約1.2–1.5 Maに開口をはじめ，左横ずれの平均変位速度は8–10 m/ky，落ち込んだ量は数百mに達する（藤森，1991）．

(3) 縦ずれ断層による変位地形と地形の分化

1) 縦ずれ断層

　縦ずれ断層は断層面の傾斜方向にずれて地層や地形が上下に食い違う断層で，断層崖または撓曲崖などの崖地形（まとめて変動崖と呼ぶ）とそれに伴う起伏を形成する．山地の両側が断層で境される地塁や地溝，片側だけに断層がある傾動地塊や断層角盆地などが主な変位地形である．縦ずれ断層には正断層と逆断層がある．日本列島では縦ずれ断層のほとんどは逆断層で，とくに断層の走向が南北方向で，圧縮の方向と直交する東北日本内弧や近畿三角帯，糸魚川―静岡構造線北部・南部などでは逆断層が卓越する．逆断層は，主に第三紀層以前の岩石からなる山地と，新第三紀層および第四紀層からなる盆地との地質・地形境界をなし，鮮新世以降に形成された地形の起伏（2-1節参照）を強調していることが多い．断層面の傾斜は時代がたつにつれて低角化して，山地と山麓境界から盆地側に張り出し，前縁断層（Ikeda, 1983）として明瞭な変位地形を形成する．前縁断層の断層面は一般に低角で，平面トレースは地形に応じてやや湾曲し，断面形では断層崖というよりは撓曲崖を呈することが多い．九州中央部の火山帯や南西諸島の一部のような伸長テクトニクスの場で生じた正断層は，短い断層群が平行するやや幅の広い断層帯を形成している．正断層は，横ずれ断層と比べて断層線が屈曲に富み，逆断層と比べて断層付近の破砕や変形が少ない．

　先に，活断層は地形によく表現されると述べた．横ずれ断層でも縦ずれ断層でもずれはもとに戻ることなく確実に変位が累積する．しかし，縦ずれ断層の場合には，段丘のような変位基準となる地形が乏しい丘陵や山地では，隆起側での侵食のために，上下変位量が実際よりも少なく表現されたり，断層線が追跡できにくい場合もある．ニュージーランドや台湾のように隆起が激しくて侵食が顕著なところでは，段丘面上では明瞭な断層崖が山地に入ると途端に消滅し，断層の長さや上下変位量が過小評価される場合もあり（たとえばOta *et al.*, 2006），日本でもその可能性がある．断層崖の削剥は上盤側がオーバーハングする逆断層の場合にとくに顕著である．1995年野島断層の活動によって生じた断層崖の連続観察によると，オーバーハングした崖では急速に崩落が進んだ．このような急速な崖の崩落は，形成後約20年も崖地形がよく残っているネバダの正断層と大きな対照をなしている（Ota *et al.*, 1997）．

2) 逆断層による変位地形―近畿三角帯の例

　近畿三角帯には逆断層で限られる多数の山地と盆地（または平野）がある（図2.1.12）．同三角帯の東縁にある鈴鹿・布引山地は，東西両側を逆断層で限られる地塁であるが，とくに東縁の鈴鹿山地東縁断層系は，以下に示すように，山地・山麓境界の高角逆断層，新たに生じた低角な前縁逆断層による地形の分化の進行という点で，横手盆地東縁断層帯とともに，逆断層による地形変化の典型例にあたる（Ikeda, 1983; 太田・寒川，1984; 石山ほか，1999）．山地と山麓との地形・地質境界は，西の古期岩石と東の東海層群を限る比高数百mに達する直線状に走る高角な一志断層である．この断層沿いでは，本断層が段丘を変位させているのはごく一部

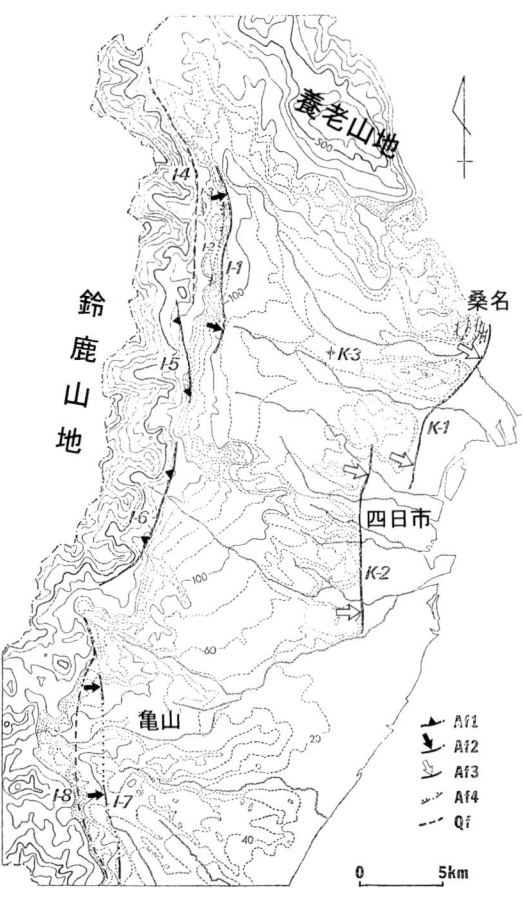

図 2.2.5A　鈴鹿山地東麓における地形の概形と活断層の時期による分布 [太田・寒川, 1984] Af: 第四紀後期に活動している活断層, 活断層が地形境界をなすことが明瞭. Af1: 断層崖, 山地と山麓との境界の高角逆断層, Af2: 撓曲崖, 前縁の低角逆断層, Af3: 撓曲崖, 丘陵・台地東縁の低角逆断層, Af4: 逆向き低断層崖. Qf: 第四紀層. 網部は桑名・四日市活断層系によって生じた東海層群からなる高まり. Iは一志断層系, Kは桑名・四日市断層系.

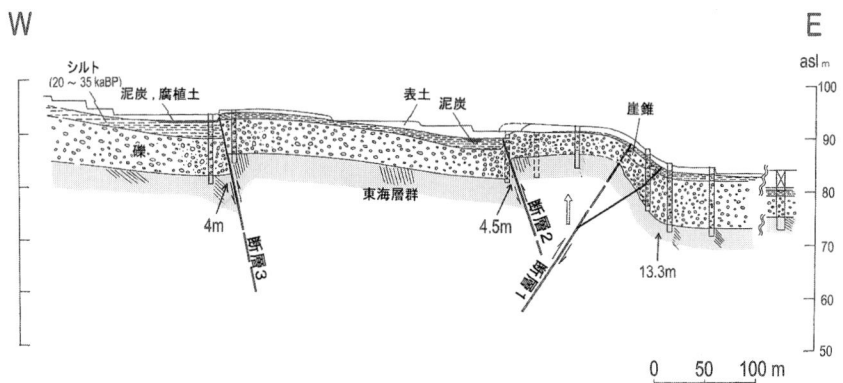

図 2.2.5B　鈴鹿山地南部東麓での前縁断層（断層1）と背後の逆向き断層（断層2, 3）の地形および地質構造を示す断面図 [太田ほか, 2002] 位置は図2.2.5Aの断層I-7を東西に切る拡大断面. 地表およびボーリング, トレンチ調査に基づく.

で，大部分の場所では第四紀中・後期における活動は見られない．活断層として活発なのは一志断層から2-3 km東にあって段丘面を変位させる西上がり，凸形の断面を示す撓曲崖（前縁断層）である（図2.2.5）．低角な前縁断層の上盤側では段丘面上にふくらみや山側への逆傾斜，さらに平野側上がりの逆向き低断層崖を伴うことが多い．撓曲崖では新旧の段丘群が累積的に変位し，前縁断層の西側には主に高位段丘群が，東側には中位段丘群が分布する（写真2.

写真2.2.1 鈴鹿山麓の境界断層と前縁断層 [1978年岡田篤正氏撮影] 手前にある崖は河川による侵食崖.

←境界断層（I-4）
←前縁断層（I-1）

2.1).前縁断層の背後にある逆向き低断層崖は主断層から分岐した副断層で，変位量は大きくはないが，山側低下という異常な崖地形と活動の累積性から変位地形が明瞭で，主断層を認定する際の鍵となる（図2.2.5B）.しかし，その活動がつねに主断層と連動していたかどうかは不明である.

　前縁断層のさらに東側には桑名・四日市断層があって，これも新旧の段丘を累積的に変形させ，西の段丘域と東の沖積低地との地形境界をなす.ここでも上盤側での逆傾斜のために西の上盤側はまわりの段丘よりも高い丘陵状の地形を呈する.鈴鹿山地東麓に見られる西から東に向かう南北方向の地形の帯状配列は，これらの逆断層によって形成された.一志断層が今でも活動的な場所では前縁断層が見られず，前縁断層は一志断層が活動していないところで顕著で，両者の分布に相補的な関係がある.前縁断層の上下変位速度は，最大は中央部で0.4 m/ky，南北に向かって0.1 m/kyと減少する.しかし，前縁断層の傾斜角は一般に緩いのでネットスリップはもっと大きくなるであろう.

　上述の逆断層による変位地形の特色は，近畿三角帯内の多くの活断層に共通する.3つのトレースをもつ奈良盆地東縁断層系はその1つで，最も東の山地と山麓を限る断層，その西側にある大阪層群の東縁を境する断層，最も西の段丘群を累積的に変位させ，沖積低地との境界をなす前縁断層がある.断層活動は山麓から次第に西に移って盆地内の地形を分化させた（寒川ほか，1985）.

3）活動を続ける褶曲と副次的逆断層

　活褶曲とは，第四紀を通して活動している褶曲運動のことで，逆断層と同様に圧縮テクトニクスの場で成長する.それは山形県小国川沿岸，信濃川沿岸などの新第三紀層の褶曲地域において，河成段丘の変形や水準点の改測結果が新第三紀層の構造と調和的であることから発見された（大塚，1942；池辺，1942）.新潟油田地域は日本で最も顕著な活褶曲地域で，鮮新世から更新世の地層からなる背斜・向斜群が北北東から南南西方向に発達し（岸・宮脇，1996），背斜部は地形的な高所（西山丘陵，八石丘陵など），向斜部は渋海川，信濃川などが流れる低所となり，侵食を受けつつも褶曲構造が地形の起伏として表現されている.活褶曲は，一般に新第

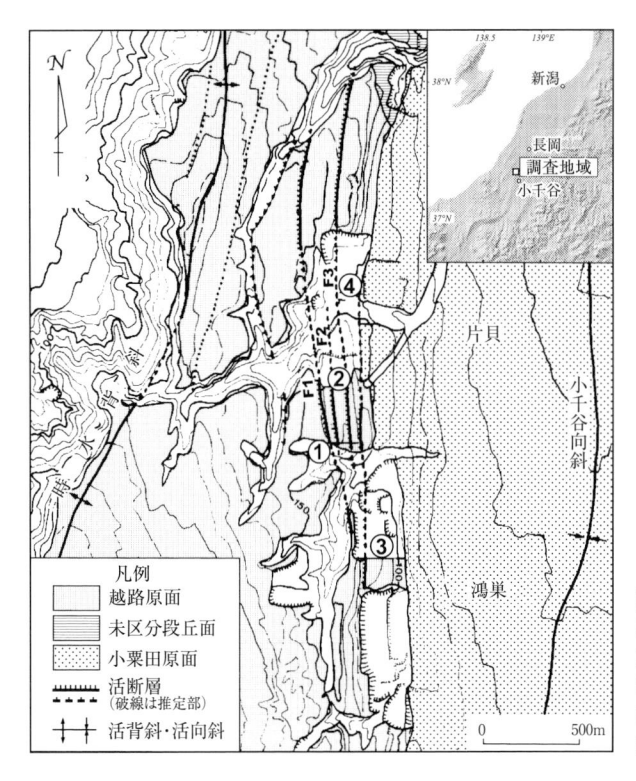

図2.2.6 新潟県小千谷付近における活褶曲による段丘の変形［鈴木ほか，2008］ 南北方向に走る活背斜丘陵と活向斜谷，背斜丘陵東縁には複数の活断層群がある．①〜④は褶曲に伴う活断層の露頭の位置．第2章扉図も参照．

三紀層が厚く堆積している地域で見出される．インドネシア弧のスマトラ島南部，ロサンゼルス付近の堆積盆はその例である．活褶曲地域では地表では断層が見られなくても地下では断層が認められることがあり，これを伏在断層と呼ぶ．1984年のカリフォルニア，コーリンガ地震は褶曲帯における伏在断層の活動によって生じた（Stein and Yeats, 1989）．信濃川地域の褶曲帯でも伏在断層とその累積的活動が知られている（たとえば鳥越断層；渡辺ほか，2000）．

　第四紀後半での活褶曲の進行は，新旧の河成段丘の累積的な変形として現れる．東西方向に流れる小国川，雄物川，最上川などは南北方向の褶曲軸を横切っているので，活褶曲は河成段丘の縦断面形の変形として表現される（杉村, 1952; 小松原, 1998; 副田・宮内, 2007など）．一方，褶曲軸に沿って流れる河川の河成段丘では，活褶曲は段丘の横断面形の変形として現れ，その典型例が信濃川沿岸での波長の異なるさまざまな変位地形である（たとえば中村・太田, 1968; Ota, 1969）．新潟県小千谷付近では，約13万年前に離水した越路原面は時水背斜上で最も高く，北北西―南南東に走る活背斜丘陵を形成する．その東の小千谷向斜上の約5万年前に離水した小粟田原面は中央部が低く，活向斜谷を形成しており（図2.2.6），両者の間の急斜面は背斜東翼にあたる．これらの褶曲構造の波長は通常は数km以下である．それらの中に波長わずかに300m前後の褶曲構造が見られ，活背斜による細長い丘陵列と，それらの間の活向斜谷列が平行する非常に目立った地形を呈しており（写真2.2.2），複背斜構造も成長を続けていることを示す（Ota, 1969）．

　日本の諸例では一般に波長の短い変形ほど変形速度（増傾斜速度）が大きいが，その場合でも隆起部の隆起速度（振幅増加速度）は波長と関係なく，ほぼ一定で約2mm/年である（Kaizuka, 1967）．この値で褶曲が進行すれば50万年に1000mの起伏が生じることになる．小千谷

付近の活褶曲を測定するために設けられた水準点は最近30年間に9回改測され，そのたびに褶曲構造の成長が認められた（佃ほか，2008）．

　小千谷—長岡付近の信濃川左岸では褶曲の成長に伴う小断層群が地形によく表現されている．小千谷北方の片貝付近では，背斜丘陵の東翼の急斜面（本来は段丘面）にほぼ直線状に平行して走る東上がりの数列の小断層群があり（図2.2.6），これらは魚沼層群の層面に沿う層面すべりの高角逆断層によるもので（太田・鈴木，1979；Yeats, 1986；鈴木ほか，2008），越路原面を切って累積的な活動を示している．

写真2.2.2　長岡市北西方鳥越付近における波長の小さい背斜丘陵（A）[太田陽子撮影]　背後の尾根（D, E）も活背斜軸にあたる．Bはより若い面を変位させる活背斜，Cは背斜丘陵内を横切る先行谷．

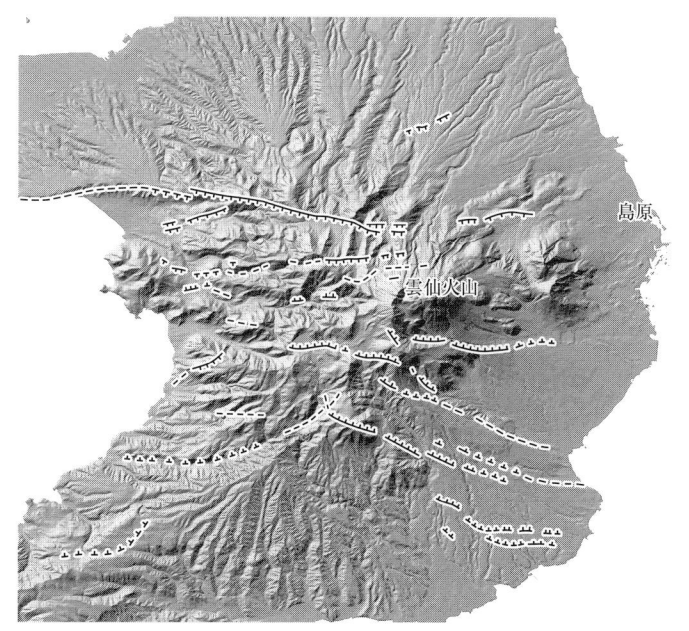

図2.2.7　雲仙火山の正断層 [国土地理院10 m-DEMにより野上道男作成の図に九州活構造研究会編，1989より活断層を加えた]

4) 正断層

　日本列島では第四紀後期に活動した正断層は少ないが，九州中央部の火山域を北東から南西に走る別府—島原地溝帯には，多くの正断層がある．それらは複数のほぼ東西方向に走る短い断層群がときには北落ち，ときには南落ちの断層崖をなして，本来単調であった火山斜面を複雑に変形させている（池田，1979；九州活構造研究会編，1989など）．とくに雲仙火山，別府湾周辺では正断層群が密に発達する（図2.2.7）．別府湾での海底調査では陸上の正断層の延長にあたる正断層群が累積的に活動していることが見出された（岡村ほか，1992；島崎ほか，2000）．これらの正断層から別府—島原地溝帯は南北方向に広がり，多量のマグマが地殻内に貫入したことによる火山性の活動と関係すると考えられている．また，南西諸島のサンゴ礁段丘には短い正断層が見られるが，とくに西端の与那国島は，正断層群によって多数の小規模な地塊に分断されており（大村ほか，1994），沖縄トラフに近い場所での伸長の場を示している．

(4) 活断層と古地震の復元

　既述のように，どのようなタイプの活断層も繰り返した活動歴をもち，将来もまた過去と同じような活動（地震）を引き起こすと予測される．「現在は過去の鍵」である以上に，「過去は将来への鍵」である．活断層の研究から，過去の活動史や変位量を求め，それに基づいて将来起こり得る断層活動（地震）の場所，性質，規模などの予測が可能である．このように，過去の地震を明らかにする学問を「古地震学」と呼ぶ（たとえば萩原編，1982, 1989, 1995；太田・島崎編，1995；地質調査総合センター編，活断層古地震研究報告（2001以降），岡田ほか，2006など）．

　古地震の復元には，文献・歴史・考古資料，断層地形や地質の変位の状態，海岸の地形から求められる土地の隆起や沈降，あるいは堆積物の層相の急変，液状化や土石流などの痕跡，さらに被害の状態などのさまざまな資料が用いられる．以下ではその中で活断層上でのトレンチ掘削調査や，過去の地盤の液状化などから読みとれる断層活動履歴の推定について述べる．

　日本でトレンチ調査がはじまったのは1970年代後半である．1995年の兵庫県南部地震が活断層である野島断層を震源として起こったことから，活断層は社会的にも注目されるようになり，古地震を探るトレンチやボーリング調査が多くの主要な活断層で実施されている．

　その結果，多くの断層で予想された位置に最新の断層活動を示す露頭が現れ，また複数回の断層活動の記録から活動間隔や1回の変位量が推定された場合も多い．断層活動の認定には，新旧の地層の切った・切られたの関係，断層両側での地層の厚さの差異，断層崖から供給された崖錐性堆積物の存在，噴砂で切られる層とそれを覆う層との関係，などさまざまな情報を用いる．しかし，ときには鍵になる地層が侵食で消失したり，年代測定の誤差の幅もあって，断層の活動履歴や変位量を高い精度で復元するのはたやすくはない．

　活動間隔は，左横ずれの丹那断層での700–900年（丹那断層発掘調査研究グループ，1983）が日本で最短のものであり，糸魚川—静岡構造線，中央構造線などの活動度A級の横ずれ活断層も，活動間隔は1000年程度である．トレンチ地点が密な糸魚川—静岡構造線では，北部および南部ではそれぞれ約6000年間に4回（白馬），8000年に3回（小淵沢）の活動が推定されるのに対して，横ずれの卓越する中部では約8000年に7回（諏訪湖）とされ，この断層帯は少なくとも3つのセグメントに分かれるようである（Okumura, 2001）．しかし，個々の断層

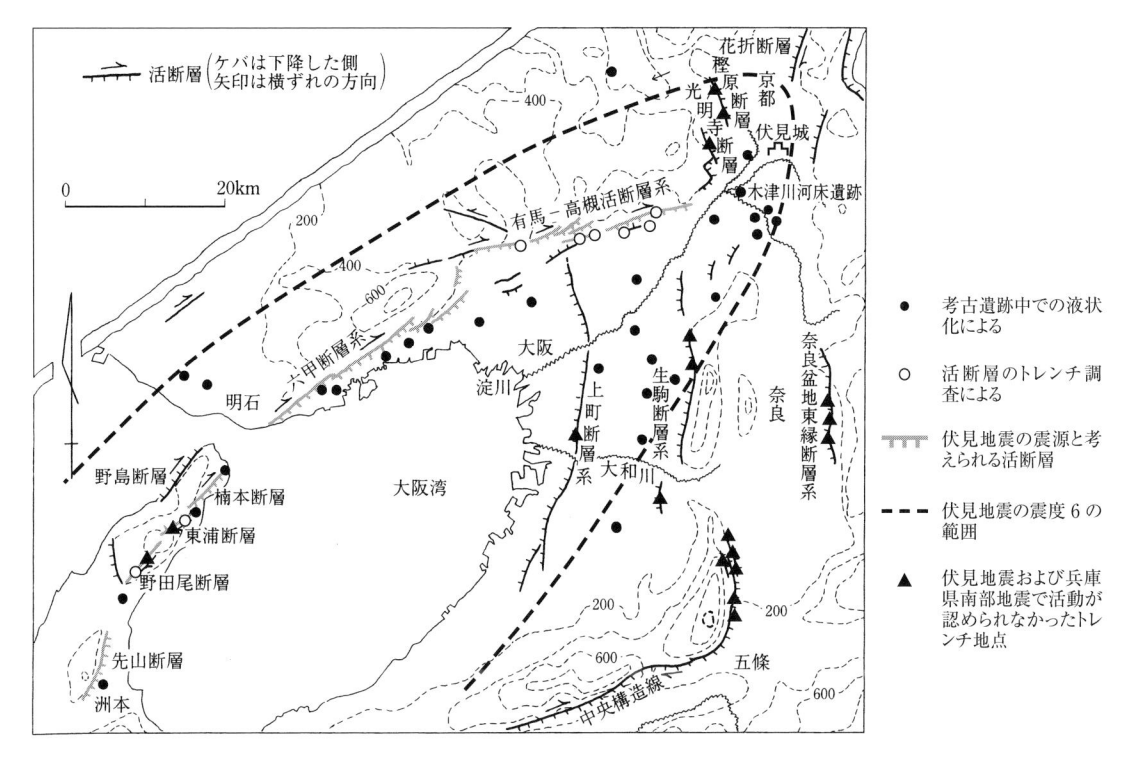

図 2.2.8 さまざまな手法によって復元された 1596 年伏見地震の範囲 [寒川，1992，2007 などによる]

の活動時期の推定や，断層活動の地点間の対比には問題が残っている．また，約 1200 年前の断層活動は，ほとんどの地点で見出されており，ときには糸魚川―静岡断層帯のほぼ全域が活動したこともあることを示唆する．

一方，B 級の変位速度をもつ逆断層は数千年という活動間隔を示す場合が多い．たとえば，1896 年の陸羽地震で活動した千屋断層の 1 つ前の活動は約 3500 年前と推定される（千屋断層研究グループ，1986）．前述した鈴鹿山地の東縁の活断層では，1 万年に 1 回ないし 2 回の活動が推定され（太田ほか，2005），横ずれ断層の場合よりも活動間隔は長い．

さまざまな資料の総合によって古地震の被害域が推定された例として，1596 年の伏見地震がある（図 2.2.8；寒川，1998）．伏見地震は，有馬―高槻活断層系の活動によって，淡路島北部の野島断層による兵庫県南部地震と比べてはるかに広範な地域に震害をもたらした．

(5) 旧汀線高度に基づく海岸域の地殻変動

1) MIS 5e の旧汀線高度と変動様式および隆起速度の地域性

海成段丘の内縁にあたる旧汀線は，海岸地域における上下変動を示す重要な地形である．日本列島は多段の海成段丘に取り囲まれていて，旧汀線高度に基づく地殻変動の研究は多い．段丘年代に関する直接的資料が得られるようになってからは（1-4 節参照），地殻変動の様式に加えて，上下変動速度も論じられるようになった．一般に普遍的に見られる海成段丘は MIS 5e に形成されたもので，南関東の下末吉面をはじめ各地で固有の名称で呼ばれたり，またしばしば M1 面（よく発達する中位の段丘面のうちの主要な面の意）と呼ばれる．その旧汀線の最高

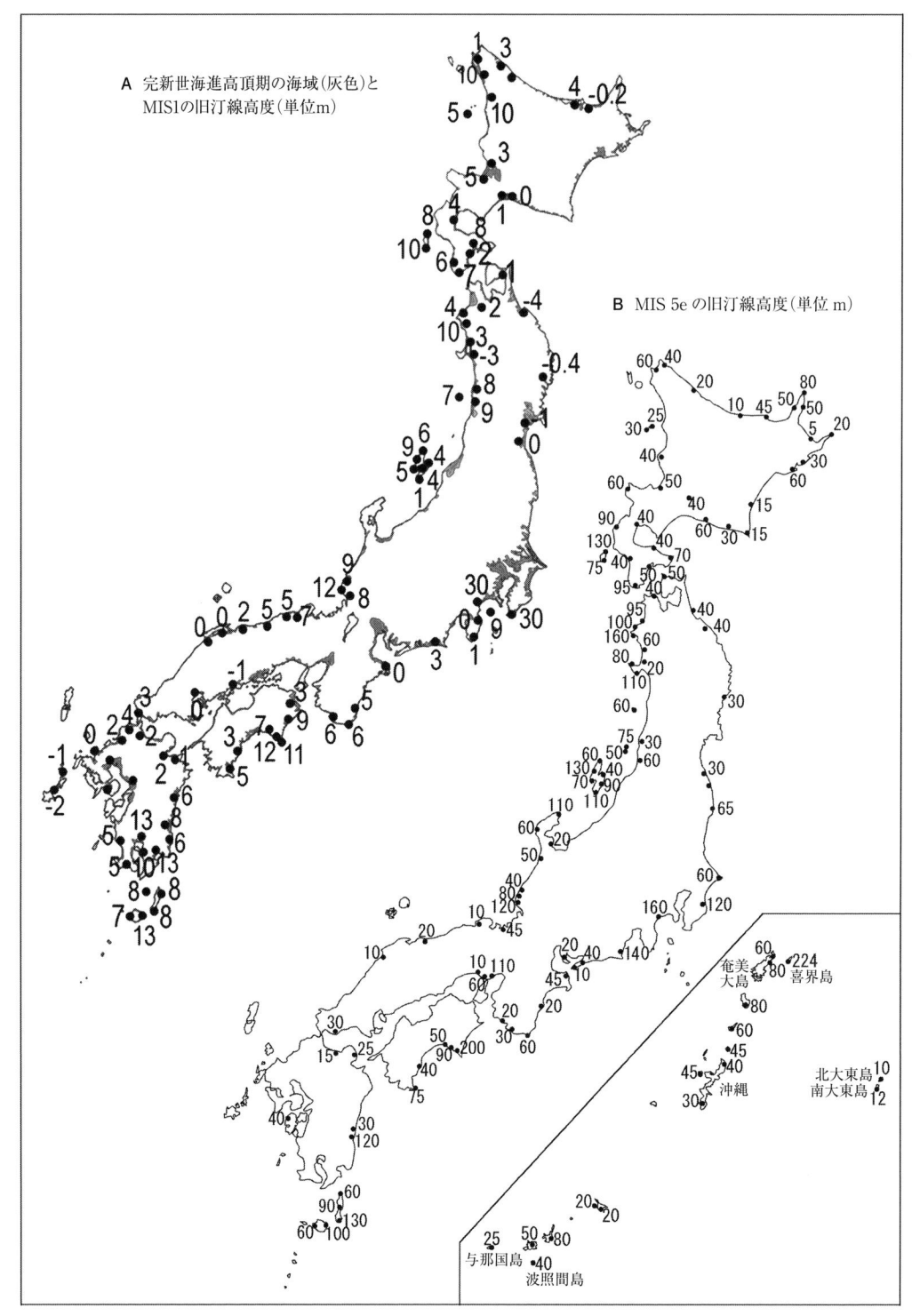

図2.2.9 A：完新世海成段丘の分布と高度の概略（単位 m）［諸種の資料に基づき太田編図］ B：MIS 5e の旧汀線高度分布［高度分布は Ota and Omura, 1991 および小池・町田編, 2001 に基づいて太田編図］ A, B の高度分布の傾向はおおむね似た様式を示す.

値は，後述する南西諸島を除くと，室戸半島の約200 m（隆起速度1.6 m/ky）で，そこは沈み込み境界の南海トラフに近い位置にある．この値は同様なプレート境界に近いニュージーランド北島東岸の270 m，パプアニューギニアのヒュオン半島のサンゴ礁段丘の約400 mと比べるとかなり低いが，それでも世界的には大きな値である（太田，1994）．そのほかで高度が大きいのは大磯丘陵（160 m），日本海東縁のプレート収束境界に近い奥尻島，渡島半島西岸から丹生山地沿岸にいたる海岸域（いずれも最高高度約120 m，隆起速度は約1 m/ky）である（図2.2.9B）．

MIS 5eの旧汀線高度はさまざまな形で総括された（日本第四紀学会編，1987a; Ota and Omura, 1991; Ota et al. eds., 1992; 小池・町田編，2001）．広域にわたる旧汀線高度から見た地殻変動様式の地域性は，Ota（1975）によって本州と四国の資料から識別された．東北日本内弧では，波長20–30 kmの波状の変形が卓越し，これは現在の地形の概形と調和している．佐渡島以西の日本海沿岸では，それと同じかより小さい規模の，活断層で境される傾動が顕著である．一方，東北日本外弧では波長の大きい（数十 km以上）緩やかな曲隆を示す．紀伊半島や四国の外帯では，現在の地形の概形とは不調和な，海岸から内陸への傾動によって特色づけられる．これらの地域性は，それぞれの地域のテクトニックな位置づけと対応している．その後各地での調査が加わり，テフラ層序の精査から一部の段丘の年代に変更を見た場合もあるが（詳しくは小池・町田編，2001），この変動様式の地域性は基本的には変わっていない．しかし，短波長の波状変形は伏在断層または海域の断層と関係する可能性があり，また新しいタイプの変動も見出されるようになった．たとえば宮崎平野では，テフラ層序と海進性堆積物から確認されたMIS 5e相当の三財原面の旧汀線高度は，最高120 mと周辺と比べて著しく高く，ここでは約100万年以降に形成された段丘群が北西方に傾動している．この傾動隆起は日向海盆南側における九州—パラオ海嶺の沈み込みに伴うアイソスタティックな変動を示すとされる（長岡ほか，1991a, b）．

南西諸島のMIS 5eにあたるサンゴ礁段丘では，琉球海溝に近い喜界島で最高（220 m以上，1.7 m/ky）であるが，対岸の奄美大島では60–20 mと西方に向かう傾動を示す．一方，沖縄トラフに近い与那国島では25 mと低い．フィリピン海プレート上の大東海嶺に位置する隆起環礁である南・北大東島では，高度わずかに10 m以下で，両プレート上での上下地殻変動量の差は顕著である（Ota and Omura, 1992; 3-2節（2）参照）．

新旧の旧汀線高度を比較すると，多くの地域でMIS 5eから7ないし9では同じ様式の変形が見られ，古い段丘ほどその量が大きく，地域ごとに固有な変動がほぼ等速で最近約30万年間累積していると見なされる．

2）完新世海成段丘の旧汀線高度

完新世海進高頂期（MIS 1; 3-2節（2）参照）の旧汀線高度も変化に富み（図2.2.9A），最高は南関東で約30 m，東北日本の日本海沿岸および琉球外弧にあたる屋久島や喜界島などでは10 mあまりとなる．九州では，鹿児島湾沿岸でのK-Ahをのせる海成の隼人面の高い高度（13 m）は，姶良カルデラの成長と関連する火山性の変動（森脇ほか，1986）に帰せられる．

完新世の旧汀線高度の分布様式は基本的にはMIS 5eのそれとよく似ている．しかし，一般

に完新世段丘（MIS 1）から見た隆起速度は，MIS 5e の旧汀線高度から見たそれより大きく，このような傾向は日本以外でもかなり共通している（Ota and Yamaguchi, 2004）．完新世の旧汀線高度は，海岸の隆起をもたらす最新の地震がいつ起こったかによって変わり得るから，完新世という期間は隆起速度の比較には短すぎるとも考えられ，隆起速度の消長については問題を残している．完新世段丘の旧汀線高度は，ハイドロアイソスタティックな効果によって変化を受けており，これも隆起速度に影響していると思われる．

3) 完新世海成段丘の細分と地震性地殻変動

完新世段丘は，明瞭な段丘崖で細分される複数の段丘群あるいは離水浜堤群からなる場合が多く，完新世海進頂期以降に間欠的な離水（地震隆起）が繰り返されたことを示す（図2.2.10）．地震隆起の時期や隆起量は，歴史地震の記録に加えて，離水地形（離水した海食洞，ノッチやベンチなど）や離水生物化石（貝，ヤッコカンザシ，石灰藻，サンゴなど；写真2.2.3）から求められる．一方，地震に伴う沈降が生ずる場合もあるが，離水現象と比べて調査はむずかしい．

完新世海成段丘と地震隆起との関係には，以下のような多様性がある．

① 地震による隆起様式が累積して第四紀後期の段丘の変形に現れている場合で，その例として1964年新潟地震による粟島の傾動隆起や1802年小木地震による小木半島の傾動隆起が挙げられる．

② 地震時の変動の向きが第四紀後期の段丘の変形と不調和な場合もある．たとえば，北海道奥尻島には多段の海成段丘があるが，1993年の北海道南西沖地震で沈降しており，段丘の隆起・傾動の累積性に関与した地震は1993年地震とは別の震源をもつと見られる．粟島対岸の朝日山地沿岸ではMIS 5e の段丘がよく保存され，また細分される完新世の海成段丘群があるが，1964年新潟地震では沈降し，段丘を生じた隆起を起こす地震が特定できない．北海道厚岸海岸では，測地記録では沈降を示しているのに，地形・堆積物の証拠から17世紀の大地震が推定されているのもこの範疇に入るであろう．

③ 段丘の変形と地震隆起との関係が明らかでない場合もある．たとえば，大佐渡，丹生山地沿岸，喜界島などでは，更新世の段丘や細分される完新世の段丘が発達し，第四紀における変動様式の累積性が顕著であるが，隆起に対応する歴史地震は知られていない．これらの地域では，地殻変動を起こした地震の間隔が長いために，地震の存在は歴史記録に残

写真 2.2.3　室戸半島行当岬付近の海面位置を示す現成の生物群集［1983年太田陽子撮影］　港の工事のために排水したので，現生の生物群集（上部は主にヤッコカンザシ，フジツボ，下部は主に石灰藻からなる）が露出．これらの生息範囲が海面下約1 m に限られていることを示す．

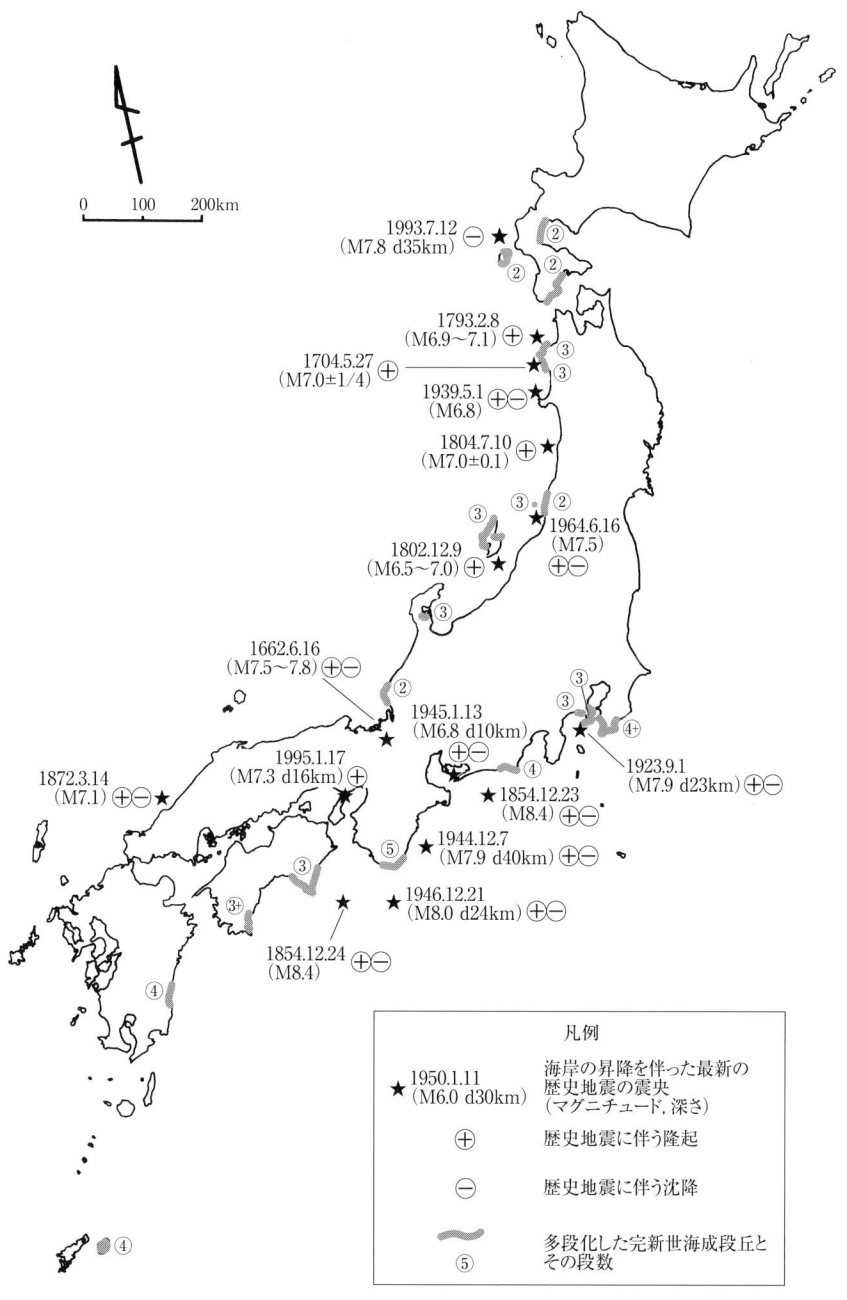

図 2.2.10 歴史地震による海岸の昇降と細分される完新世海成段丘の数 [諸種の資料により太田編図, 印刷中]

されていないと思われる.

　以上のように, 地形に残された隆起・沈降とその原因となる地震との関係は, 累積性だけでは説明できない場合もあり, 海岸地形の精査と古記録との検討をはじめ, 現在進行中の変動との関係も考慮して検討を進める必要がある. 既述のように, 完新世海進高頂期以降の約7000年という期間は, 地形の形成に関与した大きな地震を完全に記録するには十分に長いとはいえない. 完新世海進時に地震性地殻変動はどのように表現されているかも問題になる. 現段階では, 完新世前半の海面上昇の速さは地震隆起を上回っていて, 個々の地震に対応する地形や堆

積物に見出されにくい．

　完新世段丘に記録されている地震隆起の跡は，更新世後期の段丘には認められないのであろうか．パプアニューギニアのヒュオン半島では，完新世地震隆起と同様な量，間隔の離水ノッチや小段丘群が更新世後期のサンゴ礁段丘に明瞭に保存され，地震隆起が少なくとも5万年にわたって同じ様式で繰り返されてきた（Chappell et al., 1996a; Ota and Chappell, 1996）．日本の更新世後期の段丘の多くは土壌あるいはテフラに覆われ，比高2m程度の小段丘は個々の段丘として残りにくいと思われる．しかし，完新世段丘に残された地震隆起がどの年代まで追跡できるかは，地震隆起の歴史を知る上で重要な課題である．

2-3 火山活動の変遷と地形

　富士山のような優美な成層火山，美しい湖をもつ大型カルデラ火山，多彩な火山の織りなす地形と噴出物は，日本の地形・地質の特色の1つをなしている．

　日本列島の火山の大部分は図2.3.1に示すように，千島海溝—日本海溝—伊豆・小笠原海溝での太平洋プレートの沈み込みに伴う東日本火山帯と，琉球海溝—南海トラフにおけるフィリピン海プレートの沈み込みによる西日本火山帯の2つの弧状列島火山帯に分けられる．このほか本州西部の日本海沿岸と西九州の一部に，どちらの火山帯にも属さない火山が散在する．

　これらのうち第四紀に活動して火山地形を保っているものは，噴出物が火口周辺に留まって円錐状の火山地形をなす成層火山や単成火山錐と，爆発的噴火の結果，噴出物が火口付近に積み上がった火山地形をなさずカルデラやマールをつくるもの，などに分けられる．多くの場合複合している．こうした火山地形は個々の火山の置かれた応力場（火山の中心の位置の分布に関係），噴火（噴出物）の特性・規模（マグマの性質に由来），火山の基盤の地形や噴火の新旧，噴火頻度などで決まるので，多様である．

(1) 日本海開裂から弧状列島形成時代の火山活動

　日本列島の火山活動が日本海開裂前後の中新世に活発であったことは，東北日本の日本海沿いの地域でこの時代の地層の主要部が多量の火山噴出物で占められることから明らかである．列島の地層・岩石のうち中新世火山岩の占める分布面積は20%近くにも達する．日本海海底での火山活動は玄武岩噴出物を主としたのに対して，日本海沿岸域や伊豆・小笠原弧北端部，東海地域，北関東などでは玄武岩以外に珪長質の火山岩（溶岩＋火砕流＋降下火砕物：グリーンタフ）も噴出した．

　中新世の中期から後期にかけて東北日本ではリフト活動が停止し，火山活動は静穏化した．それは伸張的だった広域応力場が中立的となったためと解釈されている．その後鮮新世以後広域応力場が圧縮的に変わったのにつれて再び活動が活発化し，全般にマグマは島弧の火山活動を特色づける安山岩質となった．東北地方の脊梁部ではマグマの形成・上昇が隆起を助長し，珪長質マグマの爆発的活動が起こってカルデラや火砕流堆積物が生じた．

　圧縮場への広域応力場の変化に伴い，島弧では隆起と沈降が活発化した．隆起の場ではマグマの上昇・火山活動を伴い，山地の形成に発展する．現在の火山が隆起する山地脊梁部に位置

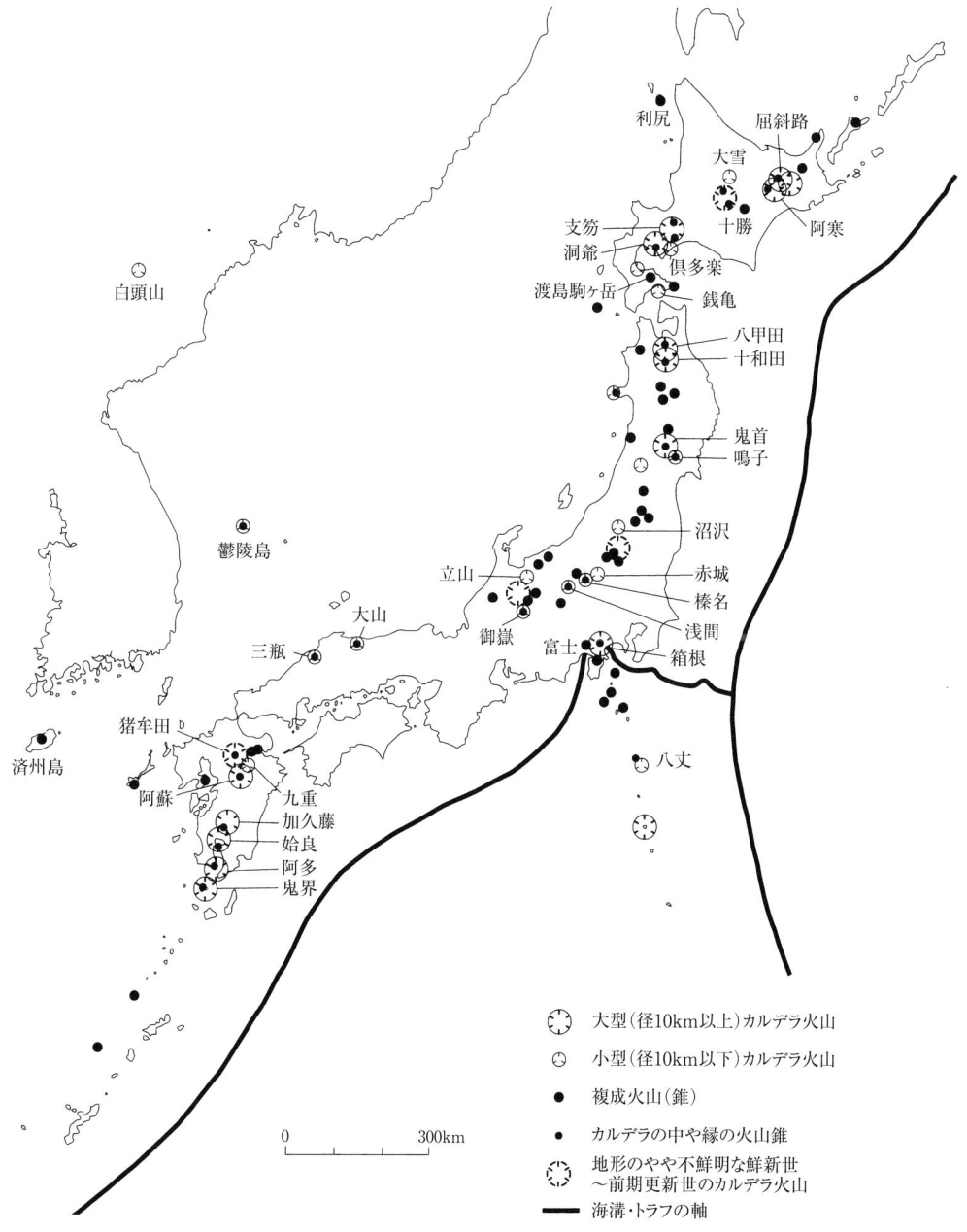

図 2.3.1 日本列島と周辺域の第四紀火山分布 [Machida, 2002 を改変]

する場合が多いのは，こうした履歴を継いでいる．一方，はじめ海域であった沈降部は，山地からの岩屑を受けて埋積し，陸の盆地となる．

ところで東北日本で第四紀の火山の分布を見ると，北海道から東北，中部地方の火山は一様に分布するのではなく，ある範囲に集団（クラスター）をなすことが注目された．とくに東北地方では，中新世後期以降の火山ないし火山活動中心の分布地域では地温が高いばかりでなく，周囲に比べて基盤が高く，かつ地殻も厚くなっている．このことから東北地方の火山帯ではマントル内に日本海側に斜に傾いた「熱い指」状の高温部の高まりがあることが示唆されている（Tamura et al., 2002）（図 2.3.2）．また林（2000）は，東北地方では背弧における盆地や活断層

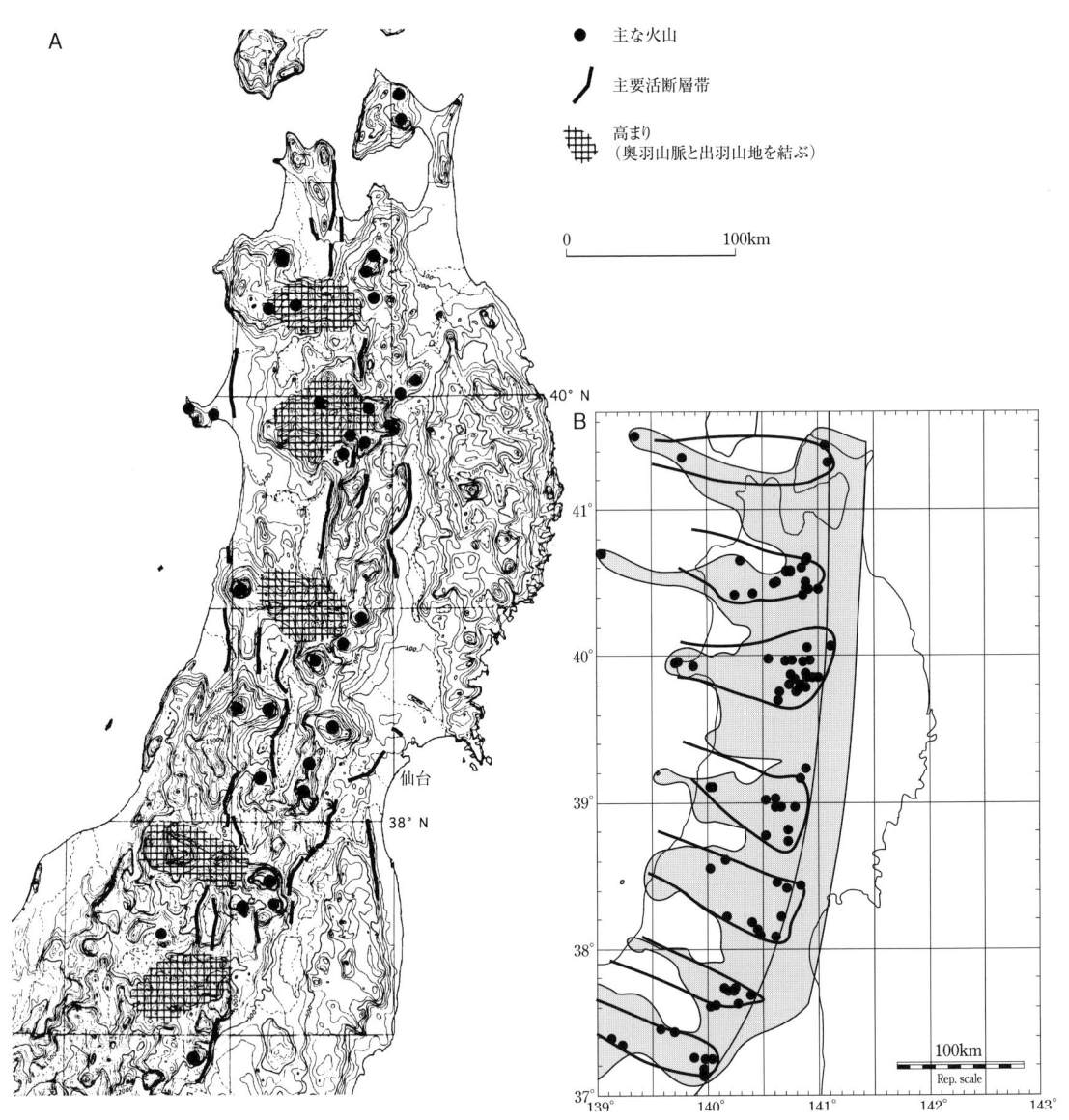

図 2.3.2 A：東北地方の接峰面図とおもな活断層および火山の分布 [今泉, 1999]，B：火山の集まりと基盤の高まりはほぼ一致し，「熱い指」状の高温領域があることを示唆 [Tamura et al., 2002]

が火山クラスターの背後（日本海側）にはなく，2つの火山クラスターの中間にあることなど，火山と山地・盆地の分布との間に深い関係があることを指摘した．

　第四紀の変動帯に生じた日本列島の火山と大陸・大洋の火山とを比べると，日本には大量の洪水玄武岩溶岩は分布せず，玄武岩溶岩台地や大型楯状火山の形成もなく，主に安山岩質マグマの噴出で中型〜小型の複成火山の形成を主としたという特徴が認められる．これは日本の火山がホットスポットや開くプレート境界に位置せず，しかも九州の北部や西部を除いて地殻の圧縮場に置かれていることに関係する．

　また日本では珪長質マグマの活動の場合，いわゆる広域テフラを生産する巨大な火砕流噴火が起こり，カルデラが生じた．しかしその規模は大陸プレートで生じた例（たとえばスマトラ・トバ，北米・イエローストーンなど）よりも小規模である（図2.3.3）．テフラ総量も1

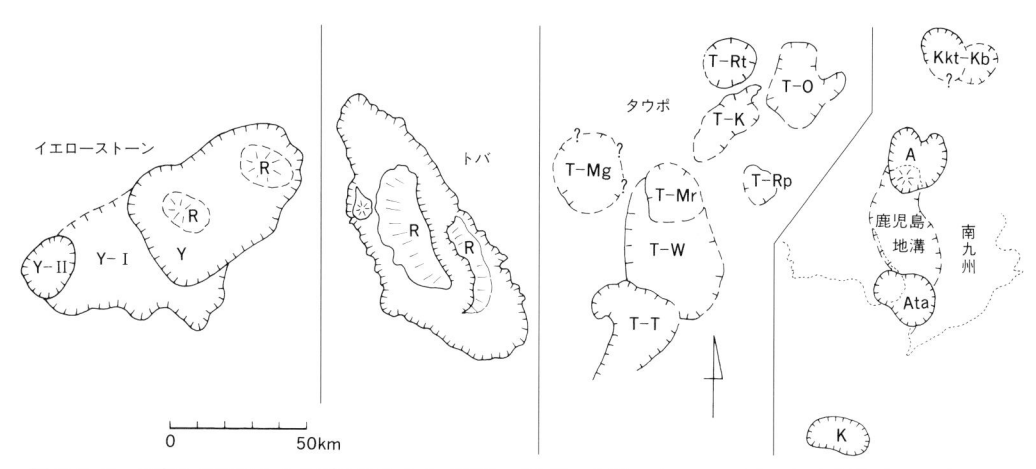

図 2.3.3 日本と世界の大カルデラの大きさ [町田, 1997] 北米・イエローストーン火山域（Y-I：イエローストーンIカルデラ, Y：イエローストーンカルデラ, Y-II：イエローストーンIIカルデラ, R：再生ドーム），スマトラ・トバ火山域（R：再生ドーム），ニュージーランド・タウポ火山域（T-Rt：ロトルアカルデラ, T-O：オカタイナカルデラ, T-K：カペンガカルデラ, T-Mg：マンガキノカルデラ, T-Mr：マロアカルデラ, T-Rp：レポロアカルデラ, T-W：ワカマルカルデラ, T-T：タウポカルデラ），南九州火山域（Kkt-Kb：加久藤—小林カルデラ, A：姶良カルデラ, Ata：阿多カルデラ, K：鬼界カルデラ）．

桁異なる．しかし始良，阿蘇などの大型カルデラは，上記巨大カルデラより高頻度で大火砕流噴火が起こって形成された多輪廻火山である．こうした大陸のカルデラとの違いは，珪長質の地殻の厚さが日本では薄いために，溶融で生じたマグマ溜りもやや小型だったことを意味すると考えられる．

(2) 火山地形とその活動史

　火山地形，噴出物の編年資料は放射年代，古地磁気，生層序などの研究で増えつつある．また年代既知の広域テフラを時間指標層として用い，とくに鮮新世以降の火山活動史はかなり詳しくわかってきた．

　中新世〜鮮新世の火山は，著しく侵食を受けたり，地層に覆われたりしているため原地形を留めているものはない．ただ一般の堆積岩や深成岩と違って火山岩が節理や緻密な岩脈などをもつ場合には，奇岩怪石の特異な組織地形（妙義山・荒船山など）をなすことがある．溶岩がキャップロックとなったメサやビュートの地形や，小型円錐火山の見かけをもつ山（讃岐富士，二上山など）はその類で，中新世の溶岩や溶結凝灰岩が侵食で洗い出された「火山岩の，あるいは一部火山岩からなる山地」である．日本列島の火山地形はテクトニックな変動を受けやすく，かつ湿潤温帯で侵食が早い環境にあるため，大陸の乾燥地域に比べると原地形が破壊されやすい．そのため第四紀前期更新世の火山では個別には認定し難いのが普通である．これに対して地形からマグマの噴出中心の位置がわかり，噴出物がつくった地形が残るものは中・後期更新世以降に活動した火山である（図2.3.4）．

　上述のように日本列島は九州の一部を除いて圧縮応力場に置かれているので，上部マントルで生じたマグマはなかなか上昇し難く，地殻の中をジグザグに通り周囲の岩石や別なマグマを取り込んで成分を変えるなどの過程を経て，地表に噴出する．それらが噴出すると，同一かあるいは近接した火道が利用されやすいため，比較的似た岩質の火山岩を噴出し積み上げて複成

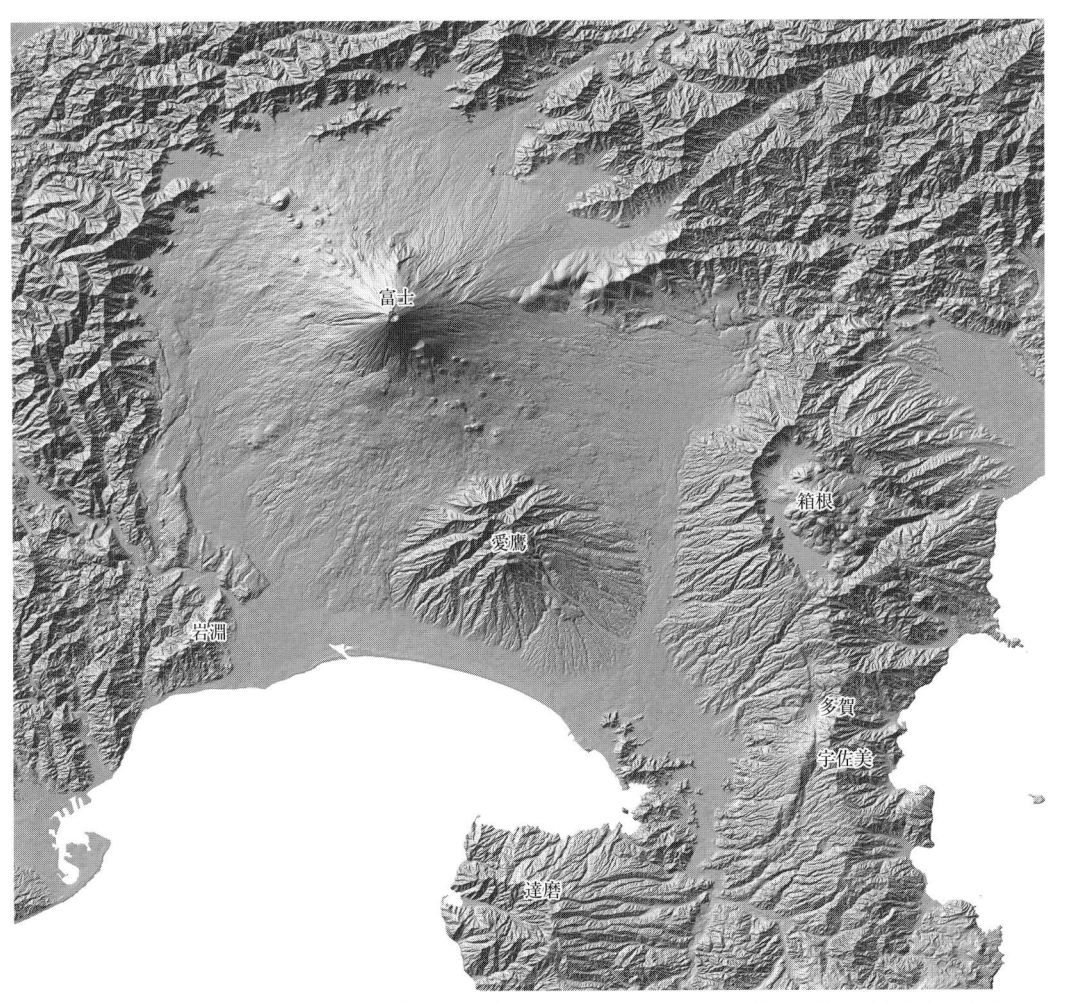

図 2.3.4 富士・箱根火山群の地形 [国土地理院 10 m-DEM により野上道男作図] 第四紀大型火山の開析度は主な形成の時代に応じて異なることが注目される．この地域の火山の主形成時期はおよそ下記のようで，中期更新世後半以降の火山は噴出中心がわかるが，前期更新世のものは元の火山地形を失っている．富士火山（後期更新世〜完新世 100 ka 以後），箱根火山（いわゆる古期外輪山は中期更新世 600-250 ka，カルデラと中央火口丘群はそれ以後），愛鷹火山（主に中期更新世 300-120 ka），達磨火山（中期更新世），多賀火山（中期更新世，西側の山麓が残る），宇佐美火山と岩淵火山（前期更新世）．また富士と箱根の場合には火口が北西─南東方向に配列し，噴火中心が広域圧縮応力場の方向に制御されていることがわかる．

火山あるいは火山群が生じる．一方，広域応力場が伸張気味の地域では，マグマ噴出の場所が活動ごとに異なることが多いため，まとまった「1つの」火山ができず，ある範囲に散在する単成火山になる．一般的に見られる前者に比べて，後者は北西〜中九州，中国地方北西海岸や東伊豆などの地域に限られ，圧縮応力が弱いところまたは伸張応力場に生じている（図 2.3.1）．複成火山の場合，一定方向に単成の側火山が列をなすことも観察され，特定方向に地殻が伸張しマグマの通路ができやすい場があることを示唆している（図 2.3.4）．

火山噴出物が累積した大型複成火山はもちろん，珪長質マグマの大規模な爆発的噴火で生じたカルデラも，1回だけの噴火で生じた例はごく少ない．多くの場合何回かの爆発的活動が繰り返されてまとまった地域が破壊し（陥没，侵食も受け）て生じた地形である．

複成火山群と複成カルデラ火山とは地形的にははなはだ異なるが，長期間を通じて概略の噴出総量を比較すると，前者は小規模噴火を頻繁に行うのに，後者の大規模噴火はごくまれにしか起こらない現象なので，トータルするとほぼ同等のオーダーの噴出率をもつと見なせることが多い．マグマの岩質に応じて噴火のタイプ，噴出頻度，火山地形が違うのである．

(3) 変化に富んだ第四紀火山

日本列島は火山の博物館と呼ばれるように，変化に富んだ火山が分布する．いくつかの代表的火山についてその活動，地形発達史についての最近の研究を短く紹介する．

1) 富士山・箱根山

この2つの複成大型火山は伊豆・小笠原弧北端部に位置し，首都圏に近いところから古くから研究が進められ（Kuno, 1950, 1951），また火山地形が成層火山とカルデラをもつ複成火山と対照的であるため（図2.3.4, 2.3.5），その発達史の研究は長く日本の火山研究の標準とみなされていた．

富士火山

富士火山は玄武岩質溶岩を主に噴出してきた，北北西―南南東にやや伸びた楕円をなす直径およそ40 km，溶岩流を裾野に長くひろげた海抜3776 mに達する大型成層火山である（図2.3.4）．これは津屋（1940）によると小御岳，古富士，新富士の3つの成層火山が重なってできているとされた．この火山の中腹・山麓での深層試錐による最近の研究では，この火山は津屋の上記3段階の火山の下に，岩質が異なる火山（先小御岳）が埋もれていることがわかった（吉本ほか，2004）．後期更新世〜完新世の発達史は ^{14}C 年代研究などを利用して詳しくわかってきた（Miyaji *et al.*, 1992; 山元ほか，2005）．

このような火山地域での研究に対して，この火山が噴出した降下テフラの層序・編年研究は，隣接火山の活動との関係や周辺平野の地形や環境の変化とともにこの火山の発達史を解明する

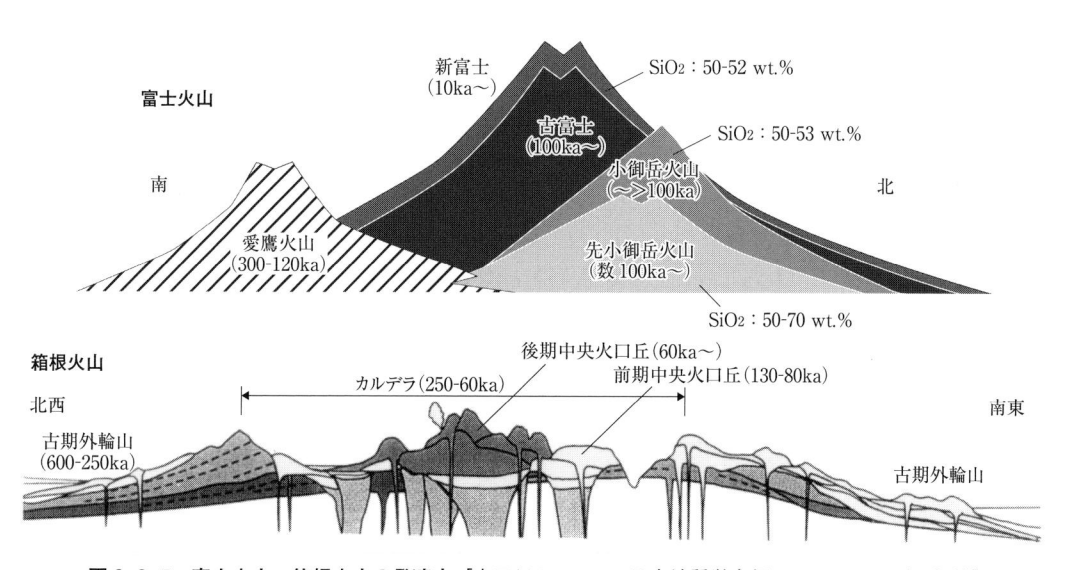

図2.3.5 富士火山，箱根火山の発達史［中田ほか，2007；日本地質学会編，2007にそれぞれ加筆］

のに役立った．火山の麓や東側の関東平野南部に分布する関東ローム上部層（後期更新世・完新世）は主に富士山のテフラを母材としている（町田，1964ほか：研究史は町田，2007にある）．上記した先小御岳については，東麓・南関東にこの火山起源らしい角閃石を含むテフラ層が中期更新世後半のローム層にはさまれているので，活動時代が推定できる（町田，2007）．

玄武岩の火山は，ハワイのように緩傾斜の大型盾状火山をなすのが普通であるが，富士山の場合はこうした盾状火山にならず急な円錐火山である．これは，埋もれている山地や古い安山岩火山の影響という可能性もあるが，小規模の溶岩が高頻度で噴出して山体上部をつくったためであろう．またテフラを噴出する中小の噴火もたびたび起こったので，マグマの性質が粘性のやや高いことによるのかもしれない．

箱根火山

箱根火山は，Kuno（1950, 1951）によると新旧の成層火山（大型古期成層火山と厚い溶岩流からなる新期成層火山）と，その後生じたカルデラの中に中央火口丘火山群からなる大型複成火山（直径約30 km，高さ1438 m）である．その後富士山におけるテフラの研究と同様，箱根火山の東側の平野に分布する多数の軽石層を主体とする多量のテフラ層がこの火山の爆発的噴火の産物であることが認識され，その編年を通じて火山地形形成史に新知見を提供した．すなわち玄武岩質溶岩とテフラを噴出した古期成層火山の形成開始は少なくとも400 ka以前に遡ること，約250 ka以降マグマは珪長質に変わって大規模火砕流・プリニー式噴火を行い，おそらく古期のカルデラが生じたこと，新期成層火山も多数の軽石層を噴出（120–100 ka）し，その中で火山山麓はもちろん70 km遠方にまで火砕流が流れて新期カルデラが形成されたこと，などである（町田，1972など）．活動は後期更新世～完新世に続いている．

最近，箱根火山の噴出物の岩石の組成，放射年代が多数かつ系統的に再調査され，さらにテフラ編年と合わせて地質図が描きなおされた（長井・高橋，2008）．その結果とKuno（1951）の知見とを比べると，古期成層火山はおよそ600 kaから活動した玄武岩・安山岩の小型火山が複合したものであるとし，新期成層火山は前期中央火口丘群と見直された．またカルデラは古期と新期の2回ではなく，小型カルデラが複数生じた結果拡大したと解釈している．新期火砕流の噴出は従来の考えより一回り小型の強羅カルデラをつくったという．このカルデラは試錐資料から推定したもので地形的には明瞭ではない．こうした箱根火山の新解釈は，1つの火山をどう定義するかという問題に関わり，また地形的に明瞭な大型の「古期」カルデラ崖形成も説明し難い（いくつかのカルデラの合成と崖の崩壊・後退で説明できるか）など，まだ今後の研究が必要と思われる．

富士山と箱根山の活動史をテフラをもとにして比較すると，地形の新旧と調和し，中期更新世の初期には箱根の活動が，また後期更新世には富士が活動をはじめた．両火山とも中期更新世初期以前には火山活動がなく突然活動がはじまったのであろうか．おそらくこの地域の火山活動は数Maにはすでに起こっていて，それ以後連綿と続いてきたと考えられる．関東平野の地下や周辺地域に分布する厚い鮮新世～第四紀の海成層には，少なくとも3Maから富士・箱根または周辺地域（丹沢，伊豆北部を含む）に由来したに違いない，粗粒で斜方輝石，カンラン石などを含み，しかもカリウム含量の少ないテフラ層が多数はさまれている．したがって富士・箱根火山地域も古くから火山活動の場で，そこに新しい活動が起こったと考えられるが，

その連続性についてはなかなかわかり難い．

なお安山岩の多い日本列島の火山の中で，富士山や古期の箱根火山の噴出物は珍しく玄武岩質であり，活動最盛期には噴火が頻繁であったことなどの特徴がある．これは伊豆・小笠原弧北部の火山フロントに位置する伊豆大島，三宅島の火山の活動にも共通する特徴である．この部分（フィリピン海プレート）の地殻が薄く，開く傾向があるためではないかという解釈がある（高橋，2000）．

2) 雲仙・大山・赤城火山など―安山岩質マグマの大型複成火山

この3火山は日本に多い大型安山岩質火山の代表とみなされるもので，互いに似た特徴をもつ．これらの火山の発達と概形は図2.3.6のようで，地形の特徴は，山頂部に急斜面をもつ複数の火山錐が集まっており，小型のカルデラがあるかまたは埋没していること，また裾野が広大であることなどである（表2.3.1）．

これら安山岩質火山は，概形が中央火口部に高く，周囲に広大な裾野をもつ地形をなすため，しばしば成層火山と呼ばれてきた．しかし種々の点で富士山のような玄武岩火山とは構造および成因や地形の性質が異なっている．富士山は山頂の急傾斜部が薄い多数の成層した溶岩から構成され，成層火山の名にふさわしい．また裾野も流動性の高い，しかも多数の溶岩流から構成されている．火砕流堆積物はほとんどない．しかし雲仙火山，大山火山，赤城火山では山頂

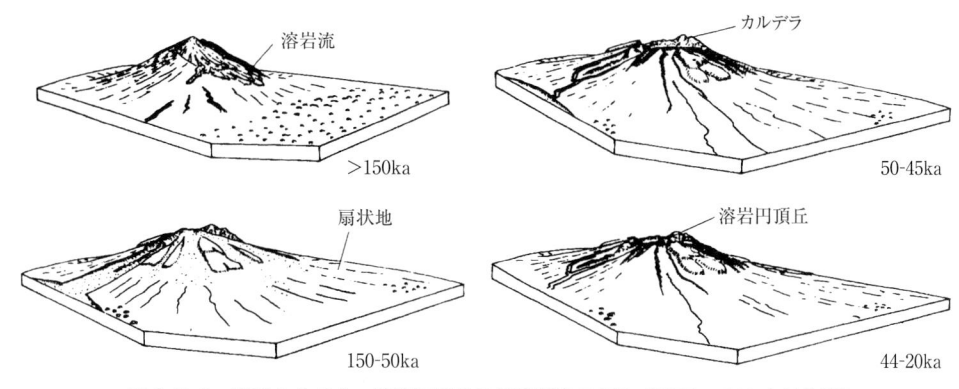

図2.3.6 赤城火山の中〜後期更新世の地形発達モデル［守屋，1993より抜粋］

表2.3.1 代表的安山岩質大型火山の地形的特色

	標高，裾野の直径	火山中央部と裾野構成物/テフラ	活動期間	基盤の地形
雲仙火山	1486 m EW 20 km NS 25 km	溶岩ドーム，小型カルデラ，小型火砕流，岩屑流，扇状地/テフラほとんどなし	中期更新世〜完新世	ごく低い
大山火山	1729 m EW 35 km NS 30 km	溶岩ドーム，小型カルデラ，小型火砕流，岩屑流，扇状地/降下テフラ	中〜後期更新世	北側に古い火山のほかは低い山地
赤城火山	1827 m EW 20 km NS 30 km	溶岩ドーム，小型カルデラ，小型火砕流，岩屑流，扇状地/降下テフラ	中〜後期更新世	東側に山地，西側に低地

の急傾斜部はいくつかの単成的な溶岩ドームや小型成層火山錐であり，山麓部は溶岩ドーム形成に伴って発生した小型火砕流や崩壊による岩屑流などの堆積地形で占められ，扇状地状をなす．

長期間活動した火山ではマグマの岩質が変化し，地形の異なったものが重なっている．箱根火山は初期には玄武岩質成層火山であったが，後期には赤城山的な安山岩質火山の特色をもつ火山に変化した．

3) 鹿児島地溝の大カルデラ―姶良・鬼界カルデラを中心に

鹿児島地溝

西日本火山帯のうち鹿児島湾を中心にゆるやかにうねっている鹿児島地溝は，大規模カルデラ火山を連ねた南北 75 km 以上，東西約 20 km の地帯である（図 2.3.7）．ここには地形上明

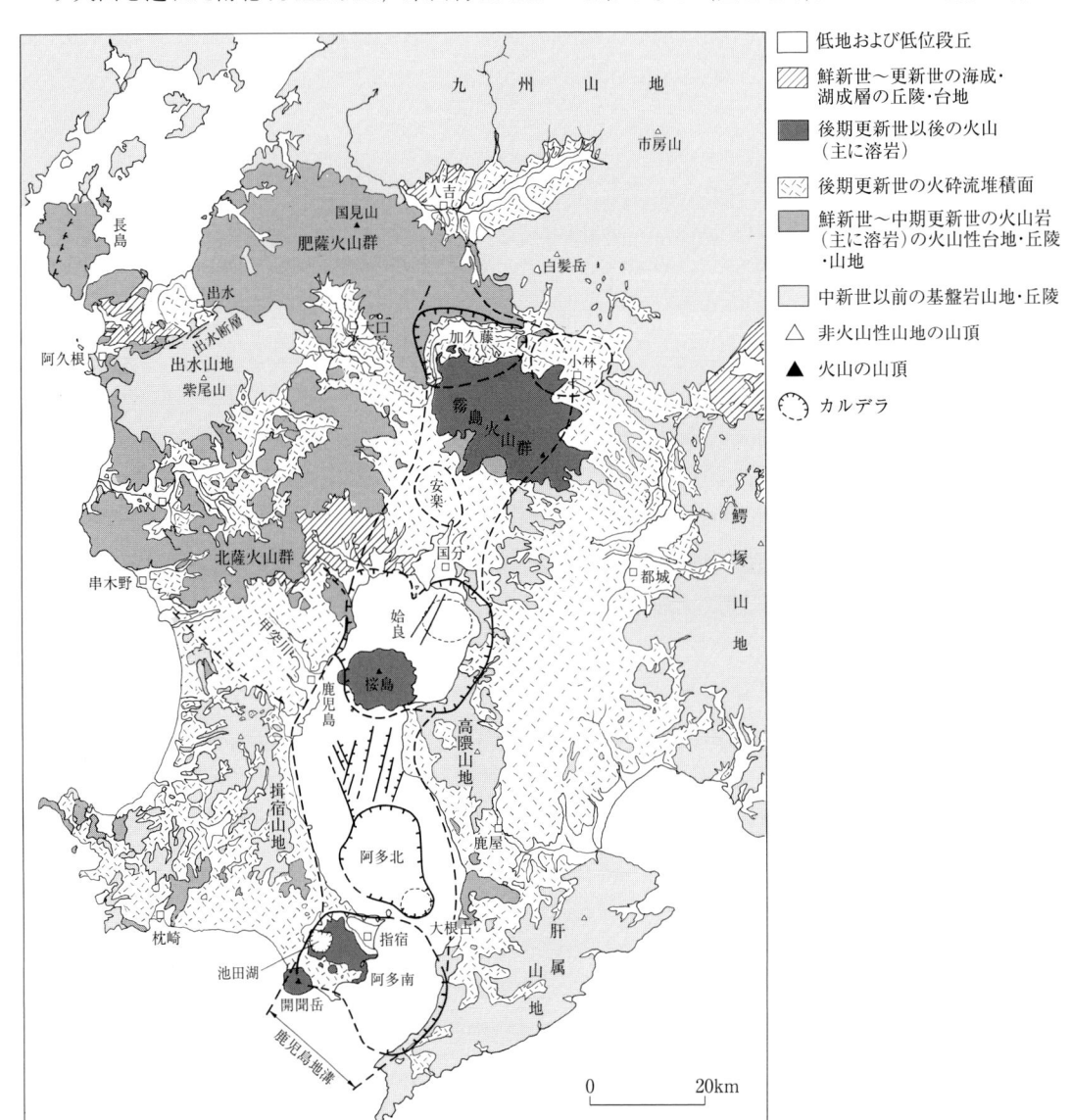

図 2.3.7 鹿児島地溝周辺の地形分類図 ［山崎ほか，1984；日本第四紀学会，1987a；内嶋ほか，1995 などより編集した町田，2001］

瞭なカルデラのほか，負の重力異常部も含めると5つのカルデラを数えるが，湾口より南の海底の鬼界カルデラや口永良部島北東海底にも低重力地帯は続いている．火山活動は大規模爆発的噴火で多量のマグマを主として火砕流の形で噴出し，カルデラおよび南九州一帯の火砕流台地（いわゆるシラス台地）を生むという活動を主とする．カルデラ形成の間に，桜島，霧島火山などの安山岩質火山が生じた．

　鹿児島地溝が地溝としての地形を保っているのに対して，その西側の肥薩火山群や北薩火山群では鮮新世〜前期更新世以前の古い地溝が埋められている．鹿児島地溝を埋める火山岩や堆積岩の年代から見ると，火山活動は少なくとも前期更新世に遡る．北薩火山群では4 Maに火砕流や溶岩の噴出活動が起こっていた．こうしてみると鮮新世に西側にあった火山フロントは，前期更新世のはじめごろから現在の位置に移動して，鹿児島地溝が形成されはじめたと考えられる．

　九州にはこのほか中部九州を横断する豊肥火山地域（別府—島原火山地域）がある．鹿児島地溝と豊肥火山地域の活動を比べると，噴出率はほぼ同等（1000 km^3/Ma）であるが，豊肥では地溝形成と陸上火山活動は相補的に進み，地溝の埋積が進んだのに対して，鹿児島地溝では北部を除くとまだ進んでいない．これは鹿児島地溝では大規模火砕流噴火がはるかに多く，大半の噴出物は地溝外に堆積したためであろう．また大火砕流噴火を起こした要因には，多量の珪長質マグマの生産・蓄積を可能にした珪長質岩石の存在とテクトニックな環境が比較的静かであったこと，地表に多量の海水や湖水が存在し水蒸気爆発が起こったことも挙げられる．

　南九州の地形を特色づける火砕流台地は，上記のように後期鮮新世以降，噴出した多数の大規模火砕流堆積物からなっている．古い（前期更新世とそれ以前の）火砕流堆積物は地溝の地下に分布するだけでなく，地溝の周辺では隆起してやや高い山地に見られる．南部九州のほとんど全域の盆地・平野に分布し台地・丘陵をなすのは，中・後期更新世に噴出した始良入戸火砕流，阿多火砕流，加久藤火砕流，樋脇火砕流などの堆積物である．これらは低地だけでなく緩斜面も覆い，またそれらの二次的な堆積物が扇状地を形成している．

姶良カルデラと桜島

　鹿児島地溝におけるカルデラのうち，姶良カルデラは鹿児島湾奥に位置するおよそ20 km^{2}のくぼ地である．その地形と海底地形は図2.3.8のようで，カルデラ北東部はとくに深く深皿状にくぼみ若尊カルデラと呼ばれる．地震と測地資料ではマグマ溜りはカルデラ中央部−10 kmと桜島直下−2〜−6 kmに推定されている（石原，1988など）．

　現在のカルデラの地形は約29 kaに起こった姶良大噴火の影響を受けたものであるが，カルデラ縁辺部に古い火砕流堆積物や海成層が分布するので，この大噴火以前（中期更新世，おそらく580–430 ka）にすでに周囲の低地を含めたカルデラ地形が形成され海湾や湖であったことがわかる．

　29 kaの姶良大噴火はMIS 3末に湖であったこのカルデラで起こった．噴火は大規模降下軽石，水蒸気噴火の火砕流，大火砕流およびそれと同時の降下火山灰の順でほとんど連続して噴出した．この一連の噴出物はきわめて均質の斜方輝石流紋岩質で，総量は500 km^{3}を上回る（町田・新井，1992）．

　噴出物のうち入戸火砕流は南九州後期更新世火砕流のうち最大級の規模で，カルデラから半

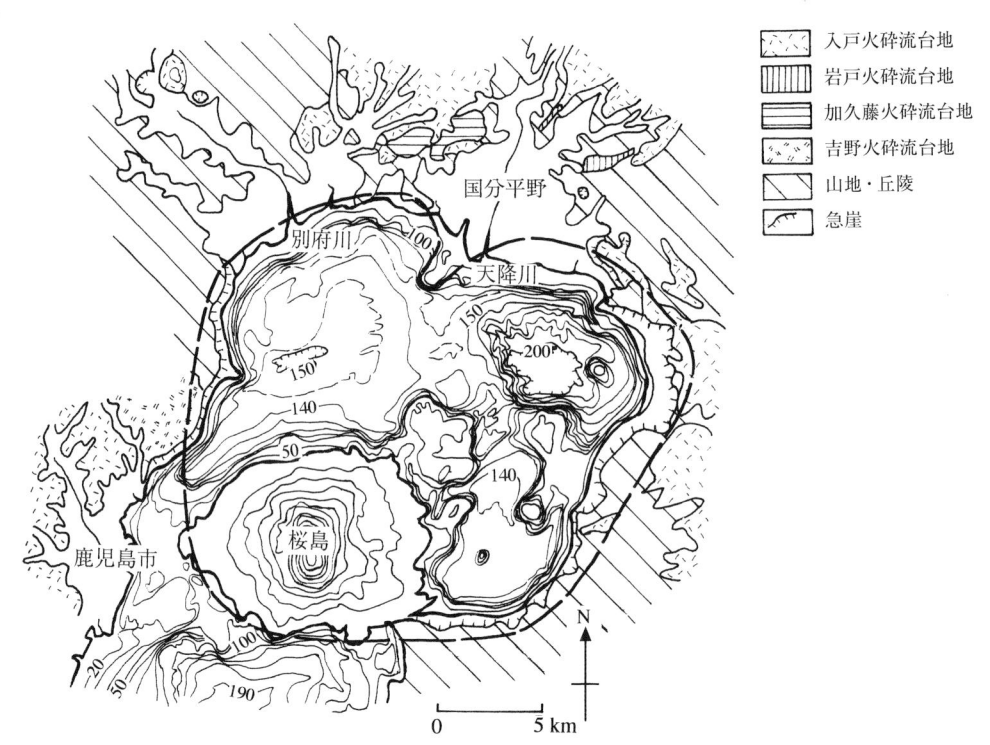

図 2.3.8 姶良カルデラの海底地形と周辺の地形 [Nagaoka, 1988；海底地形図第 6351 号鹿児島湾北部より作成した町田・森脇, 2001] 陸上部の白抜きは低地，太い破線は姶良カルデラ縁．数字は水深（m）．

凡例：入戸火砕流台地／岩戸火砕流台地／加久藤火砕流台地／吉野火砕流台地／山地・丘陵／急崖

写真 2.3.1 噴煙を上げる桜島 [2009 年森脇 広氏撮影]

径 100 km もの広大な地域にひろがり堆積した．台地をつくるシラスと呼ばれるものの大半はこの噴出物で，溶結凝灰岩は少なく，絶壁をつくるその崖は降雨時にしばしば崩壊して災害を招いている．このようにこの噴出物は南九州独特の地形（シラス台地）と土壌をもたらした．

入戸火砕流堆積物は給源からおよそ 70 km 以上の地域（宮崎平野北部など）に行くと，谷を埋めた無層理の堆積相をなすものが少なくなり，緩やかな斜面を薄く覆う降下火山灰に移り変わる．その様子は大火砕流と同時の降下火山灰（姶良 Tn テフラ AT）の形成機構を論じる場合に重要な手がかりとなる．

入戸火砕流噴火の約1kyほど後から，姶良カルデラの活動はその南縁部に生じた桜島に移った．桜島は日本の火山のうち最も活動的な火山の1つで，年に数百回以上も噴煙を上げ（写真2.3.1），8世紀以後溶岩流・テフラを噴出した4回の大噴火が知られている．

　桜島の活動中心はおよそ5kaまで北岳で，その後南岳に移った．桜島から噴出した少なくとも17層のテフラのうち，比較的初期の噴出物にマグマ水蒸気爆発を示唆するものがあるのは，最終氷期末の海面上昇で水と接触する低い位置で噴火が起こった結果であろう．氷期の終焉期には海面は急上昇し（約14-13 kaのころ），湖であった姶良カルデラ内に突然海水が浸入した（亀山ほか，2005；大木，2002）．12.8-13 kaに噴出した桜島薩摩テフラは，この環境変化の詳しい経過と要因を知るのによい時間指標層である．

　鬼界カルデラ

　このカルデラは薩摩半島の南方約50 kmの大隅海峡に位置し，カルデラの縁にカルデラ壁と火砕流台地からなる竹島と，それらに加えて後カルデラ期に噴出した薩摩硫黄島などの火山錐がある．カルデラは西北西─東南東22 km，北東─南西15 kmの楕円形をなし，最大水深400–500 mでカルデラ底には多数の火山錐があり，一部はごく浅く堆をなす（図2.3.9）．

　このカルデラが噴出した火砕流堆積物は上記2島のほか屋久島・種子島，さらに薩摩・大隅半島に広く分布する．中期更新世以後，このカルデラは少なくとも4層の火砕流と広域火山灰を噴出した．そのうち後期更新世〜完新世の2層（長瀬および竹島火砕流）は広域指標テフラ（それぞれ鬼界葛原テフラ K-Tz: 95 kaと鬼界アカホヤテフラ K-Ah: 7.3 ka）を生産し，MIS 5cやMIS 1の編年に役立っている（町田・新井，1992）．最新の大噴火による竹島（幸屋）火砕流堆積物は，海をこえて大隅・薩摩半島南部に広く分布する（宇井，1973）．これはマグマと水との接触でガスが多量に生産されて大きな流動性をもつ火砕流が形成され海を渡ったことを

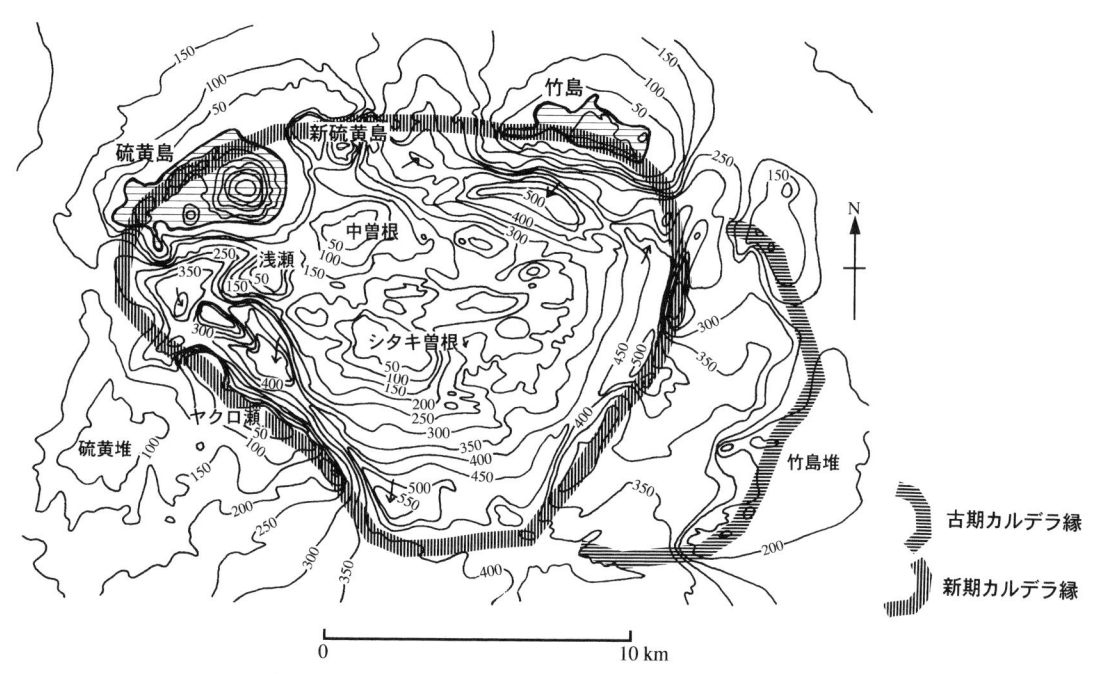

図2.3.9　鬼界カルデラの地形［海底地形図第6351号薩摩硫黄島より作成した町田・森脇，2001］等高線間隔は海底50 m，陸上100 m.

示している．その後多数の大規模火砕流堆積物の観察が進むと，このような特色はどの広域火砕流にも見られることがわかってきた．大規模マグマ水蒸気噴火は広域分布をなす火山灰形成の要因の1つであろう．なお K-Ah は九州の縄文文化に大災害を起こしたが，これについては，5-1 節で述べる．

3 ― 第四紀における気候・海面変化に伴う地形変化

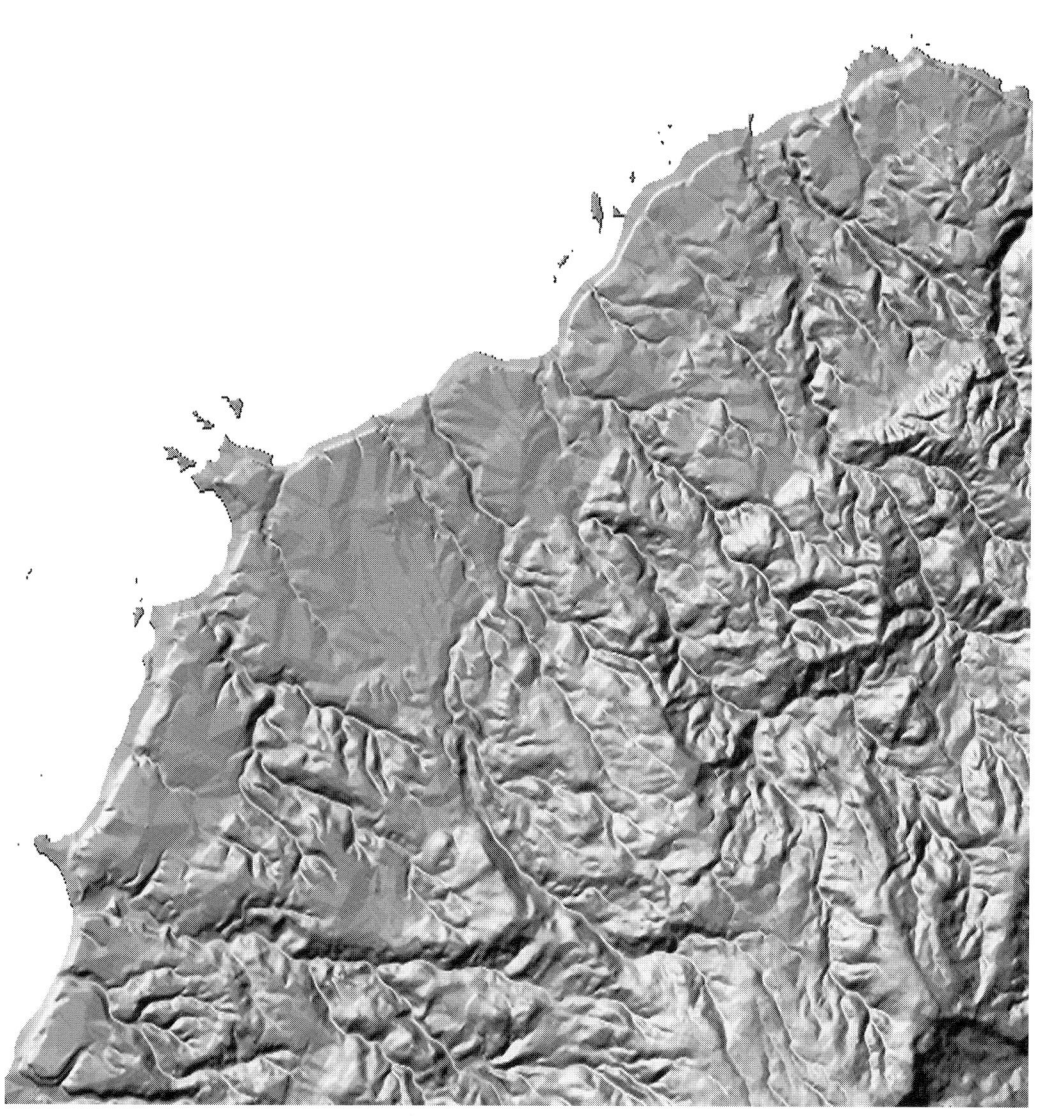

青森県西津軽の海成段丘［国土地理院 10 m-DEM から野上道男作成］ 東西幅約 7 km. この画像の北端部, 大戸瀬崎付近については, 図 3.2.4 に海成段丘分類図, 年代, 高度を示してある.

3-1 気候変化の影響を受けた地形

　日本列島は変動帯に位置するために，古くからテクトニックな地形研究が重視されてきた．この反面，海洋に囲まれた中緯度多雨温帯に位置して氷期に大きな山麓氷河の形成がなかったため，気候環境の変遷に伴って形成された地形についての研究はやや遅れたといえる．

　しかし1910年代には海外の研究の影響を受けて，山地における氷河地形の有無，その認定をめぐって論争が行われた．また1950年代以降化石周氷河現象も注目されるようになった．さらに沖積平野や海岸低地，段丘などの地形が地殻変動と氷河性海面変化を重ね合わせることで説明されるようになり，気候変化・海面変化の重要性が深く認識されるようになった．

　1960年代以降，世界各地とくに海洋と氷床では，気候環境変化を記録するいくつかの有力なプロキシ（指標）が次々に見出され，1-4節で述べたように，第四紀の気候変化が詳しく編年されるようになった．数万年スケールの気候変化はグローバルにほぼ同時に起こったことが確実となり，日本の地形もそうした気候環境変化の観点から研究されるようになった．最もありふれた河川の段丘地形や峡谷などの地形も，最終氷期から後氷期にかけての気候変化に深く関係して形成された，いわゆる気候地形の1つである．もちろん海成段丘や海岸平野の地形，サンゴ礁，大陸棚も間氷期―氷期の海面変化に規定されたもので，気候変化の産物といえる．

　本章では第四紀の環境変化に対応して変化した日本の地形を概観する．

(1) 中期更新世以降の氷期の環境で生じた地形

1) 氷河地形

　過去の氷期に日本列島の高山に氷河が形成されたことは，日本アルプスや日高山脈などの山頂部や河谷最上流部に氷河地形が普通に見られるので確実である．氷河地形が発達するのは，中部地方の中部山岳と北海道の日高山脈，大雪山である．しかし，その氷河地形は全体に小規模で，かつては雪による侵食地形なのではないかと論議されたように，やや不明瞭なものも少なくない．圏谷は浅く，その底は急で，典型的なU字谷も少ない．また氷河末端の堆石は小

写真 3.1.1　槍ヶ岳を中心とする峰々 [1982年小疇　尚氏撮影]　おわん形になったところが圏谷．その下流にU字谷も見られる．

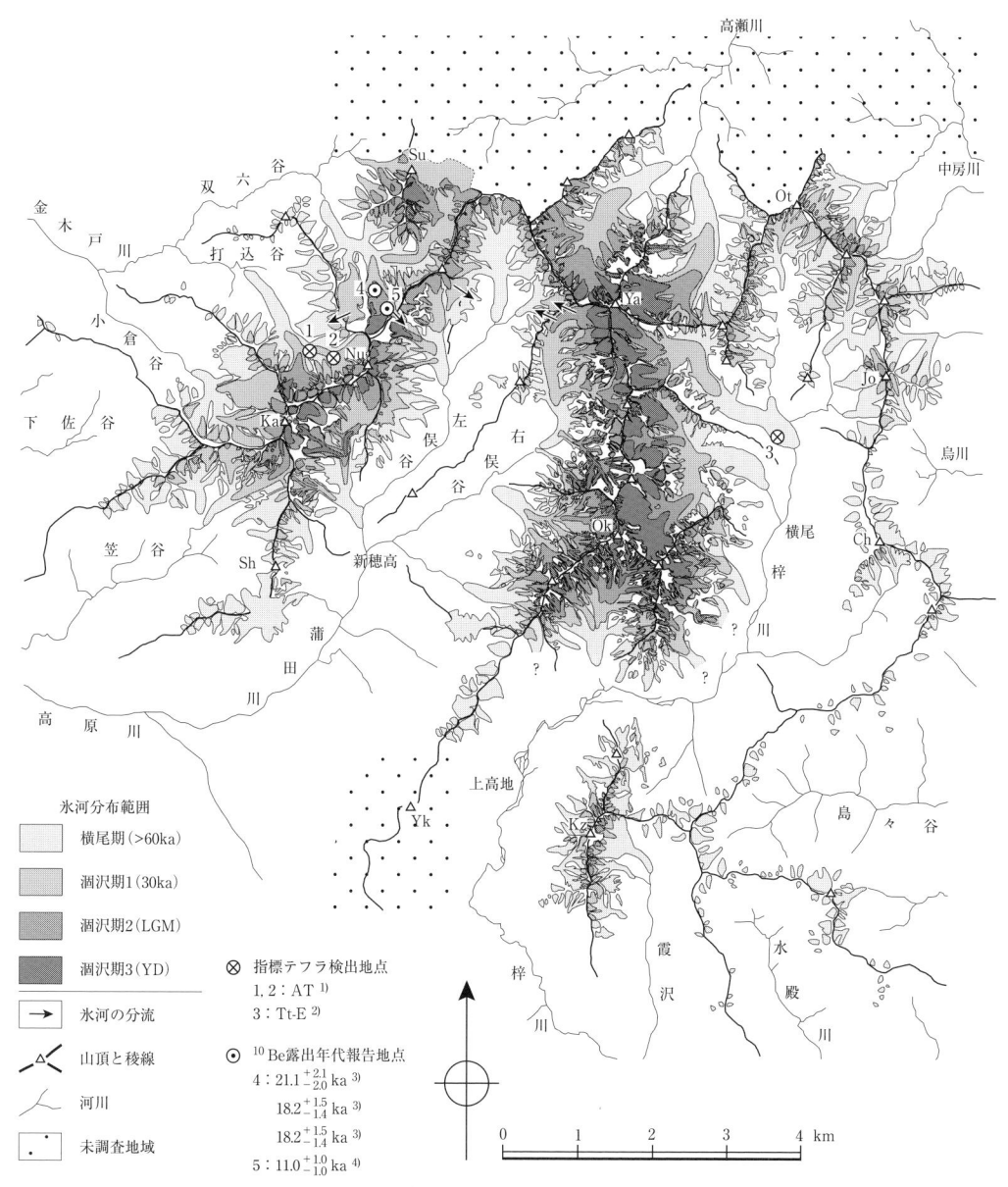

図 3.1.1　飛騨山脈南部における氷河地形の分布　Sh：錫杖岳，Ka：笠ケ岳，Nu：抜戸岳，Su：双六岳，Yk：焼岳，Ok：奥穂高岳，Ya：槍ケ岳，Kz：霞沢岳，Ch：蝶ケ岳，Jo：常念岳，Ot：大天井岳．[1) 長谷川，1992；2) 伊藤・正木，1989；3) 青木，2000；4) Aoki, 2003 をまとめた長谷川，2006]

規模で，下流にアウトウォッシュ段丘が発達しない．これはもともと氷河が小規模にしか発達しなかったことや，氷河後退後の侵食・堆積作用が激しかったためと考えられる．現在認められている最大規模の氷河地形は白馬岳松川や槍ヶ岳槍沢で，長さ 8 km 程度，比高 1500 m である（図 3.1.1；写真 3.1.1）．

後期更新世の氷河前進期（氷河地形の分布と編年）

　上記氷河地形やその堆積物の形成年代は，現在では指標テフラの数が増え，分布や噴出年代が明らかになるにつれ，それとの層位関係から推定されることが多くなった．前述のように，各テフラは放射年代法のほか，周辺海域における海底コアの同位体ステージや花粉層序，段丘

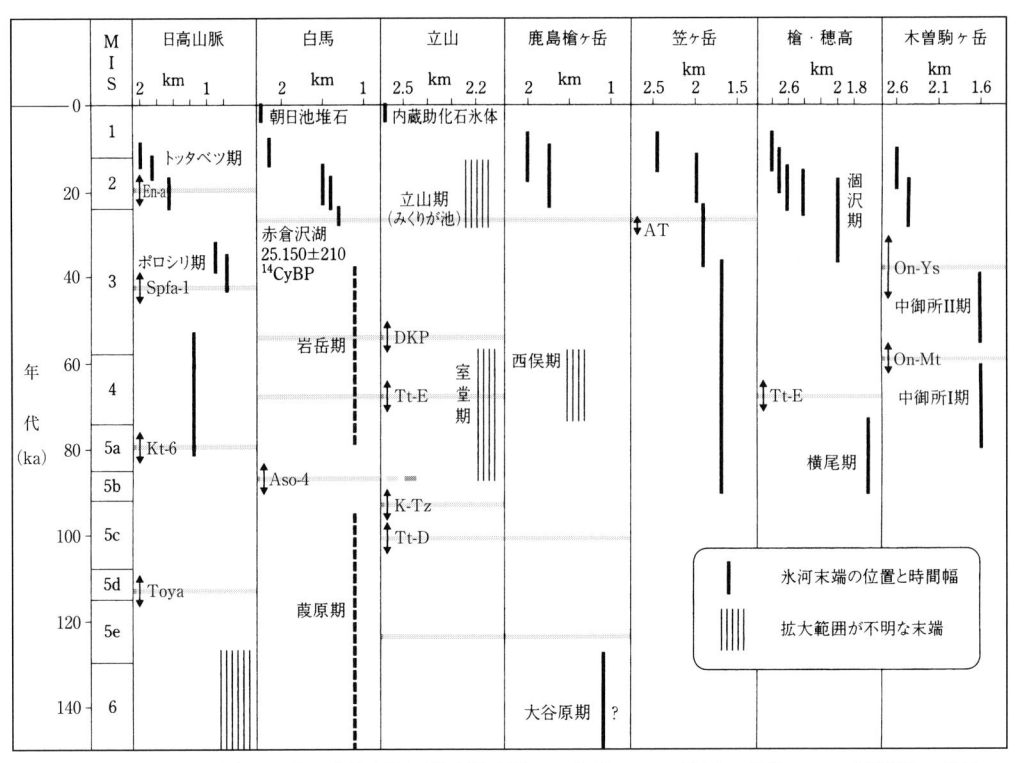

図 3. 1. 2 140 ka 以降の日本の山岳氷河の拡大期［岩田・小疇, 2001；町田・新井, 2003 を改訂］ 縦軸に時間，横軸に氷河末端の海抜高度（km）をとった．氷河拡大範囲の一部は小疇（1984）の表に基づく．太い破線は認定に問題があるもの．各テフラの年代は矢印の範囲．

層序などから噴出年代が求められ，しかも新資料が得られるたびに改訂されている．その結果日本の山岳における氷河の前進期は次のようであったと考えられる（図 3. 1. 2）．

最終氷期の MIS 4, 3, 2 にはそれぞれ氷河が前進し，写真 3. 1. 1 のように海抜 2500–2600 m 以上の山頂部に，小規模な圏谷が生じた．谷氷河は圏谷から数 km 下流に流下した程度で，山麓氷河はできなかった．中部山岳と日高山脈の氷河の形成史は，氷成堆積物とテフラとの層位関係に基づいて編まれたが，テフラの年代がわかってくると，両地域ではほぼ同期していたことがわかった．テフラと氷成堆積物との層位関係が最もよくわかっている飛騨山脈立山では，Tt-E テフラ（70-65 ka）の噴出期前後の MIS 4 には，広く氷河に覆われた．日高山脈でも Kt-6 テフラ（80-75 ka）以降の MIS 4 に前進した．その後 MIS 3 には，白馬山麓などで赤倉沢期の氷河の進出が，また日高山脈で Spfa-1 テフラ堆積期（43-45 ka）にポロシリ期と呼ばれるやや大きな前進期があったとされている．北半球では MIS 3 には気候変化が短い周期で繰り返したと考えられているので，このステージのうちのどの段階で氷河が前進・後退したのかはなお検討する必要がある．

MIS 2 に氷河の進出はあったが（立山期とトッタベツ期），MIS 4 や MIS 3 に比べて小さかったことは中部山岳も日高山脈でも共通している．北欧や北米の氷床が MIS 2 に最大に達したのに，日本列島の山岳氷河の最大発達期はそれと異なっていた．その理由については，山岳氷河の発達は地域的な気候に大きく支配されることや，各ステージにおける降水量の違いに由来する可能性などを考慮する必要がある（1-3 節参照）．また MIS 4, MIS 3 と MIS 2 との山岳

氷河発達の相違は，日本列島だけの状況かそれとも世界の山岳に広く見られるのかも検討するべきであろう．

なお MIS 8 以前に形成された氷河地形は，中部山岳でも日高山脈でも確実にはまだ認定されていない．MIS 6 に形成したとされるものもかなり不確実である．

上流に氷食谷をもつ山岳の諸河川では，従来堆石に連続するアウトウォッシュ段丘の存在の可能性が検討されたが，堆石と段丘とが直接連続するところは確認されていない．しかし後述のように，峡谷部から下流の盆地にかけて発達する河成段丘や扇状地は，テフラとの層位関係から侵食と堆積がどこでもほぼ同時に起こり形成されたこと，つまり気候変化の影響を強く受けてきたと考えられる．そこで河成段丘から氷期・間氷期の岩屑供給・運搬の変化を論じることが可能である．

2) 周氷河地形

現在と氷期の周氷河現象

森林限界高度は中部山岳で 2400–2800 m，北海道で 900–1400 m である（図 3.1.3；図 1.3.1 参照）．しかし最終氷期（MIS 4～MIS 2）には中部地方から東北地方の山岳や北海道では，当時の地層（とくにテフラ層）が激しい凍結・融解作用を受けて流動・変形していること（インボリューションなど）が広く観察されているし，北海道ではアイスウェッジキャストが見られる（写真 3.1.2A, B）．これらは最終氷期における化石周氷河現象と考えられる．

このように最終氷期には，日本では森林限界は大幅に低下し，中部地方では森林限界はおよ

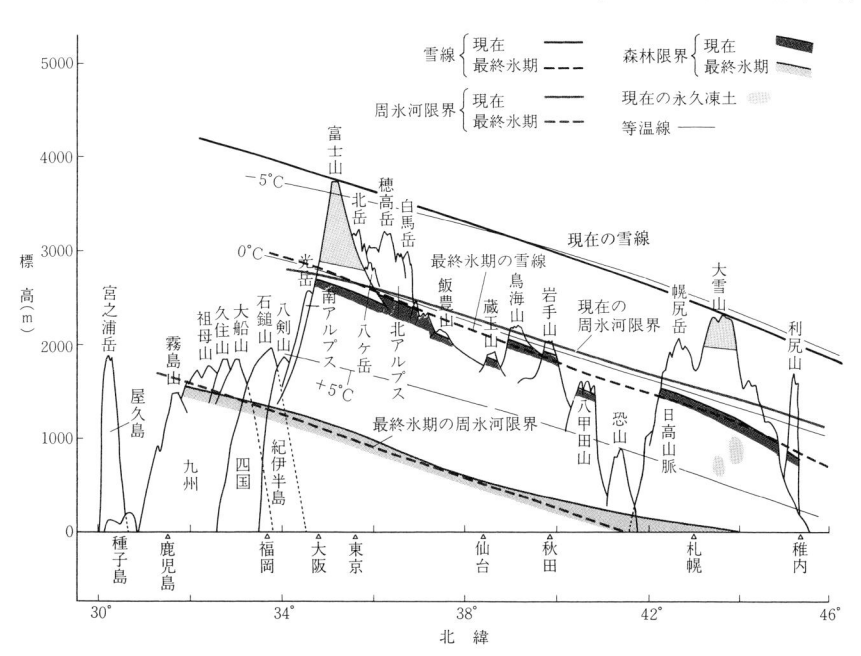

図 3.1.3 現在と最終氷期の雪線高度，森林限界などの分布 [貝塚・鎮西, 1986; 岩田・小疇, 2001]
現在の雪線は気温や越年性残雪の分布からの推定で，日本海側の山地ではこれより低いと考えられる．等温線は年平均気温を示す．現在の周氷河限界は北アルプスと大雪山の平均的な限界の高さを直線で結んだ．この線は森林限界と一致している．実際にはこれよりも低い山の山頂部の裸地に構造土が見られることが少なくない．最終氷期の雪線と周氷河限界は，氷河地形と化石周氷河地形の分布に基づいて引かれた．いずれも現在より約 1700 m 低下している．

写真3.1.2 A：最終氷期における化石周氷河現象の例［1991年三浦英樹氏撮影］ 北海道頓別平野の化石凍結割れ目構造（アイスウェッジキャスト）．
B：インボリューションの発達した最終氷期（MIS 2-3）の屈斜路1とその上位のテフラ［1984年新井房夫氏撮影］ 北海道斜里町．上部の厚いテフラは西別止別テフラ．

そ海抜1000-1200 m付近まで，北海道では約200 m以下にまで低下したと考えられている（図3.1.3）．当時の森林限界以上が周氷河地域であったとして，これと後氷期のそれとを比べると，中部地方の山地や北海道では氷期における周氷河地域が広かったことがわかる．こうした復元された景観は，MIS 4～MIS 2のすべての期間に同一であったとはいえないが，寒冷で高山草原や裸地が間氷期のそれより広かった期間が60 ky近く続いたので，この間に周氷河作用が生産した岩屑は，間氷期に比べて格段に多く，それの流下・堆積は山間部の谷や山麓斜面の地形に大きく影響したはずである．

周氷河作用の影響と見られる斜面地形も多い．飛驒山脈や赤石山脈などの山地斜面では，険しく刻まれた一次の谷（完新世MIS 1に形成，現在も削剝が盛んな谷）の中間の斜面には，なだらかで上に凸形の斜面が普通に観察され，クリープ（周氷河性？）でできたと考えられている（町田，1979；小口，1988）．赤石山脈の野呂川流域において谷に面した谷型斜面の周囲に尾根型斜面と呼ばれた同種のものが分布している（渡辺ほか，1957）．尾根型斜面では岩屑が基盤岩を多かれ少なかれ覆っている．

斜面における岩屑生産が，現間氷期のように密な植生下での風化によるものと，氷期的環境でできたものとがどれほど異なっていたかを量的に判定するのは難しい．それよりも斜面から河川への岩屑の運搬に果たす流水の役割が氷期と間氷期とで異なっていたに違いない点は，谷の地形を考える場合に重要である．地震による斜面崩壊は気候変化とは関係なく氷期にも起こっていたであろう．現在斜面から岩屑を運搬するのは，豪雨時の洪水流や土石流である．同種の現象は日本では氷期にも起こったであろうが，その強度と頻度は間氷期に大きく，氷期に小さかったに違いない．それは氷期の東アジアにおける梅雨前線や台風の活動と位置の問題とに関わっている（1-3節参照）．

(2) 気候変化の影響を受けた河成段丘地形

1) 後期更新世における河川の堆積と下刻史

　完新世の日本の河川は，海面上昇による海進が氷期の陸地を水没させた結果，河口部で三角州ないし扇状地を発達させている．その地形は沿岸部の地形勾配と大陸棚の幅に規定される．ところが河川中・上流部にいくと，水流は一般に基盤岩を深く刻み，せまい谷底と急な谷壁をもつ峡谷の景観が普通に見られるようになる．そこには現河床より高い平坦な河成段丘面が発達することが多く，河川が下刻する前には，現在より広い氾濫原がひろがっていたことがわかる（写真 3.1.3）．段丘のうちには堆積物は厚く，かつて下刻により掘られた深い谷を広く埋積したものがある．このような河川の作用の変化と気候変化との関係は，日本ではテフロクロノロジーによる発達史研究で究明できる．

　日本の河川の中で，相模川は河口部に大陸棚がほとんどなく，深い海底が迫っているため，海面変化の影響が河川下流部に容易に伝わるという条件をもつ河川である．また流域は富士山や関東山地を含む高い山地からなることもあって，流域における環境変化が岩屑の生産・供給に変化をもたらし，河川の侵食・堆積を大きく規定する河川でもある．しかもその中流～下流部は富士火山の風下わずか 50-60 km に位置するので，この火山などに由来するテフラが厚く段丘面上や地層中に堆積していて，時間指標となっている．また，このテフラ層序と気候・植生史との関係も，直接的には 80 ka 以降解明されている（佐瀬ほか，2008）．このため相模川の地形発達史は，ほかの地域の標準となる資料を提供している（貝塚・森山，1969 など）．

　相模川下流と河口部には，MIS 2 の海面低下期に深い谷が刻まれた．この谷底は沖積層下に埋もれていて，急勾配をなす．そして河口から約 20 km 上流で現氾濫原と交差し，それより上流側ではやはり急勾配の陽原面（約 25-22 ka）に続く（貝塚・森山，1969）．相模川沿いの段丘面と現河床との投影縦断面（図 3.1.4）を見ると，現河床の縦断面形は M（陽原面）や T（田名原面）など MIS 2-3 のものより曲率が大きい．M や T など沖積層下に埋没する段丘面は，

写真 3.1.3　相模川中流部（相模ダムの下流）で上空から見た広い段丘面（最終氷期の堆積面）と完新世の峡谷［2008 年相模原市撮影］

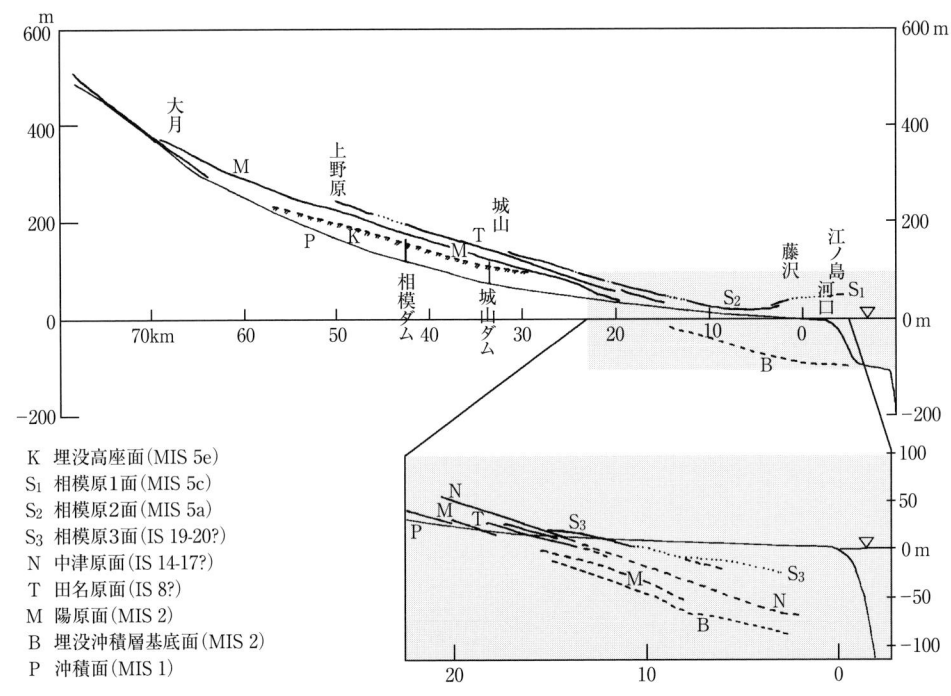

K 埋没高座面（MIS 5e）
S₁ 相模原1面（MIS 5c）
S₂ 相模原2面（MIS 5a）
S₃ 相模原3面（IS 19-20?）
N 中津原面（IS 14-17?）
T 田名原面（IS 8?）
M 陽原面（MIS 2）
B 埋没沖積層基底面（MIS 2）
P 沖積面（MIS 1）

図 3.1.4　相模川の段丘縦断面形［相模原市地形地質調査会，1986；久保，1997］　IS は MIS 2-4 のうちの亜間氷期ステージ．

MIS 2 以前（とくに MIS 3, 4）の河川下流部の地形と海面高度を知る上で役立つ（久保，1997）．

MIS 5e には中上流部の河川は MIS 1 と同様，著しい下刻の傾向にあった．その谷は MIS 5d 以後次第に埋積し，MIS 4 をピークにして MIS 3 のころに一時多少の下刻を行ったが，その後は MIS 2 の前半まであまり変化しなかった．そして MIS 2 のピーク（26-19 ka）を過ぎると，一転して急速に下刻するようになったことが知られている（図 3.1.5 右から 2 番め）．

相模川と似たような河川中流部の侵食・堆積史は，ほかの地域の河川でも読み取ることができる．図 3.1.5 左の 6 例は MIS 6 以降の中部地方諸河川の河床変動を示す．河成段丘の発達には，ローカルな火山泥流や火砕流などのイベントが影響した例（木曾川など日本には例が多い）もあるが，それは侵食・堆積の傾向を大きく乱すものではなかったようで，各地で河川による堆積と侵食（段丘化）はほぼ同期して起こったと考えられる（町田，1979）．北海道日高山脈の東西の河川が形成した地形でも，本州中部地方におけるものとおよそ同様な発達経過が読み取れる（平川，2003）．また上記した氷河の消長史と比べると，MIS 4 または MIS 3 と MIS 2 の前半に河川中流部で堆積がピークに達したこと（堆積面の形成）がわかる．また顕著な下刻は MIS 5e と MIS 1 の前半に起こった．

相模川の場合，MIS 5e 以前の河成地形では，中流部の大沢面が大きな谷を埋積した堆積面である．伊那谷では広い扇状地性の堆積面（六道原面・赤坂面）がそれで，いずれも 100 ka の On-Pm 1 とその下位の厚い古土壌に覆われているので，MIS 6 に形成されたと見られる．この最終氷期の 1 つ前の大きな氷期に生じた堆積段丘面は一般に広く発達している．

松本盆地や伊那谷，釜無川などでは，上記 MIS 6 に対比される段丘面とその崖が Tt-D や On-Pm 1〜On-Mt といった MIS 5c 以後 MIS 4 までに降下・堆積したテフラ（約 100-60 ka）

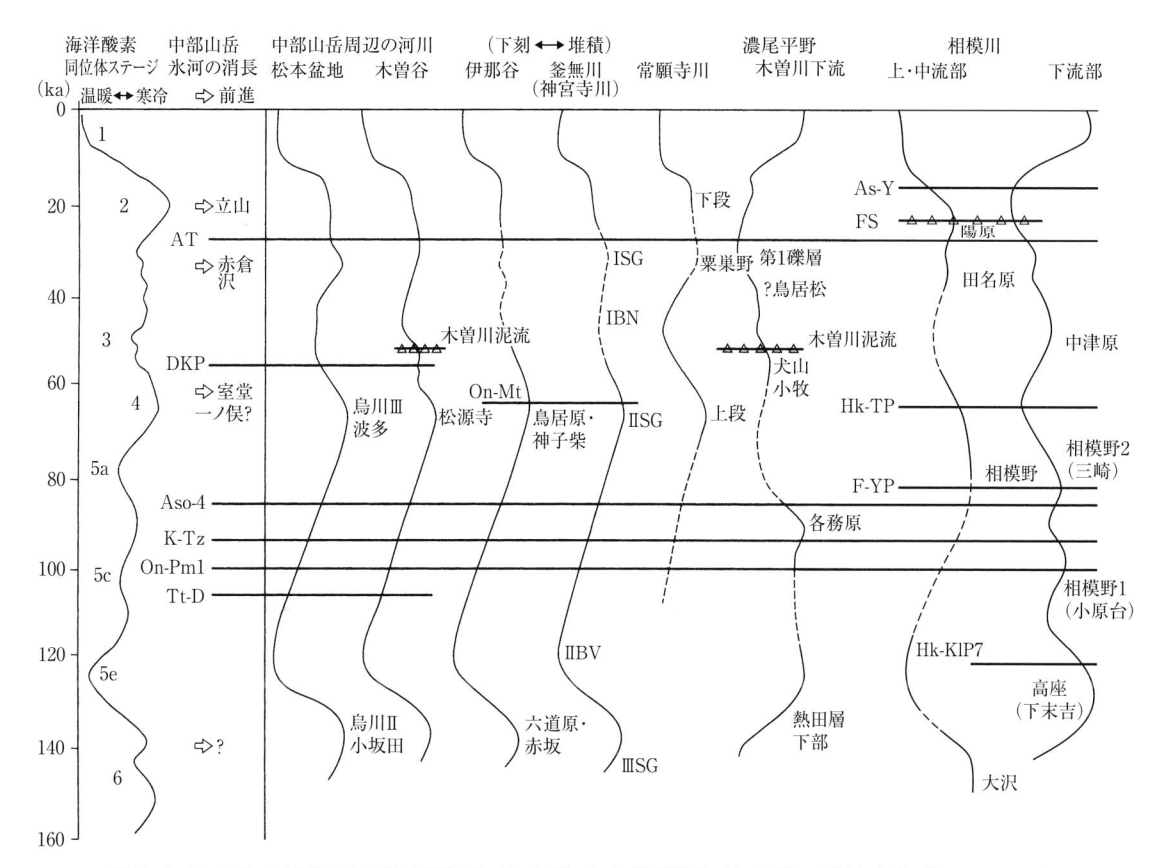

図 3.1.5 MIS 6 以降の中部地方諸河川（左 6 例）および相模川（右 2 例）の河床変動［町田，2006 を改訂］　河成段丘から推定される後期更新世〜完新世の河床の下刻と堆積．下刻・堆積による河床変動量は最大で 100 m あまり．地名や記号（釜無川）は段丘面の名称．指標テフラの名称 As-Y：浅間立川上部ガラス，FS：富士相模川泥流，AT：姶良 Tn，DKP：大山倉吉，On-Mt：御岳三岳，Hk-TP：箱根東京，F-YP：富士吉岡，Aso-4：阿蘇 4，K-Tz：鬼界葛原，On-Pm 1：御岳第 1，Tt-D：立山 D，Hk-KlP 7：箱根吉沢下部 7（ほかに多数あり）．

に覆われ，かつこれらのテフラはこの段丘を刻む谷を埋める堆積物中に次々にはさまれている．寒冷化に向かうこの時期に河谷の埋積は比較的ゆっくり進行したことがわかる．

　この堆積段丘面は 60-50 ka 以後徐々に洗掘・下刻されるようになった．その間 MIS 3 に若干の下刻そして埋積が起こったが，このとき堆積した砂礫層は，その前の堆積物に比べると薄い．MIS 2 段丘の堆積物は一般に薄いが，山間部から山地縁辺部に形成された扇状地は，古い段丘面を覆って広く発達することが多い．富山湾に面した急勾配の河川をもつ平野では扇状地の主体は MIS 2 に形成され，MIS 1 の砂礫層（沖積層）はそれを薄く覆い，沿岸のみに堆積面（三角州）を発達させている．

2）最終氷期終焉期〜完新世における河川の変化

　図 3.1.6 は 20 ka から 6 ka までの激しい環境変化を，標準的な世界の例と日本の資料を比較するために編集したものである（町田，2009b）．この中のコラム⑨は河床変化を示す．中上流部では 20 ka 前後から，相模川など河川はいっせいに下刻傾向に入り，おそらく 15 ka 直後から急速に低下したと推定される．中流部河川の下刻が完新世でなくすでに最終氷期極相期

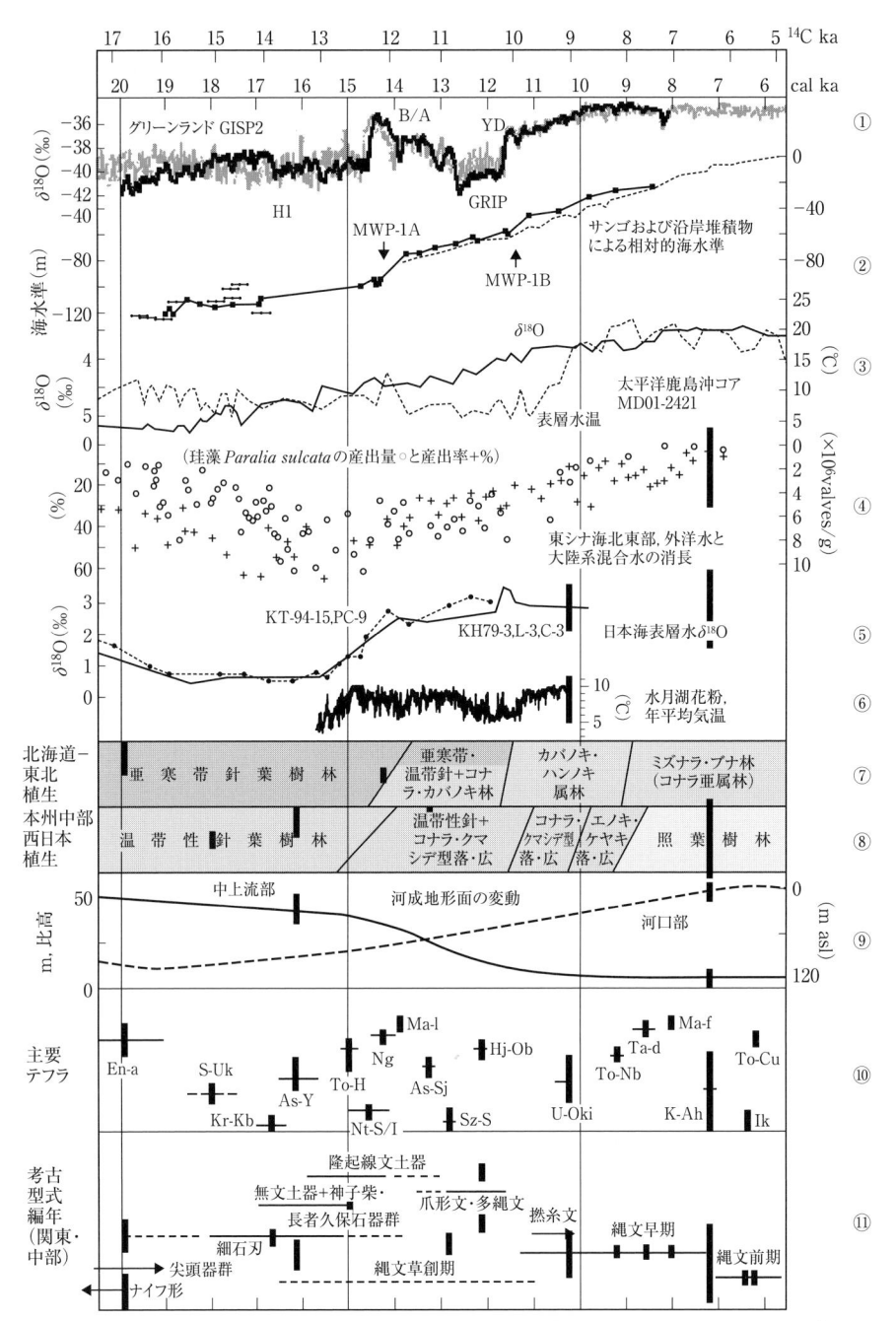

図 3.1.6　**LGM から完新世初期までの環境変化**［町田，2009b］　主に日本における諸種のプロキシの変化と氷床・海面・海洋・陸域植生・河成地形変動と考古編年．［① Stuiver and Grootes, 2000; Dansgaard *et al.*, 1993; ② Fairbanks, 1989; Bard *et al.*, 1996; Yokoyama *et al.*, 2001; Hanebuth *et al.*, 2000; ③ Oba *et al.*, 2006; ④ 谷村ほか，2002; ⑤ 大場ほか，1995; 奥村ほか，1996; ⑥ Nakagawa *et al.*, 2005; ⑦, ⑧ 辻，1997; ⑨ 相模川の例；町田，2006 参照; ⑩ 町田・新井，2003 参照; ⑪ 工藤，2005; Kudo, 2007］

(LGM，23-19 ka) にはじまっていたことは注目されよう．このころから降水―流量条件が変化しはじめた可能性がある．相模川中流部の場合 21 ka ごろ以後に降下した立川ローム上部のテフラは，現河川に面した段丘崖を被覆し，そして現河床からわずか数 m 高まった低い段丘上には，約 10 ka 以後のテフラと土壌がのる．したがって，この間に河床は数十 m 低下した

ことがわかる．このことは氷期から植被密度や流量が増大したと考えられるベーリング/アレレード（B/A）亜間氷期（図3.1.6の①）へ変わる約14.6 kaと，ヤンガードリアス（YD）亜氷期（図3.1.6の①）直後の11.7 kaには，侵食は加速的に進んだに違いないが，河川の下刻はそれ以前からはじまっていたことを示している．何らかの局地的なイベント（相模川の場合，富士山からの火山泥流の堆積など）の直後に掘られたせまい主河道に洪水流が集まり水深が増すために加速化した場合もある．

詳しい気候変化史がわかってきたMIS 2からMIS 1への移行期では，河川の下方侵食は急速に進行したのに対して，前述のように間氷期から氷期にかけての堆積は遅かった（図3.1.5）．気候変化につよく影響された岩屑供給量と流水の運搬力（洪水の頻度と強度）のバランスの変化を解析するには，条件の違う川での比較や，量的な資料が必要である．また河床変動は細かい気候変化すべてを反映しているわけではなく，河川の侵食・堆積の履歴（地形）にも影響される．MIS 5dから4にかけて谷の埋積が進んだのは，MIS 5eに勾配の緩やかな深い谷ができていたことが重要である．

3）河成段丘形成に影響した地殻変動

一般に同じ横断面ではMIS 5eに生じた谷底は現在の谷底より高い（相模川の場合：図3.1.4参照）．またMIS 6の段丘堆積物に埋没している谷底（MIS 7に形成）の高さもMIS 4下の埋没谷底（MIS 5e）より高い．同様にMIS 6の河成段丘面は，新期の堆積段丘（MIS 4など）より高位置にある．比高は面の時間差に比例して大きくなる傾向がある．これは河川中上流部でテクトニックな隆起が第四紀後期に継続していることを示すのであろう．

地形からはなかなか明らかでなかった内陸地域での第四紀後期の地殻変動（とくに隆起）の平均速度は，このような河成段丘の地形と堆積物を用い，過去の間氷期の谷底ごと，氷期の段丘面ごとの高度を比較して推定する試みがある（吉山・柳田，1995）．これは興味深いが，その信頼性についてはいくつかのチェックすべき点があろう．段丘の対比・年代の信頼度，同時代の埋没谷底の完全な復元，海岸地域で海成段丘から知られる地殻変動速度とのクロスチェックなど．また各氷期と間氷期それぞれの各環境レベルの異同なども検討すべきである．

（3）中期更新世以降の間氷期に生じた地形

これについて日本とその周辺で観察されるいくつかの事項を記す．

間氷期における中上流部の谷の規模

前述のように日本の中流部河川は10 kaには河床はほとんど現在のレベルまで掘り下げ，その後現在までの間に側侵食を行い，両岸に硬い岩盤が露出するところ以外では横幅をひろげつつある．過去の諸間氷期につくられた埋没谷底の幅は，侵食環境の安定度，その期間の長さの尺度と考えられる．相模川ではMIS 5eには完新世の谷地形より広かったという結果が得られている（相模原地形地質調査会，1986）．しかし，他の事例ではさほど埋没谷底の詳しい復元が進んではいない．

間氷期における海進と段丘地形の規模

段丘の基盤地質の条件が同じであるなら，沿岸部で間氷期に形成された堆積面の広さは，海

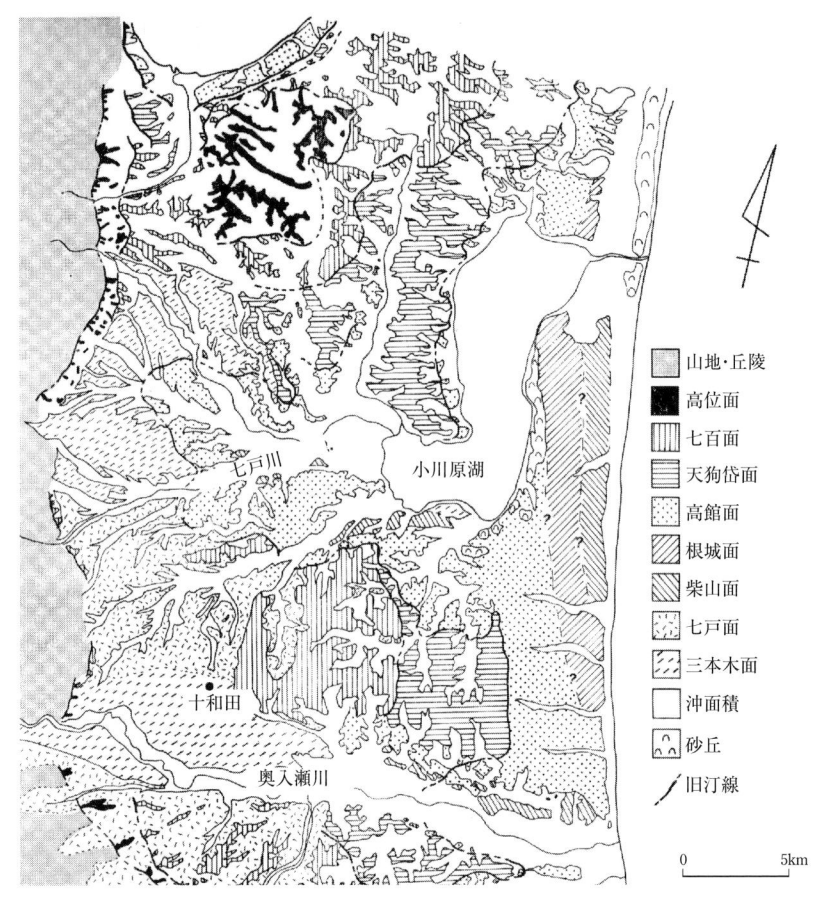

図3.1.7 東北地方上北平野の段丘群 [Miyauchi, 1987] これらの段丘のうち海成の七百面は MIS 9 に対比されていたが（宮内, 2005），この面形成後堆積した八甲田第2期火砕流堆積物の K-Ar 年代（約 400 ka；工藤ほか, 2004）に基づくと MIS 11 に対比される．天狗岱面は MIS 7 よりも海進の規模より大きかった MIS 9 に対比されよう．

進の規模や安定した高海面の継続期間，海進を受けた地域の地形・地質に関係すると考えられる．同一地域で各間氷期の地形・地層が見分けられるなら，下流部における海進規模が比較できる．東京湾や鹿島方面に流下する関東平野の大部分の河川の場合には，緩勾配のために中期更新世のどの間氷期の海進も内陸深くまで達し，三角州を発達させた．中期更新世以降の5回の間氷期の堆積物をテフラと花粉化石で識別し，それぞれの海進範囲を比べると，荒川流域では MIS 11 と 9 に最も内陸まで海進が及び，ついで MIS 5e, MIS 7 と MIS 1 の順にせばまったと考えられている（松島ほか, 2006）．これはこの地域のテクトニックな影響と古地理の違いも影響するが，基本的には各間氷期の海面高度の違いに由来する現象であろう．

同じ地域で数段の海成段丘が保存されており，しかも編年されている地域はまだ少ないので，結論的なことは導き難いが，そうした条件をもつ地域として東北地方の上北平野が挙げられる．ここでは MIS 1, 5e, 9, 11 に対比できると考えられる4段の面（それぞれ沖積面，高館面，天狗岱面，七百面）が発達している（図3.1.7）．ここでは高館面（MIS 5e）の旧汀線高度から推算すると，平均隆起速度は約 0.3 m/ky である．これらのうち七百面は最も広い面で，このことは MIS 11 が中期更新世の間氷期の中で最も長期間安定的に継続したことになる．なおこ

の面の旧汀線高度は海抜100 m をこす.

気候変化と海面変化が地形形成に影響する範囲

これまで河川の下流，中流，上流部という用語を相対的な位置として使ってきたが，地形形成過程と関係させると，間氷期に海進による堆積が，また氷期に海退による下方侵食が卓越する部分を下流部とし，間氷期に下方侵食が起こり氷期には堆積傾向になった部分は中流部（小流量で下刻量が小さい上流部も含む）ということになろう．海進・海退が河川に影響する範囲については，平野の勾配により異なるが，日本の河川は一般に急勾配であるため，一般にせまい．したがって中上流の段丘地形は，もっぱら気候変化の影響（流量や岩屑量の変化）に規定されてきたと見なされよう．

間氷期—氷期の気候・海面変化はさほど単純ではなかった．MIS の奇数番号（MIS 3 を除く）の間氷期にも，温暖化や海面上昇の程度には個性があった．亜間氷期の場合，気候変化に対して河川はどのように反応し振舞ったかは，個々にはあまり分析されていなかった．

(4) 最終氷期以降の古地理の変化

最終氷期以後の温暖化—海面上昇は，顕著な海進と古地理の変化をもたらしたのみでなく，海流や風系を変化させて日本列島の諸環境を大きく変化させた（図 3.1.8）.

図 3.1.6 の②の海面変化曲線に基づくと，地殻が安定で氷床から遠い地域の沿岸では，海面は約 15 ka には -100 m とまだ LGM のレベルに近かったが，14.6 ka 頃の融氷水パルス（MWP）1A イベントで急上昇した．その後の上昇はやや緩慢であったが，12 ka には -60 m 付近になった．ヤンガードリアス終了後海面は再び急上昇し，7 ka にはほぼ現在のレベルに達した（上昇量と時期はハイドロアイソスタシーと地殻変動によって地域的に若干異なる）．氷期には長く陸地であった各地の低地（相模湾，駿河湾，富山湾を除く現在の内湾）や瀬戸内海など大陸棚は急速に海水に覆われ，対馬海峡や津軽海峡はひろがって外海（東シナ海や太平洋）と日本海の海水が交流できる通路になり，宗谷陸橋も海峡になった．現在の海岸平野や河川下流部の低地は，このときに生じたリアスの海湾が埋積されたものである．

日本の古気候資料では，全体として 16 ka 以後，氷期モードから間氷期モードへの変化が見られる．その中で，グリーンランドの氷床コアと似た，段階的で急激な気候変化が認められたのは水月湖の花粉記録である（Nakagawa et al., 2005）．ここでは植生に見る温暖化がグリーンランドより 500 年以上早かった（図 3.1.6 の⑥）.

太平洋鹿島沖コアで表層水の温暖化が顕著になるのは 10.5–10 ka である（図 3.1.6 の③）. これは，この海域に黒潮が達した年代を示すのであろう．黒潮前線は四国沖には約 17 ka，遠州沖には 15.3 ka，房総沖には 11.2 ka に到達したと報告されている（図 3.1.8；大場・安田, 1992）.

九州西方の東シナ海北東部において，大陸系沿岸水の指標となる珪藻 *Paralia sulcata* の産出量の変化から，大陸系沿岸水は 15 ka に最も東へ張り出した後，一時急に後退し，13–11.5 ka のゆるやかな後退と，その後急に陸側へ後退しやがて安定化した．この一連の変化は，LGM 以降の大陸の海岸線の変化と夏季モンスーン消長の結果と考えられた（図 3.1.6 の④；谷村ほか, 2002）.

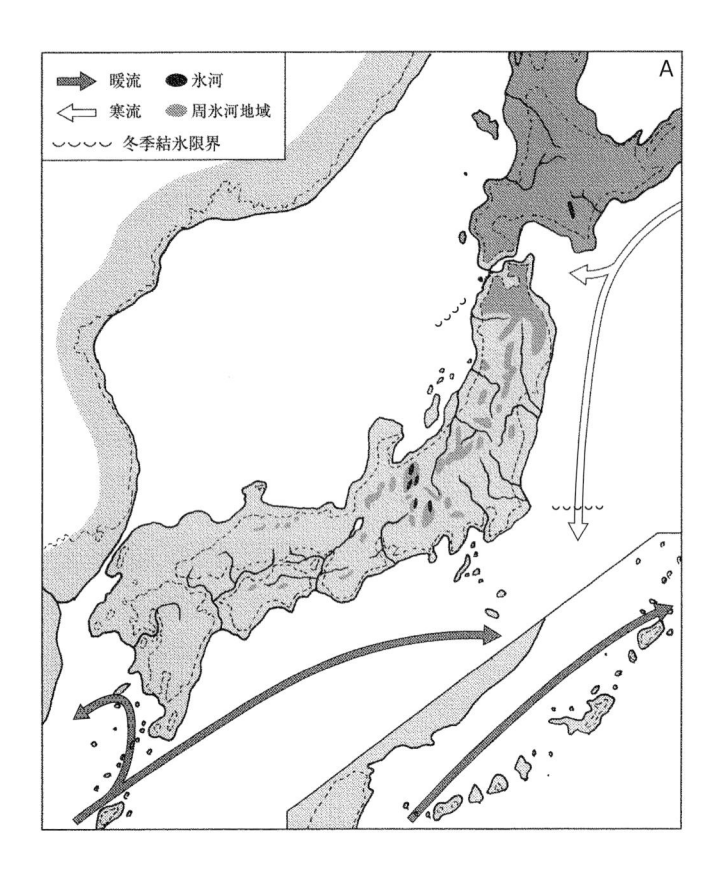

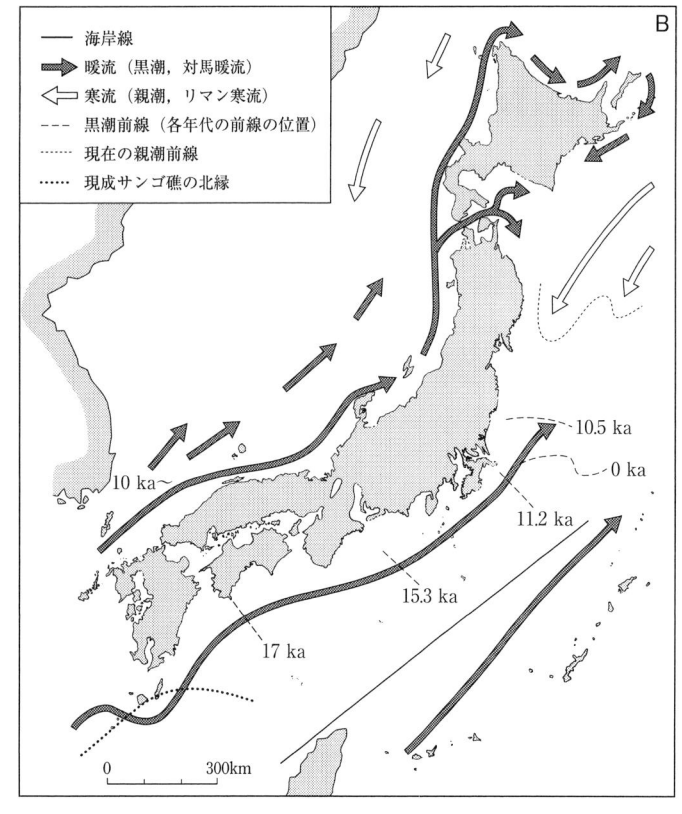

図 3.1.8 日本列島の古地理図 [鎮西・町田, 2001 に加筆] A: 最終氷期の約 20 ka, 冬季結氷限界の位置は, 日本海側は Ikehara, K. (2003) J. Oceanography, **59**, 585-593 に, 太平洋側は Irino (準備中) による. B: 完新世の約 7 ka.

日本海には，氷期にほとんど外洋水が流入しなかったが，その末期に隠岐堆・秋田沖のコア記録では表層水にほぼ同時に類似した変化が起こった（図3.1.6の⑤）．すなわち浮遊性有孔虫のδ^{18}Oは15.5 kaまで低い値が続いた後，15.5-14 kaに一転して高い値になり（外洋から親潮が流入），緩やかに変化した後，急に暖流の流入を示す変化があった（Oba et al., 1991; 奥村ほか，1996を基礎に暦年較正）．ただし本格的な対馬海流は10 kaごろかそれ以後（U-Okiテフラ降下の後）に流入したと見られている（新井ほか，1981; 大場・赤坂，1990）．

　このように列島周辺の海洋環境を変化させた黒潮・対馬海流の発達は，海面上昇に伴う古地理の変化，海水の温暖化やモンスーンの変化の影響を受けてきた．地域的な気候と植生・動物相など陸上生態系も両海流の発達につよく影響された．日本海側の冬季の豪雪の開始，現在の山地植生帯の成立，さらに南西諸島のサンゴ礁の発達など，生態系やそれに関係する地形も大きな影響を受けたことがわかっている．たとえば森林限界が上昇した過程は，11 ka以降の急速な温暖化より遅れ，立山，白山などで森林限界がほぼ現在の高さに達したのは8.5-6.5 kaであることが，花粉化石から調べられている（守田，1998）．

　図3.1.6の⑦，⑧，⑪には植生の変化と先史文化の変遷が示される．先史文化は環境の変化に大きく影響されたと考えられている（辻，1997）．大きな変化期は11.7 kaの融氷水による海面上昇，水月湖花粉に見る温暖化の時期に合う．この温暖化・海進がとくに激しかった時期の先史文化が，縄文草創期にあたり，隆起線文土器の時代後半と，爪形文・多縄文土器から撚糸文土器文化にかけての時代である（工藤，2005）．食料資源としてより有用な広葉樹林の拡大は，人間の生業活動に大きく影響したであろう．

　図3.1.6の⑩などに太い縦線で主要テフラの層位を示したのは，テフラが日本各地の考古遺物包含層，海成層，湖成層などに介在して編年の基準層となり，その分解能を高め，また諸環境変化の関連や先史文化との時間的関係を知るのに役立っているからである．テフラによる編年は1-4節で述べたように火山国日本の特色である．

3-2 第四紀後期の海面変化に関連する沿岸部の地形発達

(1) 間氷期，後氷期における海進と海成段丘の形成

1) 海成段丘とその分布

　海水準が一定の間安定していると，その海水準に対応した地形が形成される．波食によってノッチや海食洞が波打ち際にでき，それらによって基部をえぐられた斜面では崩落によって急な海食崖ができる．一方海側では，平均海面下で波の侵食によって海側に緩傾斜する海食台ができ，それは波食の限界深度である-10～-15 mまで続いている．ときには，潮間帯には波食と乾湿の繰り返しによる風化作用によって波食棚が形成されることもある．これは干潮時のみに露出し，緩傾斜した泥岩・砂岩互相などの差別侵食によって小規模なケスタ状の地形を呈することが多い（砂村，2001）．

　これらの地形が離水すると，平坦な段丘面と急な段丘崖をもつ階段状の地形が形成される．これを海成段丘と呼び（写真3.2.1），日本列島の隆起域の海岸を特色づけている．段丘面の

写真3.2.1　室戸半島の海成段丘［1997年前杢英明氏撮影］　土佐湾北東岸吉良川北方．中央の広い段丘面は MIS 5e，海岸線に沿う低い段丘面は MIS 1 に形成された．ここでは，旧汀線高度は前者で約 200 m，後者では約 10 m に達する．隆起速度から見ると，MIS 5c, 5a などの段丘の存在が推定されるが，ここでは侵食によって消失している．

内縁は旧汀線を示し，外縁は離水後に形成された海食崖で境される．同時代に対比される旧汀線の現在の高度分布は海岸域における地殻の上下変動の指標となる（2-2節参照）．なお，現成の海岸で見られる上記の波食棚と海食台という一連の地形は，段丘面においては識別できないことが多い．また段丘面上には海食台を覆う薄い（厚さは通常 2 m 程度以下）海成の堆積物が見られることが多い．海成段丘は単に海岸線に沿うだけでなくて，海成層からなる大規模な海岸平野が離水して段丘面を構成する場合もある．古東京湾が離水した関東の海成段丘（いわゆる下末吉面）は，このような大規模な海成段丘の例である．

日本列島のような隆起の顕著な地域においては，第四紀後期に繰り返された海水準変化（1-4節参照）の痕跡は時代を異にする段丘として陸上に現れ，古い段丘ほど隆起して高位に位置する．日本列島の沿岸では，北海道沿岸，下北半島から北上山地や阿武隈山地の東麓の太平洋岸，南関東，御前崎，渥美半島を経て紀伊半島，四国沿岸の西南日本外帯，九州東岸，日本海沿岸では津軽半島，能代平野，男鹿半島，朝日山地山麓，能登半島，丹生山地沿岸から丹後半島沿岸などにかけて複数の海成段丘が発達する（日本第四紀学会編，1987a；Ota and Omura, 1991；Ota et al. eds., 1992；小池・町田編，2001 など）．段丘の幅は海岸に沿う山地の傾斜や地質によって異なり，わずか 200-300 m からときには 2-3 km またはそれ以上に達する場合もある．また，現在リアス海岸とされている地域にも海成段丘群が広く発達したり（志摩半島），リアス海岸を縁取って海成段丘が見られたりする（三陸海岸の一部）．亜熱帯の南西諸島にはサンゴ礁段丘がある（3-2節（2））．

2）間氷期・亜間氷期の海進と段丘形成

海成段丘面が，旧河口付近ではしばしば基盤の起伏を埋める厚い谷埋め堆積物からなる場合がある（図3.2.1）．谷埋め堆積物の基底付近では河成堆積物であるが，上方に向かって海成層となる．これは海成段丘域がかつては陸上で河川の侵食を受けていたのが沈水して溺れ谷が埋積され，さらに離水したという，相対的海面変化が繰り返されたことを記録している．多段の段丘が，長期的に継続する隆起とユースタティックな海面変化の和によって形成されたという考えは，中川（1961）などにより提示され，室戸半島において吉川ほか（1964）により具体的に論じられた．吉川ほか（1964）は，谷埋め堆積物をもち，段丘の保存がよく，最も広く連

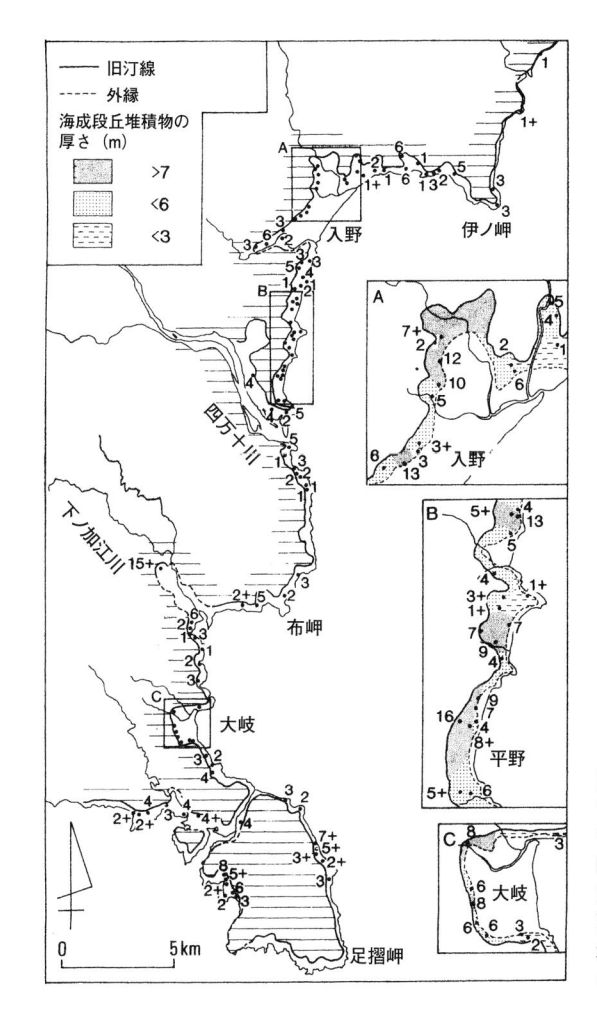

図 3.2.1　MIS 5e の段丘（M1 面）が河口付近で厚い谷埋め堆積物からなる例［太田・小田切，1994］土佐湾南西岸．横線は山地域を示す．A，B，C の数値は河口付近での段丘堆積物の厚さの測定値．厚さは 10 m 以上に達する．本地域の M1 面と MIS 5e との対比は，段丘を覆う砂丘中に広域テフラの K–Tz が存在することから確認されている．

続する M1 面を最終間氷期最盛期（MIS 5e），その上位の同じく海進性の堆積物を伴う H2 面を 1 つ前の間氷期（MIS 7）に対比し（当時は同位体比に基づく 5e, 7 などの名称は使われていなかった），海面変化と地震による傾動隆起の和としての段丘地形の発展過程を説明した．当時は段丘形成期を示す資料がなく，また海面変化の資料も今より限られていたので，このモデルの詳細は後に変更を必要としたが，基本的な考えは多段の段丘の形成を説明するものとして広く受け入れられた．図 3.2.2 はこの考えを模式的に示している．

段丘の年代決定は，サンゴ化石のウラン系列年代，温暖な水温の指標となる貝化石やその放射年代，古地磁気の測定などさまざまな方法が使われるが，日本で広く用いられているのは，段丘面上または段丘堆積物中にある給源と年代がわかる広域テフラの層序関係に基づくもので，1970 年代以降に急速に進展した．テフラ層序と段丘形成期との関係は南関東で，段丘面とそれを覆う関東ローム層の層序に基づいて段丘の新旧が認識されていた（たとえば関東ローム研究会，1956）．多摩丘陵の東縁，多摩川南岸にある高度約 50 m 以下の下末吉台地は，西縁は南北方向の段丘崖（旧海食崖）で多摩丘陵と隔てられる．その西半は平坦な波食台であるが，より東部では基盤の起伏を埋める海成の貝化石を含む谷埋め性の下末吉層からなる．このことは陸上で侵食された谷が海進によって沈水した歴史を記録していることを示す．現在の地形の開

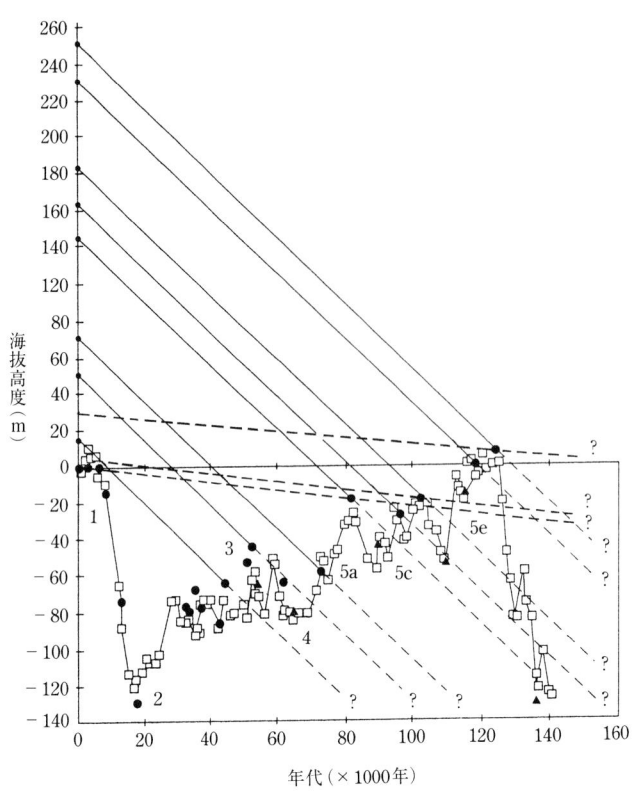

図 3.2.2　隆起速度と海面変化との重なりによる段丘形成を示す模式図［Bloom, 1998 に基づき太田，2001］　実線は 2 mm/年，破線は 0.3 mm/年の隆起速度．隆起速度が大きいほど多段の段丘が形成されることを示す．図中の数字は MIS を示す．●：ヒュオン半島のサンゴ礁段丘で得られた海面変化，▲：層位的に対比されるサンゴ礁段丘間の低海面期（年代未知），□：深海堆積物の酸素同位体比に基づく古海面の位置．（これらの値は Chapell et al., 1996）

析程度は，基盤の起伏と密接に関係している（太田ほか，1970）．このような発達過程をもつ下末吉台地（面）は最終間氷期の海進による段丘面の模式地とされる．この面には下末吉ローム層およびそれより若い火山灰層がのり，下末吉ローム最下部の箱根吉沢下部 6 テフラ（Hk-KlP 6）などの FT 年代から離水期が約 130 ka とされた（町田・鈴木，1971）．三浦半島には小原台，三崎の 2 段の海成段丘があり，同様に覆うテフラの年代が求められ，さらに広域テフラが発見されて，それぞれ亜間氷期である MIS 5c, 5a に相当することがわかった．Machida（1975）は下末吉面の高度に基づく等速隆起を仮定して海面変化をえがいた．各段丘から求められた海進の時期は，パプアニューギニアのヒュオン半島やバルバドス，あるいは南西諸島の喜界島などのサンゴ礁段丘中のサンゴ化石のウラン系列年代から描かれたものとあっていて，これらがユースタティックな海面変化によることを示している．

しかし，指標テフラが識別できない場所もあり，段丘面の離水期の決定に問題を残す場合もある．さらに，MIS 5e の海進に基づく谷埋め堆積物がその後の若い海進で切られ，下位の海進性堆積物とその上の段丘面との年代を区別しなければならない場合もある．このことは多段の海成段丘が発達する能登半島で見られる．能登半島で最も連続する MIS 5e に対比される（後述）M1 面の旧汀線高度は，半島北端で 120 m（隆起速度ほぼ 1 m/ky）に達し，日本海沿岸で最大隆起速度をもつ地域の 1 つである．旧汀線高度は活断層群による不連続をもつが，全

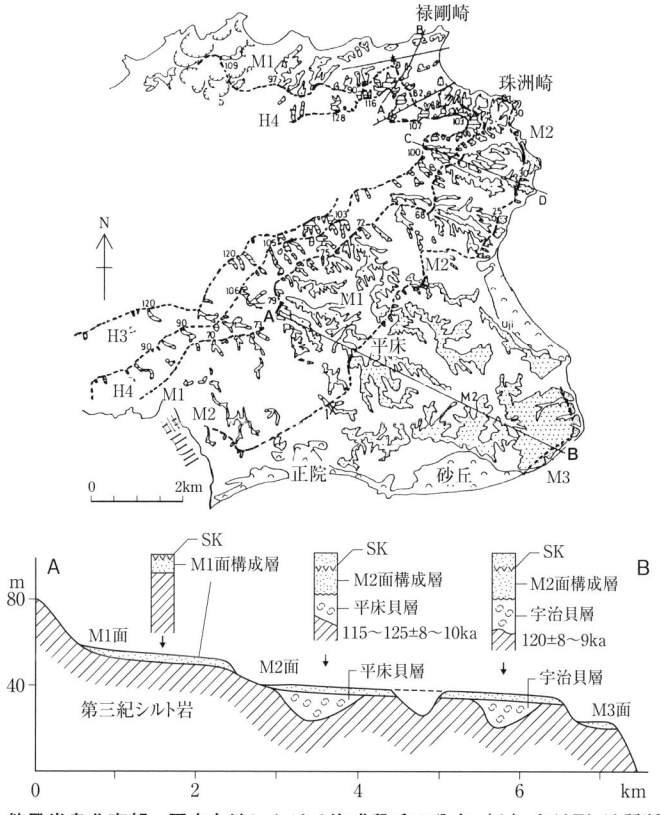

図 3.2.3 能登半島北東部，平床台地における海成段丘の分布（上）と地形・地質断面図（下）
［太田・平川，1979 に基づき，太田・国土地理院，1997 が部分修正；ウラン系列年代は Omura，1980；SK テフラと産状は豊蔵ほか，1991 による］　平床台地における多段の段丘面の存在と，平床，宇治貝層が M2 面堆積物の基盤になっている．

体として南方に向かって約 20 m まで低下する（太田・平川，1979）．半島北東部の平床台地では，H3-M3 面の 5 段の海成段丘が識別される（図 3.2.3 の平面図）．M1 および M2 面はともに薄い海成堆積物をのせる波食台であるが，M2 面構成層は基盤の第三紀層を切る谷を埋める平床貝層，宇治貝層を不整合に覆っている（図 3.2.3 の断面図）．両貝層中に含まれる単体サンゴのウラン系列年代は 115–125 ka（Omura, 1980）である．また，広域に分布する SK テフラ（110–115 ka；町田・新井，2003）は，M1 面では面上に見られるが，M2 面では海成堆積物中に存在する．以上から，M1 面は MIS 5e に，M2 面は MIS 5c に，そして M3 面は MIS 5a に対比される．両貝層の堆積期は MIS 5e にあたるが，現在は直接段丘面を構成せず，M2 面構成層の基盤をなしている．

　隆起速度が 0.5 m/ky に達する平床台地では M2, M3 面が見られ，それらの旧汀線高度（それぞれ約 40 m, 20 m）はほぼ等速隆起と海面変化との組み合わせで推定される高度と調和する．しかし，M1 面の汀線高度がより低い南部ではまれに M2 面があるのみで，M3 面は存在せず，前述した隆起速度と段丘の数との対応が明瞭である．

　日本列島では，一般に MIS 5e の高海面期に形成された段丘がよく連続し，面の保存もよい．上記のように海進堆積物を伴い，その上下の面とは明瞭な段丘崖で隔てられている．その上位には MIS 7, 9，まれにはそれより古期の開析の進んだ段丘があり，これらもしばしば海進性堆

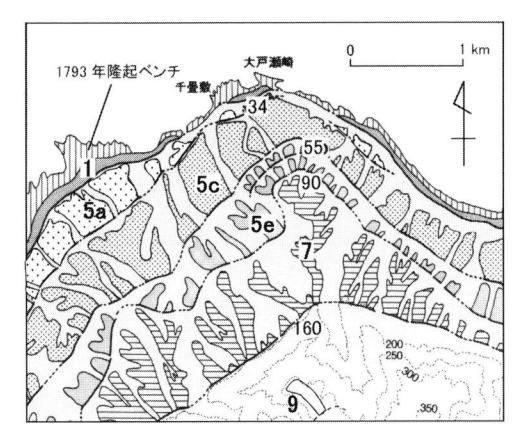

図 3.2.4 隆起地域で MIS 5e の段丘の下位に MIS 5c, 5a の段丘が分布する例（西津軽北端大戸瀬崎付近）
MIS 5e の上位には MIS 7, 9 に対比される段丘があり，海岸に沿っては MIS 1 の完新世段丘と歴史地震によって離水した隆起ベンチがある．段丘原図は太田 (1999)，旧汀線高度および MIS との対応は小池・町田編 (2001) による．

積物を伴う．また隆起速度の大きい（一般に 0.5 m/ky またはそれ以上）ところでは，MIS 5e の段丘の下位に亜間氷期のより低い海水準に対応して形成された若い 5c, 5a にあたる段丘も離水している．これらの段丘は，奥尻島，西津軽（図 3.2.4），男鹿半島，丹生山地沿岸，佐渡島，能登半島（図 3.2.3），三浦半島などによく発達している．最低位には MIS 1 の後氷期海進に伴って形成された完新世海成段丘が分布する．

隆起速度が大きいほど異なる時代の古海面を示す地形が個々の段丘として陸上に現れ，段丘の数が多いという現象は世界で広く認められている．隆起速度が 2.5 m/ky に達するニュージーランド北島の東岸では 5e の下位に複数の海成段丘が存在し（Ota *et al.*, 1996; Berryman, 1993），ヒュオン半島のように隆起速度が 3.3 m/ky に達する場合には 5e の段丘の下位に 7-8 段もの段丘が約 1 万年刻みの高海面のすべてを記録している（Chappell *et al.*, 1996b）．これらの地域はプレートの沈み込み境界に近い位置にある．一方，ずれる変動帯に沿うカリフォルニア，サンタクルス地域の広大な海成段丘は MIS 5e ではなくて 5c にあたる．これは隆起速度が小さいので，5e の面は次の海進でほとんど削り取られてしまったためである．

同時代の段丘面でも基盤岩石の岩質の差に基づいて保存度が数％から 80％と著しく異なったり（吉川ほか，1973），段丘崖の形態が崖の比高や年代，砂丘の被覆などによってまったく異なったり，あるいは地すべりによる面的な侵食が段丘面の消失に大きく関与している場合もある．西津軽の海成段丘は，段丘面や段丘崖の形状が砂丘の分布と関連して海岸線の方向によって著しく異なり，また地すべりによる面的な侵食が段丘の保存状態を規定しているなど，段丘地形の多様性を示している（太田・伊倉，1999）．なぜそこに段丘ができるかということと並んで，どのような形状で段丘が残っているかを考えることも，地形学の観点からは重要である．

3）後氷期海進と完新世の海成段丘および海面変化

MIS 5e 以降海面は消長を繰り返しつつ低下して，最終氷期極相期（MIS 2）には約 −120 m になった．その後，氷河の急速な融解による後氷期海進により海域が広がって，外洋に面するところでは既存の海食崖を侵食して後に完新世段丘となる波食台が形成され，氷期に形成された谷沿いでは海が進入して溺れ谷となり，リアス海岸を形成した．沈降が卓越する堆積盆地では大規模な内湾ができた．小さな河川の河口部でも海進に伴って小規模な内湾が形成された（松島，2006 など）．

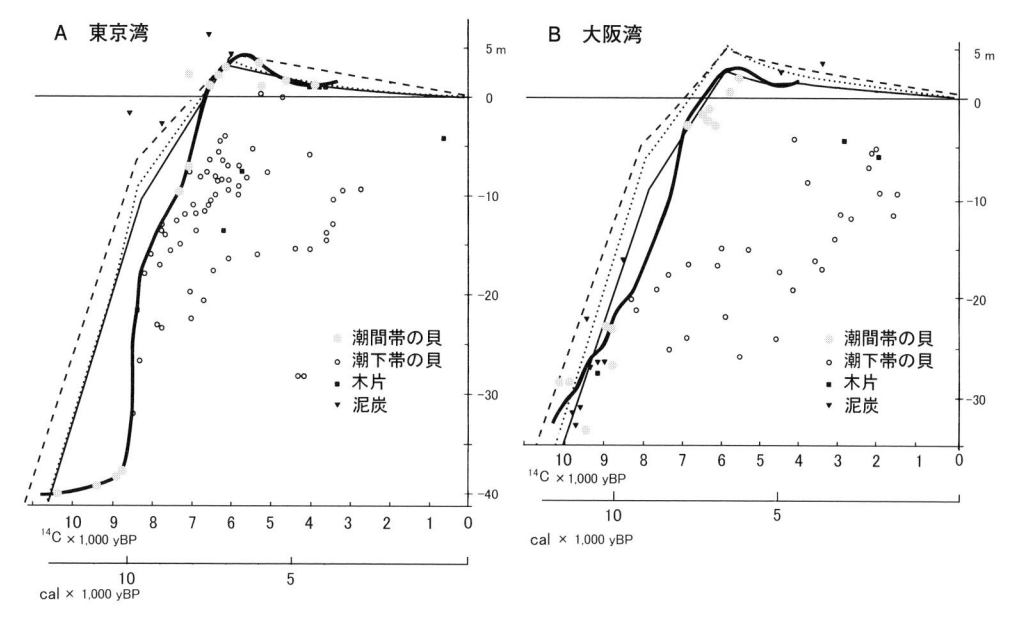

図 3.2.5 完新世における相対的海面変化曲線の例　A：東京湾岸，多摩川・鶴見川低地（Matsushima, 1987），B：大阪湾（Maeda, 1987）．太線は環境を異にする古生物の種類，高度，年代に基づく相対的海面変化曲線．3 種の細線はハイドロアイソスタティックな効果を加味した海面変化曲線（Nakada et al., 1991）．粘性係数，氷床の厚さの推定値などの差異により異なる線が描かれている．年代の暦年較正は Reimer et al., 2004 により追加．

　後氷期海進が高頂期に達した時期や高度，それ以降の海面変化などは，沖積層の層相分析，年代測定，貝化石・有孔虫・珪藻・介形虫そのほかの微古生物の分布，指標テフラなど，さまざまな手法に基づいて調査され，古地理・古環境の復元と変遷などが多くの地域で論じられ（太田ほか, 1990; Ota et al., eds, 1987 による総括参照），それ以降も多数の研究がある．海進高頂期の年代はおおむね約 6-7 ka（図 3.2.5）．その時期の古海面高度は多くの場所で隆起のために完新世海成段丘として異なる高さを示すので（2-3 節（2））確定的ではないが，現在とほぼ同じかわずかに現在よりも高かったとされる．高頂期の年代が例外的に若いのは伊豆半島で，数千年前の海水準は現海面下にあり，沖積低地をなす海成層の上限高度と年代はそれぞれ 2-3 m，3-4 ka である（太田ほか, 1985）．これは伊豆半島がフィリピン海プレート上にあり，地殻変動の挙動がほかと異なるためとみなされる．また九州北部でも高頂期の年代の海成層が低く，または現海面下にある．これは氷床の融解と海水量の増加とが荷重の変化として現れ，陸地と海底が相対的に変化するというハイドロアイソスタシーの観点から説明されている（たとえば Nakada et al., 1991; Yokoyama et al., 1996）．

　東京湾および大阪湾沿岸地域の完新世における海面変化曲線（図 3.2.5A, B）はよく似ていて，ユースタティックなものに近いと思われるが，それでも地殻変動の効果を完全に無視することは難しい．これら 2 地域での曲線はハイドロアイソスタティックな効果を加味した海面変化と調和しているとされる．この場合でも，氷床の融解量の推定や，地殻の粘性係数には異なる推定があり，地域ごとに異なる曲線を考えなければならない．活断層の下盤側にある佐渡島国中平野でも海面高度は 7 ka で今よりわずかに高く，その後現在に向かってスムースに低下している点（太田ほか, 2008）では図 3.2.5 とよく似ている．一方，海進高頂期以降の小海進

や小海退が認められる場合もあり，たとえば知多半島で海成層および遺跡の年代と高度から推定されている（前田ほか，1983）．完新世海進高頂期以降の海面の小変動は，井関（1977）によって提示されて以来，多くの地域で発見された．しかし小海退や小海進の時期や量については場所による差があり，地殻変動の影響を完全に消去するには問題があり，得られているほとんどすべての海面曲線は「相対的」なものである．

(2) 南の島々を縁取るサンゴ礁とサンゴ礁段丘

1) サンゴ礁の種類と分布

北緯29°以南（種子島，屋久島以南）の南西諸島，および小笠原諸島以南の地形を特色づけるのは，サンゴ礁およびサンゴ礁段丘である．サンゴ礁は，最寒月の平均水温18℃以上の水深の浅い海域で生育する造礁サンゴからなる．サンゴ礁の主なタイプは，ダーウィンが提唱したように，島または大陸を縁取る裾礁，中央島または陸地との間にラグーンをもつ堡礁，そして中央島をまったくもたない環礁に大別される．ほかにエプロン礁，卓礁，離礁という分類も加えられた（堀，1980）．浅海域でのみ形成されるサンゴ礁の中で，堡礁や環礁の形成には長期にわたる地盤の沈降が必要なので，海洋島に広く分布する．変動帯にあって隆起を続け，広大な浅海底を欠き，急峻な勾配をもつ南西諸島では，比較的規模の小さい裾礁が見られ，南方にいくにつれてその規模が大きくなる．小笠原諸島ではエプロン礁が見られるに過ぎず，硫黄島では小規模な裾礁が見られる．日本最南端の沖ノ鳥島は最高点でも海抜3mで，火山岩を土台とする東西に長い卓礁である．最東端の南鳥島は，卓礁を囲んで現成の礁がある．

裾礁は，構成するサンゴの成長の仕方に応じて異なる微地形が海岸と平行に帯状に配列する（図3.2.6）．最も早く海面に達した部分は礁嶺（バリア）となり，サンゴ礁の形成環境は波浪を受ける礁前縁部と，背後のおだやかな礁池（浅礁湖）とに分けられる．礁嶺形成後，海面が安定もしくは若干低下した時期には，地形形成の場は礁前縁部となり，礁全体としての造礁活

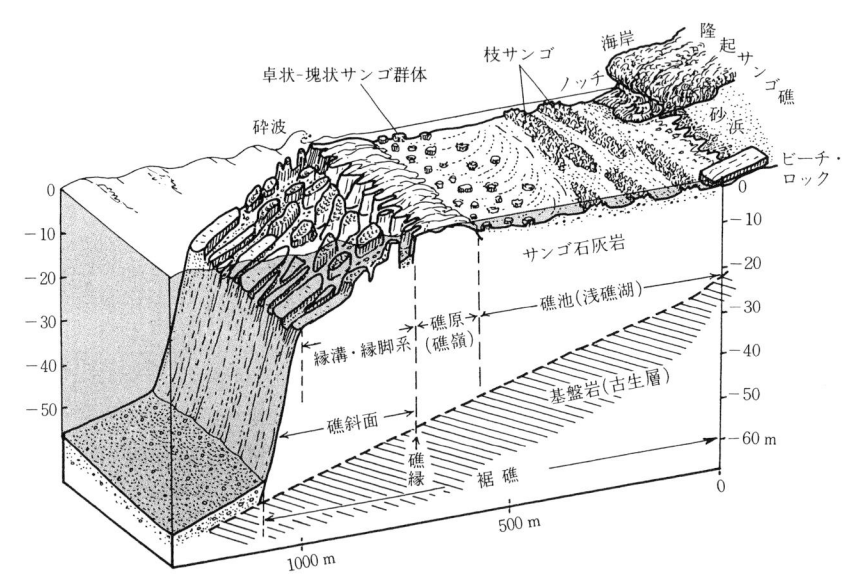

図3.2.6 与論島北東部の裾礁の構成 [中井達郎・茅根創らの調査に基づき貝塚ほか，1985]
基盤岩（古生層）の深さは推定．

動は低下する．

2）サンゴ礁段丘の地形の特色

　サンゴ礁が離水したサンゴ礁段丘（隆起サンゴ礁）は，隆起帯の南西諸島の多くに見られる．サンゴ礁段丘の多くは山地を縁取る隆起裾礁（群）をなす（沖永良部島，徳之島，石垣島，沖縄島の北部など）が，島の隆起が新しく，島の頂部が平坦な隆起卓礁からなる島も多い（喜界島，波照間島，粟国島，宮古島など）．また，南・北大東島は，隆起環礁として知られる．

　南西諸島のサンゴ礁段丘では Hanzawa（1935）以来多数の研究が行われてきた．"Riukiu Limestone" と一括されていたサンゴ石灰岩は，その後，層序区分，生態学的考察，段丘地形との関係などから層相や生態，風化度を異にするものに細分され，段丘を構成する石灰岩と，その下位の基盤となる石灰岩との区別がされ，堆積環境や段丘の形成史が論じられてきた．サンゴ礁段丘では，サンゴ化石のウラン系列年代の測定から，離水年代が得られ，段丘の形成期と間氷期の海進との関係が直接求められるという利点がある．これが1960–70年代にかけてヒュオン半島やバルバドスなどが海面変化研究の模式地となった所以である．サンゴ礁を形成するサンゴ石灰岩は，溶食は受けやすいが物理的風化には強いため，一般に離水ノッチや段丘面の保存がよく，古海面の位置を示している．サンゴ礁外縁の高まりである礁嶺は，とくにサンゴ礁段丘を特色づける存在である．

3）サンゴ礁段丘の形成史—異なる環境で形成されたサンゴ礁段丘の比較

　奄美大島東方にある喜界島から得られたサンゴ石灰岩の放射年代（Konishi *et al.*, 1974）が，異なるテクトニックな環境にあるヒュオン半島やバルバドスなどでの年代とほとんど同じことから，ユースタティックな海面変化を示すものとして注目された．そのほか多くの島でも年代測定が試みられているが，MIS 5e や 7 より古い時期の段丘年代はまだよくわかっていない．これは，サンゴ化石の再結晶が進んでいるために，年代測定に適した未変質のアラゴナイトを含むサンゴが得難いことによる．完新世のサンゴ礁およびサンゴ礁段丘からは ^{14}C 法によるたくさんの年代資料が得られている．

　喜界島はサンゴ礁段丘研究の歴史を刻む島である．ここでは最高部（高度 224 m）までサンゴ礁段丘からなり（写真 3.2.2），これが MIS 5e にあたる．その下に順次低い段丘面があるが，

写真 3.2.2　喜界島最高の百之台（写真の右上端，MIS 5e にあたる）と海岸を縁取る完新世段丘［2001年漆原和子氏撮影］

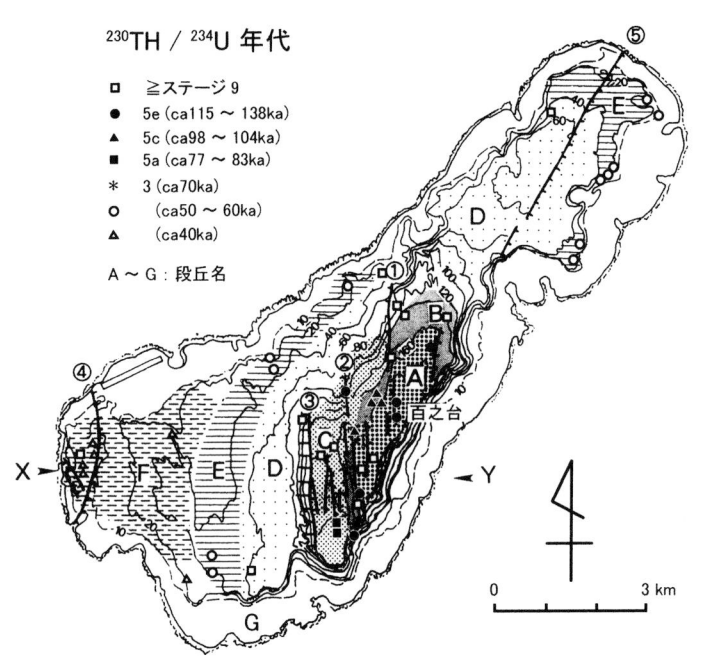

図 3.2.7 喜界島のサンゴ化石のウラン系列年代と推定される段丘区分［太田・大村，2000 を改訂］
左上に示した記号は，ウラン系列年代の得られた地点および年代を示す．段丘面 A は MIS 5e，B は 5c，C は 5a，E-F は 3，G は 1 に相当する．D の離水年代を示す試料は見つかっていない．①～⑤はサンゴ礁段丘を切る活断層．X–Y は図 3.2.8 の断面．

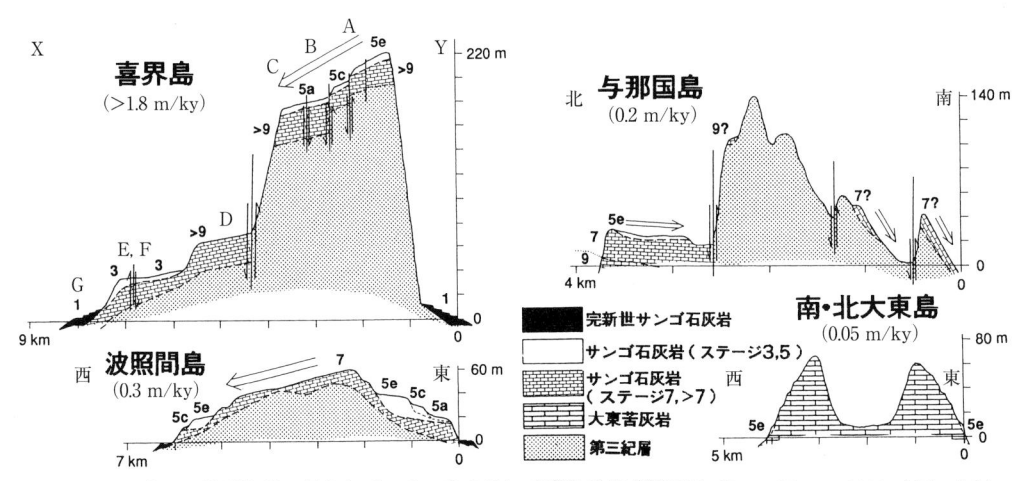

図 3.2.8 ウラン系列年代の得られている 4 島のサンゴ礁段丘模式断面図［Ota and Omura, 1992; 太田・大村，2000 による］ 段丘上に示した数字は MIS にあたる．二重矢印は段丘面の傾動の方向を示す．喜界島の A～G は図 3.2.7 の段丘面に対応．島名の下の数字は MIS 5e から見た隆起速度．

それらは南北方向の活断層で境され，段丘区分が困難であった．喜界島で段丘区分や年代観が研究者間で，また研究の時代によって大きく異なっていたのは，活断層のためにサンゴ礁段丘に典型的な環状配列が見られなかったことによる．現在では年代試料産出地点と地形層序的な関係から，MIS 5e, 5c, 5a, 3 の各面が同定された（図 3.2.7；太田・大村，2000）．なお，上記の断層は，サンゴ礁段丘を切るという点では活断層であるが，完新世段丘を切るのは西岸地域のみである．これらの断層による大きな上下変位は，古海面高度の推定を難しくしている．

南西諸島南端の波照間島は全島がサンゴ礁段丘からなり，隆起卓礁であるI面とそれを取り巻くⅡ～V面の環状配列が明瞭で，各段丘からウラン系列年代が得られ，MIS 7以降5aまでの異なる段丘各面が特定され，それらの分布が明瞭な南西諸島で唯一の島である．また，沖縄トラフに近い与那国島では，山地を囲んで海進を示すMIS 7, 5eの段丘があり，これらは活断層で境される小規模な傾動地塊群をなしている．フィリピン海プレートの大東海嶺上に位置する南・北大東島は世界でも珍しい隆起環礁である．本来沈降する場で形成されたラグーンとそれを取り巻く環礁がその後隆起に転じ，多数の隆起裾礁を形成しつつ島は拡大した．しかし，多数のウラン系列年代によって同定されたMIS 5eの段丘高度は約10 mに過ぎず（太田ほか，1991），いずれはフィリピン海プレートとともに沈み込む運命にある．図3.2.8はこれらの島々の段丘と構成層を模式的に示したものである．サンゴ礁段丘の形状・分布および高度は，島の位置によって大きく異なる（詳しくは2-2節（5）参照）．

4）後氷期海進と完新世段丘

　現生のサンゴ礁の成長を規定するものは，基盤をなす原地形に加えて完新世の海進である．サンゴ礁を貫くボーリング調査によって，サンゴ礁の厚さや形成時期がいくつかの島で求められた．南西諸島中部では礁原部の形成は約8-9 kaに現海面下10-15 mではじまり，南部では現海面下20 mで約9.5 kaからはじまった．礁の成長速度は約1-15 m/kyと幅が広い．

　隆起域では完新世のサンゴ礁段丘が形成される．喜界島では完新世段丘は4段に細分される（中田ほか，1978；太田ほか，1978）．北東岸では完新世サンゴ礁の基底に達するボーリング調査によって，約10 ka以降のサンゴ礁の形成史が求められた（図3.2.9）．約5 kaまでは急速な海面上昇に対応してサンゴは上方へ向かって成長したが，最高のI面の表面付近では顕著な礁石灰岩が見られない．それは礁の成長が海面上昇の速度においつかなかったためと思われる．I面形成以降は海面が相対的に安定し，サンゴ礁は側方へ成長し，地震隆起を伴いつつ現海面にいたった．完新世段丘は琉球内弧の旧火山列の一部である小宝島，宝島でも見られるが，離水年代は3.5 ka以降とかなり若い．前者では高度約9 m，後者では約3 mで，差別的な隆起を示している（中田ほか，1978；木庭ほか，1979）．

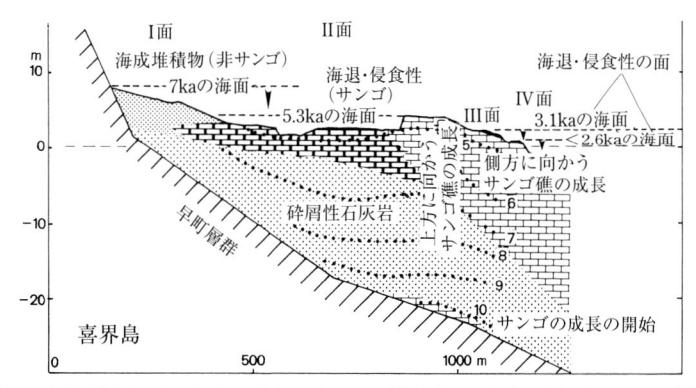

図3.2.9　喜界島北東岸の完新世サンゴ礁のボーリング（地点を矢印で示す）による完新世サンゴ礁段丘構成層の層相区分（異なる記号で示す），年代（ウラン系列法による，単位はka）と等年代線（ドットで示す）［太田ほか，2000］　上部にはI～IV面の性質と離水年代および相対的な海面高度を示す．

3-3 大陸棚および大陸斜面の地形と海水準変化・地殻運動

　大陸棚の地形と海水準変化・地殻運動については，吉川ほか（1973）『新編日本地形論』のp. 137 に当時の知識と考え方が示され，解決すべき問題点の指摘がなされている．そこでは「海成段丘の発達と高度が，海面変化と地殻変動との複合によって説明されているのと同様に，海底段丘の分布や深度もこれら両要因によって支配されていると思われる．各地域の陸棚の分布と構造の精査にもとづいて，陸棚の発達史が，陸上の地形発達との関連のもとに，総合的に解明されることが期待される」と述べられている．そしてその後の大陸棚研究の成果は吉川（1997）によってまとめられている．この節では，その後の状況の変化（デジタルデータの整備，海面変化の年代に関する知識の蓄積，陸から海溝方向に向かう線形の傾動があるというアイデア）を取り入れて，この課題を取り上げる．

(1) 大陸棚の地形

　大陸棚は高海水準期である現在こそ海面下にあるが，更新世中・後期の低海水準期には陸上に現れていた．浅い部分は氷期―間氷期という周期的変化をする海水準が何回か通過するので，その都度変形を受け，最後の地形だけが残っているであろう．ただし MIS 2 から MIS 1 への海水準上昇は急速（110 m/7 ka 程度）であるので，そこが波浪作用の限界内（0～−15 m 程度）にある時間が短く（1000 年程度），基盤岩石からなる地形などはあまり変化を受けずに残存しているであろう．したがって MIS 5 から MIS 2 に向かって小さく変化しながら，全体としてゆっくり低下していた期間に形成された地形が大陸棚の浅い部分に残っている可能性がある．

　継続的に隆起し続けるところでは，たとえば離水した MIS 5e（約 125 ka）の旧汀線位置にMIS 1 の海水準が達しないので，MIS 5 の地形（段丘面と隆起汀線アングル）が保存される．しかし陸上の地形は持続的に侵食を受けるので，平坦な段丘面の保存は MIS 11 程度まで，汀線アングルの地形はもっと早く失われる．一方，持続的に沈降する大陸棚では，たとえばMIS 6（約 140 ka）の地形が沈降し，MIS 2 に波浪の作用が及ばない位置（そこよりさらに−15 m 以深）にある可能性がある．そのようなところでは，古い地形がそのまま保存される．古い地形上には浮流で運ばれてきた物質などが堆積し被覆しているが，それは陸上のテフラのようなもので，地形を大きく変えることはないであろう．要するに沈降している大陸棚上には，吉川（1997）の主張通り，MIS 2 の地形だけでなく，MIS 6，MIS 8（約 250 ka），MIS 10（約340 ka），MIS 12（約 420 ka）などの地形が大きな変形を受けることなく残存しているはずである，ということである．

　プレート境界型地震の発生機構モデルによれば，沈み込む海洋プレートに引きずられて，大陸斜面・大陸棚・（外帯）陸地などがひずんでゆっくり沈降し，その結合が切れたとき，反発して急激に隆起し地震となる，ということ（周期性）が広く認められている．そのような変位が繰り返されたとき，1 周期の残差がどのように蓄積され地形となるのか，が課題である．

　後で述べるように，大陸棚上に MIS 2 の汀線よりも深い複数の汀線が認められる地域でも，陸上では MIS 5 の隆起汀線が報告されているところがある．すなわち，このような場合には，

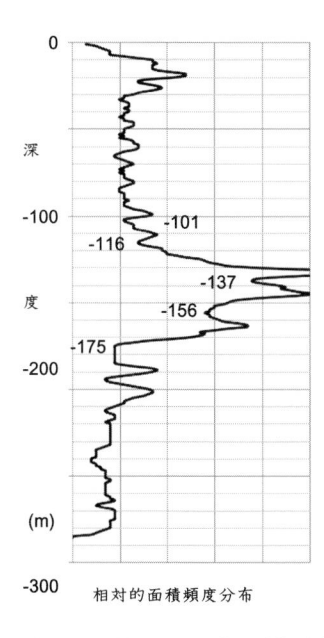

図 3.3.1 大陸棚の深度と相対的面積頻度（福島原発東方沖の測線区域の例） 原データは J-EGG500（海洋情報部日本海洋情報センター：ランベルト正角円錐図法）を国土地理院 250 m-DEM（緯度経度法）に合わせて変換して使用．幅約 5 km の測線区域を設け，水深－280 m までの長方形範囲内の深度の頻度分布を計測して作成．表 3.3.1 に図中に記入の旧汀線深度が記載されている．

明らかに陸地から大陸斜面方向に向かう傾動があることになる．陸地では多段（少なくとも MIS 5e）の旧汀線高度から隆起速度が計算できる（小池・町田編，2001）．大陸斜面方向への傾動（一次式で近似）を考慮に入れた場合には，沈水している旧汀線の位置（海岸線からの距離），深さ，その時代が与えられれば，傾動（角）速度と不動（軸）点の位置などがわかる．すなわち地震の発生間隔を越えるタイムスケールの平均的地殻運動を明らかにすることができる．

海底の地形については，陸上と違って圧倒的に情報が少ない．沈水している旧汀線地形を広域にわたって読図できる地図（印刷された海図）はない．J-EGG500（海洋情報部日本海洋情報センター）は既存の水深データを編集して作ったラスタ型（格子間隔 500 m）のデータであるが，もちろんこのデータを等深線図や陰影図などに図化しても汀線地形は読み取れない．しかし統計処理によってそれが可能となる．陸地から大陸棚外縁に向かう幅のある（約 5 km）断面線を設定し，その区域の深度の面積頻度分布を取ってみると，いくつかの頻度分布の谷と尾根が認められる（図 3.3.1 に例示）．頻度分布の尾根はその深さに平坦面が存在することを示し，谷はその深度の面積がせまい，すなわち崖であることを示している．

このようにして抽出された崖の中には，岩石の制約を受けたもの，海面変化の極相期（各サイクルの最低下期）以外の汀線も含まれる可能性が十分あるが，MIS 2, 6, 8, 10, …の汀線が含まれている蓋然性は高い．陸地側から大陸斜面方向に向かう傾動運動を一次式で近似すると，不動点の位置，傾動速度（‰/ky），定数の 3 つが未知となる．検出された崖の基部の深さ，距離，およびその崖を旧汀線として想定する海面変化極相期年代（とびとびの値）の 3 つの値のセットが少なくとも 3 組以上あれば，最小二乗法によって未知の値を求めることができる．このとき，測定値（深さ）と計算値の差の二乗和が大きな値となるのは，海面変化極相期の汀線でないものを使ったり，その想定時代（年数）が適切でなかったり，傾動の一次式近似が不適切な場合である．したがってその組み合わせは棄却されなければならない．このような試行を多数回繰り返すコンピュータプログラムを用いて最適解を探索することによって，地殻運動

表 3.3.1　日本海溝に面する大陸棚上の旧汀線

測線名	測線両端の緯度経度	傾動地塊上にのると判定された旧汀線深度					それ以外の汀線など(明瞭なもの)	
		MIS 5e	MIS 2	MIS 6	MIS 8	MIS 10		
三沢―東	(141°19′E, 40°40′N) ― (142°02′E, 40°40′N)	+39 (−1)	−124 (50)	−140 (52)	−151 (53)	−169 (55)	−101 (43)	
岩沼―東	(140°51′E, 38°09′N) ― (142°00′E, 38°09′N)	+65 (0)	−121 (60)	−153 (74)	−193 (81)		−106 (55)	−212 (84)
福島第2原発―東	(141°01′E, 37°16′N) ― (141°40′E, 37°16′N)		−116 (20)	−137 (29)	−156 (38)	−175 (45)	+65 (0)	−101 (17)
銚子―東	(140°50′E, 35°43′N) ― (141°16′E, 35°43′N)	+45 (−7)	−119 (21)	−137 (26)	−152 (27)		−105 (21)	−173 (30)
銚子―南東	(140°51′E, 35°42′N) ― (141°13′E, 35°28′N)	+45 (−7)	−114 (23)	−140 (32)	−165 (34)			−182 (35)

測線両端の緯度経度は幅約 5 km の長方形区画の中心線の両端位置，旧汀線などの深度の単位は m，( ) 内は海岸線からの距離(km)．原データは J-EGG500(海洋情報部日本海洋情報センター)．陸上汀線の値は小池・町田編，2001 による．

表 3.3.2　各測線ごとの計算値一覧

測線名	傾動速度(‰/ky) (軸の位置：km)	軸の沈下速度 (m/ky)	MIS 2 の 海面計算値 (m)	大陸棚外縁 深度(m) (距離：km)	外縁付近の 地形形成年代 (MIS)
三沢―東	0.008(54)	0.143	−121	−202(59)	12
岩沼―東	0.010(74)	0.243	−118	−270(92)	10
福島第2原発―東	0.001(11)	0.155	−111	−215(51)	14
銚子―東	0.014(32)	0.222	−117	−200(34)	10
銚子―南東	0.014(34)	0.222	−112	−203(38)	10

軸の位置や大陸棚外縁深度の距離は海岸線からの距離(km)，最右欄は大陸棚外縁付近の深さが波浪作用限界深(約水深 15 m)以浅にあった最後の年代を示す．

を表す不動点の位置，傾動速度（‰/ky），定数の 3 つの値を得ることができる．

　日本海溝に面する東北地方の大陸棚上に設けられた測線 5 本についてのデータを表 3.3.1 に収録した．旧汀線の深さと位置は計測値であり，その年代だけは定速傾動（位置の一次式）という仮定で最適値探索法で選択された時代（各サイクルの低下極相期）である．実際には頻度分布の谷のすべてが低下極相期の旧汀線ではなく，それ以外の小さな谷も多く見られる．その中にはピクセル間隔 250 m としたサンプル数（全幅 5 km：20 点，測線長数十 km：数百点）の少なさに起因するノイズもあるが，上述のようにこれらは棄却されている．なお 100 m 以浅には複数の明瞭な段地形があるが，これは MIS 3, 4 の亜期などの海面低下期に形成されたと予想される．注目すべきは，水深 −101〜−106 m の明瞭な崖（おそらく旧汀線）である．これを MIS 2 に割り振ると，他の旧汀線の時代をどのように割り振っても，最適解（上述 3 つの値の組み合わせ）は得られない．MIS 2 の汀線として最適解が得られるのはそれより 1 段深い −114 m〜−124 m のものである．なお海面変化極相期の海面高は最適値探索プログラムでは数値として必要ないが（計測された値の汀線の時代を認定するだけである），MIS 2 と 6 は同水準，MIS 8 と 10 はそれとは独立の同水準と仮定している．

　表 3.3.2 に示されているように，MIS 2 の海面高（世界共通）の推定値は測線によって異なるが，−111〜−121 m であり，従来の知見の範囲内である．傾動運動の軸の位置は 1 例を除

き，大陸棚外縁に近いところにある．傾動の速さは傾動軸が陸に近い福島第2原発—東測線で0.001‰/ky と小さいが，その他では 0.008–0.014‰/ky で，傾動軸付近は 0.14–0.24 m/ky の速さで沈降している．しかし軸から遠い陸地では傾動運動のために，海面（およびその変化）に対して隆起地域となり，海成段丘が見られることになる．

大陸棚外縁は1例を除き −200 m 付近にあり，その位置は沈降する傾動軸よりさらに沖にあるため，そのような深さが与えられたと解釈される．傾動が外縁までそのまま及んでいるとして計算すると，外縁付近の深さに海面が存在した（海岸侵食で地形が形成された）最後の時代は MIS 10–14 と推定される．

(2) 大陸斜面の地形

大陸斜面は大陸棚外縁（傾斜急変点）から海溝あるいはトラフ底に落ち込む相対的に急な斜面である．ただし途中に勾配の不連続（遷緩点・遷急点）があり，明瞭な棚状地形を示すところもある．大陸棚は前述したように海成地形（堆積平野と海食台，海食崖）と河成地形（三角

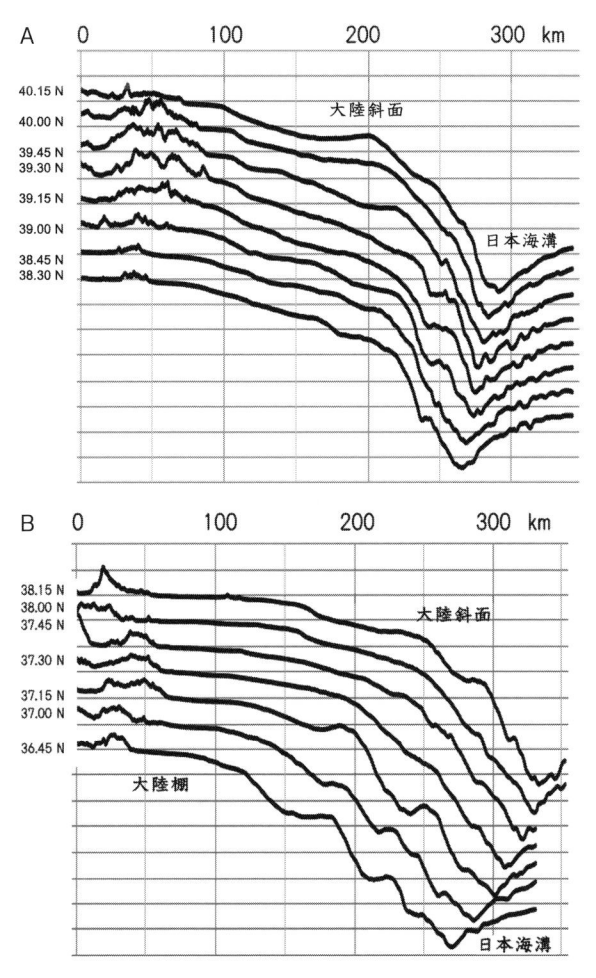

図 3.3.2　A：北上山地東方沖の海底断面　緯線に沿う8本の断面は相互に縦軸目盛り間隔（1000 m）ずらして表示（原データは J-EGG500）．
B：阿武隈山地東方沖の海底断面　緯線に沿う7本の断面．

表3.3.3 北上山地・阿武隈山地東方沖の海底地形

	山地標高(m)	大陸斜面勾配計測点(東端)	海溝底(m)	大陸斜面勾配(‰)
40°15′N	679	−1300(80)	−7526	21
40°00′N	1029	− 600 (40)	−7526	23
39°45′N	1088	− 600 (30)	−7499	29
39°30′N	1083	− 800 (30)	−7497	29
39°15′N	758	− 900 (40)	−7477	26
39°00′N	469	−1000 (60)	−7433	20
38°45′N	303	−1200 (95)	−7500	15
38°30′N	288	−1400 (105)	−7491	16
38°15′N	168	− 800 (70)	−7323	12
38°00′N	224	− 700 (110)	−7427	7
37°45′N	805	−1800 (165)	−7449	15
37°30′N	859		−7587	
37°15′N	844	−1000 (95)	−7685	16
37°00′N	739	−2400 (125)	−7642	25
36°45′N	726	−2400 (110)	−7648	30

原データは J-EGG500,山地標高:幅約 5 km の平均標高による東西断面の最高点(m),大陸斜面勾配計測点(東端):浅い方から最初の大陸斜面の遷緩点(東端)付近の深度(m)および( )内は海岸線からの距離(km),大陸斜面勾配:大陸棚外縁付近から勾配計測点までの浅い部分の勾配 ‰(m/km).

州・扇状地)が地殻運動と海水準変化によって沈水したものである.大陸斜面上端は,新しい地形である大陸棚によって切られている.大陸棚区間の大部分では陸から海溝に向かう傾動運動が認められたが,それは空間的に隣接する大陸斜面まで続くのか,その運動に時間的累積性があるのか,これら大陸斜面の問題について最も基礎的な情報である地形に基づいて考察してみたい.

日本海溝に対する北上山地・阿武隈山地はその地史と地形的特徴から,また周囲に分布する海成段丘の隆起変位から,鮮新世末ごろから隆起しはじめた準平原であると考えられている.そこでこの準平原と大陸斜面の関係,つまり地殻運動が大陸斜面にまで及んでいるかどうかを検討してみたい.

北上山地北端の 40°15′N から阿武隈山地南端の 36°45′N まで緯度 15′(約 28 km)ごとに,陸地から海溝底までの断面図(15本)を作成した(図3.3.2).この図および元データを読んで表3.3.3を作成した.

① 海溝底の深さは約 −7300 m〜−7700 m で,南北 350 km にわたってその差は小さい.
② 大陸棚外縁の深さには系統的な傾向は見られない.その理由は大陸棚外縁部の地形形成期が等しくなく,その後の地殻運動も異なるからであろう.
③ 大陸棚外縁から海溝底までの間には 2-4 段ほどの段地形が認められ,一般に海溝に近いものは幅がせまくかつ明瞭である.
④ 北上山地の場合,浅い方からの最初の遷緩点の深さから山地を見た比高はほぼ等しい(1500-2000 m).
⑤ 大陸棚区間をこえて浅い部分の大陸斜面断面を陸地側に延長すると,ほぼ隆起準平原に連なるように見える.
⑥ 大陸棚外縁から最初の遷緩点までの距離と深さを読み取り,大陸斜面の勾配を求めた

（表3.3.3）．値は7-30‰にわたるが，北上山地沖では南北の中央部（山地の標高が高い）で大陸斜面勾配が大きいという傾向が見られる．阿武隈山地沖では南部ほど急で，北部（仙台湾周辺方向）で小さい．大陸棚の傾動速度については，三沢沖（40°40′N）で0.008，岩沼沖（38°09′N）で0.010，福島第2原発沖（37°16′N）で0.001‰/kyという値が得られている（表3.3.2）．そこで大陸斜面上部（大陸棚外縁から表3.3.3の計測点まで）の勾配が大陸棚の地殻運動の空間的かつ時間的延長によって形成されたとすると，その大陸斜面の勾配は2.3 Ma（北上山地北端部），0.7 Ma（仙台湾口付近），1.6 Ma（阿武隈山地南端部）ごろからの地殻運動によって形成されたという計算結果となる．これらの値は，他の方法で推定された北上や阿武隈の準平原が隆起しはじめた時期と大差ない．このような地形による予察が正しいとすると，大陸斜面上部は陸上の準平原地形の連続であり，陸上の準平原の隆起，大陸斜面上部の沈降は同一時期にはじまった傾動運動によって説明される．さらに大陸棚上の地形には0.5 Maごろ（MIS 14）から後の傾動運動が累積しているといえる．

4―変化しつつある日本の地形

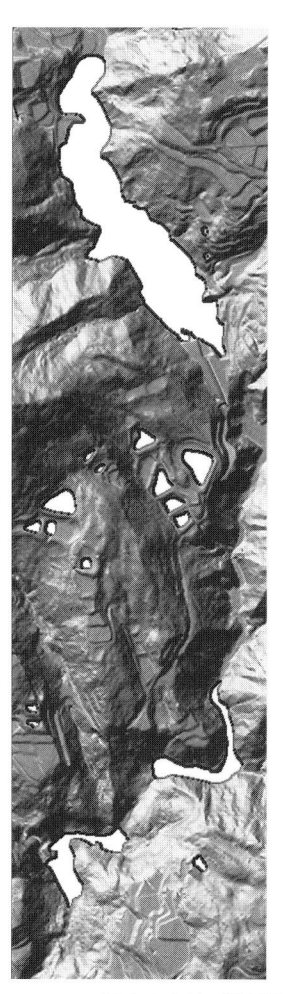

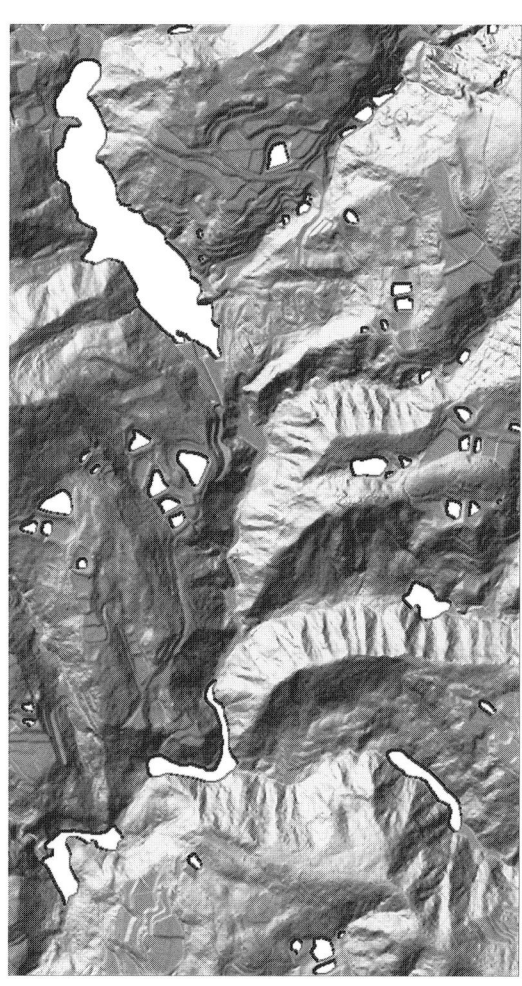

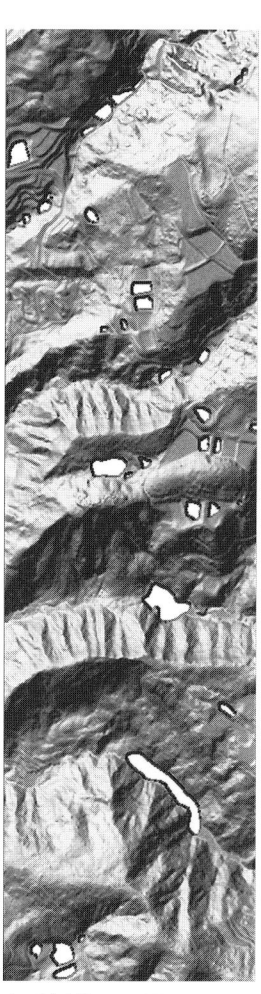

旧山古志村（現長岡市）虫亀付近のステレオペア陰影図［国土地理院 2 m メッシュ標高データ（中越）から野上道男作成］　中央の図の東西幅は約 1 km．地すべり地形と崩壊地形が多数観察できる．谷底の大きい白色部分は中越地震（2004 年 10 月 23 日）で発生した斜面崩壊による堰止湖．そのほかの白い部分は水のある錦鯉養殖池，平坦地は地震で水が抜けた養殖池か水田．

4-1 山地斜面と谷地形の変化

(1) 山崩れと地すべり，地すべり性崩壊

　現在の日本列島の山地は，高山を除くと頂上付近まで密な植生に覆われ，周氷河地域も高山の山頂部に限られている．このため流水や土壌水の凍結・融解作用や落石，クリープ，ガリー侵食などによる地表の継続的な削剥作用は大きくない．これに対して斜面の岩石がある深さからマスとして突発的に移動する地すべり，崩壊などの現象は，大きな地震動や強雨による地下水位の増大時に，植生被覆にかかわらず発生している．

　こうした斜面プロセスは，①移動物質の性質（基岩か岩屑か），②運動様式（自由落下，すべり，流れ）を基準とし，それに③運動速度，④移動物質の体積（崩壊規模）を加えて分類されてきた（町田，1984）．多様な斜面現象には従来さまざまな術語が用いられたが，「崩壊」や「アバランシュ」は包括的で便利な用語である．1カ所あたりの崩壊量が 10^0-10^3 m^3 の規模で，強雨や大地震時に高密度で発生する現象は「山崩れ」と呼ばれてきた（小出，1955a; 図4.1.1）．一方，特定斜面がまとまって 10^5-10^6 m^3 の規模で崩壊する場合は「地すべり性崩壊」とか「崩壊性地すべり」と呼ばれることが多かった（中村，1955; 小出，1955b）．急勾配のせまい谷の源頭で起こった場合には，すべりまたは崩落がきっかけとなり，多量の空気を取り込んで岩屑同士の摩擦が急減し，「流れ」または「なだれ」となって崩壊物は遠方にまで到達する．例：1888年磐梯山，1984年御岳伝上崩れなど（松田・有山，1985）（写真4.1.1，表4.1.1）．「巨大崩壊」とか「ロックスライド」，「ロックアバランシュ」，「岩屑なだれ（岩屑流）」と呼ばれたものである（Voigt, 1978）．また水と混合するとさらに摩擦が減って遠方にまで「泥流（土石流）」として流れる．一方，緩斜面で起こったり，崩壊斜面の近くに堆積場がある場合は，いわゆる「地すべり」となる．一次的な地すべりの地形は，背後に半円形劇場のような崖をめぐ

写真4.1.1　1984年御岳伝上崩れ [町田　洋撮影]　正面の三角形の崩壊壁はかつて尾根であった．またその手前の植生が削られた谷間に流れた部分は谷斜面を乗り越えたもの．伝上沢は左側の谷間で，岩屑流はこの谷沿いに約6km流下した．

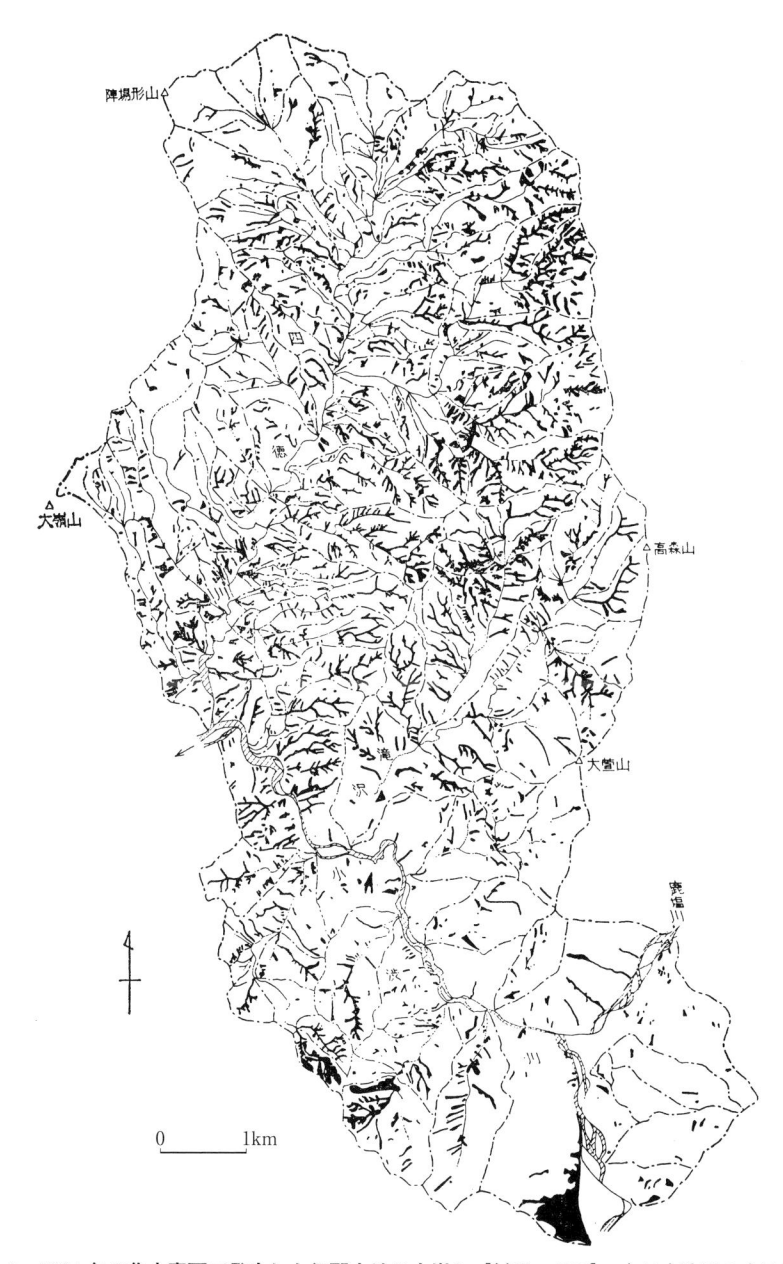

図4.1.1　1961年の集中豪雨で発生した伊那山地の山崩れ[村野, 1966]　主に小渋川の支流四徳川と
滝沢の流域．一点鎖線は二次の谷以上の流域界．南端にある大崩壊地は大西山の地すべり性崩壊．

らし，不規則な起伏のある堆積地形をなすことが多い．一次的な岩屑の到達距離は崖の比高と
関係する．地すべり塊は長期間にわたり移動が継続する場合が多い．

　日本列島で斜面崩壊を発生させる誘因は，地震や火山活動と，梅雨前線や台風の活動で起こ
る集中豪雨といった条件である．また素因条件には，①斜面を構成する地層・岩石が地殻運動
で変位し，破砕しているものが多いこと，②第三紀や第四紀に海底や盆地に堆積した新しい地
層が隆起した丘陵・山地が多いこと，③火口のまわりに噴出物が積み上がった火山，火山岩が
多いこと，④斜面には氷期に形成された岩屑が多量に残っていること，などを挙げることがで
きる．さらに，⑤斜面の人為的改変（緩斜面の水田化や都市化による丘陵の地形改変など）も

表 4.1.1　有史時代の巨大地すべり性崩壊　[町田・宮城，2001 の表 5.5.1 に加筆．一部削除]

崩壊地名	地　域	発生年	誘　因	注　記
神威山	北海道奥尻島	1724	地震？	新第三紀火山岩
十二湖	青森県白神山地	1704	地震	新第三紀火砕流堆積物
磐梯山	福島県会津	1888	噴火・地震	第四紀成層火山
大月川	長野県北八ケ岳	888	噴火・地震？	第四紀成層火山
稗田山	長野県小谷村	1911	豪雨？	第四紀成層火山
大鳶崩	富山県立山カルデラ	1858	地震	第四紀成層火山のカルデラ壁
大谷崩	静岡県安倍川	1530？～1702	地震？	四万十帯の山地
加奈木崩	高知県佐喜浜川	1746？	地震？	四万十帯の山地
眉山崩	長崎県島原・雲仙岳	1792	噴火・地震	溶岩円頂丘

地すべりを誘起する条件の1つである．

　最近の数世紀に発生した事例に基づくと，集団的に発生する山崩れは，およそ震度6以上の地震動や，発生確率の小さい強雨のときに，特定の地質条件に偏ることが少なく，おおむね傾斜30°以上の斜面なら高密度で発生する（地震の例；1923-24 年の丹沢山地，強雨の例；1961 年の伊那山地（図 4.1.1）など）．これに対して地すべりの場合は，地質条件，とくに地層・岩石の性質および斜面に対する地層の構造条件に制約されることが多い．これは日本全域の地すべり性崩壊地の分布によく示されていて，中新世以降に急速に隆起した東北日本の山地や，破砕度の高い地層・岩石の地域，また火山に密集する．地すべり性崩壊の場合，大地震および火山の水蒸気爆発といった条件を主な誘因として，しかも地質条件に制約されて単発的に起こる傾向がある（表 4.1.1）．誘因が降雨の場合には，雨量強度が最大の時に発生するよりも，強雨後数日たって（地下水圧が高まって）発生した例が多い（1911 年稗田山，1963 年伊那山地大西山）．慢性的な移動を起こす地すべり地で最初に起こった地すべり性崩壊も，特定地形地質条件を選んで発生する傾向がある．ただ現在もときどき動いている多くの地すべりは，すでに崩れた地すべり地塊が二次的かつ慢性的にすべるもので，有史時代になって発生した一次地すべりはごく少ない．新潟県や長野県の第三紀層山地・丘陵の大規模な地すべり地形の多くは，年代測定や被覆するテフラなどから判断すると，すでに中～後期更新世に発生していたらしい．

(2) 大規模土石流堆積物が埋めた河谷で起こった地形変化

　急峻な山地で発生した巨大な地すべり性崩壊は，山地の谷間に急速で顕著な地形変化を引き起こす．土砂移動は山地斜面にとどまらず，その河川の下流にも長期間影響を与える．こうした現象はどの山地にも起こるとは限らないが，山地の災害問題を考える上に重要であり，かつ変動帯における山地の地形変化の特色の1つなので，いくつかの事例を紹介する．

　巨大な地すべり性崩壊が起こった谷では，距離数～十数 km にわたり，数十 m 以上の厚さの岩屑が段丘地形をなしており，大きな地形変化が起こったことがわかる．有史時代に発生した例でこの種の堆積地形が長い間保存されるのは，広い緩傾斜の山麓を埋めた場合（裏磐梯など）で，一般にせまい谷間に生じた堆積面は流水によって急速に下刻されて段丘化し，激しく侵食され数百年以上経つと消失しやすい．また上流埋積谷の下刻によって多量の砂礫が下流の

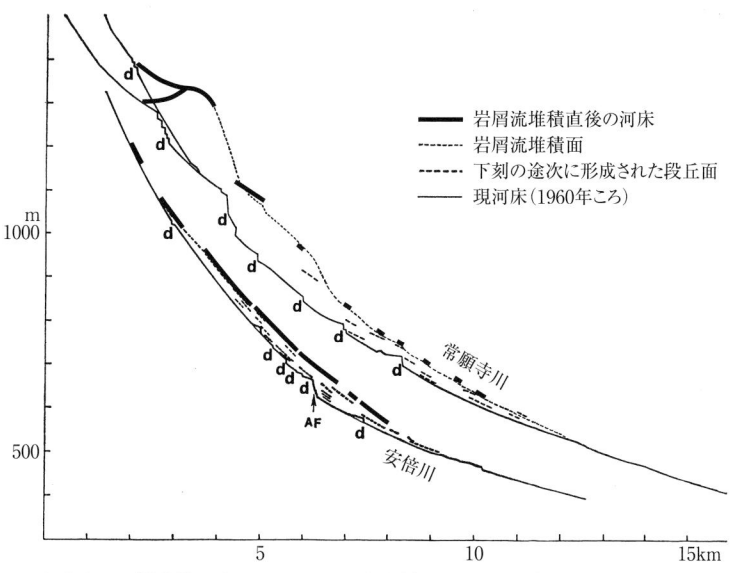

図 4.1.2 巨大地すべり性崩壊が起こった谷の河床縦断面形の変化 [町田, 1984] 岩屑流・土石流の埋積は常願寺川の場合 1858 年に, 安倍川の場合 1702 年に起こったので, それぞれの河床変化は約 100 年間と 260 年間に起こった. d：砂防ダム, AF：基盤岩を刻む滝.

扇状地に運ばれ, 数十年以上の長期間, 河川を不安定化させる. こうした崩壊岩屑の堆積・侵食による地形変化の過程は, 大崩壊発生の年月がわかった場合には, 数十年刻みの時間尺度で追うことができ, 一般の河成段丘形成のモデルのような役割を果たしている.

いくつかの斜面大崩壊と谷の埋積・侵食過程の編年は, 段丘とその堆積物の地形・地質調査, 段丘面上の樹木の年輪調査などに文書記録とを併用すると, かなり確実な結果を得ることができる (町田, 1959, 1962 など). 安倍川大谷崩れや常願寺川立山鳶崩れの場合には, 図 4.1.2 に示したような過程で河床変動が起こったことがわかった (町田, 1984). 最初の大崩壊時には岩屑流・土石流は崩壊地直下の急勾配区間には堆積しないが, その下流の緩勾配区間では上流に厚く, 下流にいくに従って薄く堆積してイベント前よりも急勾配の河床をつくった. その堆積地形は岩屑流の流動性の違い (岩屑の破砕の程度や水の関与の程度で異なる) に応じて, かなり平滑な扇状地状をなす場合 (安倍川など) や, 大きな岩塊からなる丘をもち起伏に富む場合 (常願寺川など) がある. その後, 埋積谷では上流からの運搬物が少なくなるとすぐに流水の下刻が開始された. 下刻作用はいくつかの支流が合流して水量が豊富になる急勾配の河床からはじまり, 上流と下流の両方向にひろがっていった. その結果, 数十年のうちに比高数十 m の段丘地形を形成し, そして約 100 年の間に埋積量の 75% ほどが下流に運び出され, 堆積の場を下流へ移動させた例 (常願寺川) もある (町田, 1984). また, 最初の大崩壊後の下刻の途次に, 数回土石流が埋め, 下刻がいったん中断されたといったエピソードの例もあった (写真 4.1.2; 長野県稗田山 1936, 1965-66 年; 町田, 1967).

表 4.1.1 に示した有史時代に発生した巨大崩壊は, 第四紀火山または火山岩山地で起こったものが多い. 新しい地質時代に生じた急峻な火山は, 大地震や水蒸気爆発などのショックがあると大きく崩れやすいことを示している. 1792 年の島原眉山 (溶岩ドーム) 大崩壊は雲仙火山の活動と関連する地震で発生し, 1888 年の磐梯山崩壊は水蒸気噴火, 1984 年の御岳伝上

写真 4.1.2 稗田山大崩壊地から流下する浦川（姫川の支流）沿いに発達する段丘化した岩屑流堆積地形［現地の写真家が 1936 年に撮影］ 大崩壊は 1911 年に発生し（高い段丘面がその堆積面），その後 25 年経て下刻した谷は 1936 年に再び泥流に覆われた（低い泥土に覆われた面）．

写真 4.1.3 地すべり地に多い棚田［町田 洋撮影］ 能登半島輪島東方の例．

沢崩壊は震度 6 クラスの地震動で起こった．

巨大崩壊・土石流の発生は，山地河谷の大災害と長期間にわたるその河川の荒れ川化（洪水時に不安定な河床）などの影響をもたらした．しかし長期的に見ると住民にメリットを与えた面もある．富山平野の常願寺川の場合は扇状地に広く堆積した「鳶泥」と称する不透水性の土石流堆積物が扇状地の地下水位を上昇させ，その後の水田化を容易にした要因であった．また磐梯山や白神山地十二湖の場合は堆積した岩屑が安定し，しかも湖ができたため観光地として利用されている．またよく知られているように，第三紀層地すべりは，山地内に数少ない緩傾斜地を提供し，水もちのよい肥沃な土壌を供給したため水田となっている（写真 4.1.3）．

(3) 山崩れ発生の反復性と頻度

強雨や地震動により多数発生する山崩れは，日本のような地殻変動の激しい，かつ強雨にみまわれやすい地域の山地斜面における完新世地形形成の主要な過程とみなされる．災害を減少させるためには，こうした点に加えて山崩れの発生頻度，反復性，発生位置などを研究する必

要がある．すでに 1945 年赤城山の山崩れ，1961 年豪雨による伊那山地山崩れなどを対象に，この種の問題が考察された．これらの地域の山崩れは，斜面を構成する風化岩屑の崩れを主体とするもので，谷頭ないし谷型斜面に発生した．この種の問題を究めるには，十分な定量的資料の蓄積と最近の GIS などを使った分析的研究が望まれる．

かつて川口（1951）は，1945 年カスリーン台風による赤城山での山崩れの観察や野外実験で，森林地の山崩れによる侵食は，平時に継続している表面侵食（クリープ，地表水による細粒物の運搬など）よりおよそ 100 倍も大きいことを指摘した．すなわち突発的な山崩れが斜面面積の 10% に発生した場合，それによる土砂移動量は平時の表面侵食量のおよそ 1000 年分以上になるという．1 つの流域斜面での山崩れ発生頻度は地震，強雨の頻度に関係すると考えると，変動帯・多雨帯にある日本の山地斜面の完新世における侵食と地形変化は，こうした突発的な山崩れ・崩壊現象で起こるといえる．しかし，その発生地点と周期性は必ずしも明らかとなっていない．また，小出（1955a）は山崩れには免疫性がある（いったん発生するとしばらくの間は再発しない）という考えを述べたが，これは斜面災害の予測問題のみならず，地形発達にとって重要な検討事項である．

特定斜面の山崩れ発生は誘因条件に支配されるのか，それともいったん崩壊が発生すると誘起条件にかかわらずある期間免疫を獲得するのかどうか．こういう問題意識から，村野（1966）は 1961 年 6 月の伊那山地豪雨災害について定量的に検討した．その大要は次のようである．①単位斜面面積あたりの崩壊地数は，降雨量がある閾値をこすと増加するが，崩壊地面積は谷密度に関係し，雨量が増えても個々の崩壊地面積は増えない．②過去に発生した崩壊が多い流域ほど崩壊地数は多い．③崩壊地の傾斜は 35-45° が最も多かったが，それはこの角度の斜面が多かったからで，最も崩れやすかったのは 50-55° である．こうした崩壊斜面と一般斜面の傾斜の違いが何を示すのか，斜面形成過程や機構に関わる重要な資料なので，詳しい統計的な比較研究が要請される．

伊那災害の場合，斜面面積あたりの崩壊面積率は最も高密度の流域でもおおよそ 10% 程度であった．そして雨量が増すにつれて，風化土の厚い稜線部の緩斜面から急斜面へ移行する上部谷頭などから崩れはじめ，次々に別な斜面が崩れるといった形で崩壊数が増えたようである．崩壊発生地点にこのような序列があるとすれば，それは崩壊や風化の履歴を含む地形・地質・植生条件と誘因の強度によるのであろう．誘因が豪雨の場合，個々の地域で崩壊発生を引き起こす降水特性（連続降水量か雨量強度の閾値とその再現期間）は，地域防災上知る必要があるし，斜面の侵食過程を検討する上でも必要である．

(4) 斜面削剥の履歴

斜面削剥過程の編年学的研究は，資料が一般に乏しいので容易ではない．しかし時間指標となる風成テフラに覆われた山地が多いところでは，このような研究がある程度可能である．たとえば北上山地北部や丹沢・足柄山地は，それぞれ岩手山・秋田駒ケ岳・十和田・八甲田の諸火山および富士山など活火山の風下地域にあたり，中期更新世以降のテフラに覆われている斜面がかなり残っている．そのような場所では氷期・後氷期（完新世）に噴出・堆積したテフラに覆われたり，それらを削っている斜面が区別できる．北上山地内陸部の段丘面や緩斜面では，

氷期に堆積したテフラ層が凍結・融解を受けて激しく変形している．これに対して完新世のテフラ層には変形はほとんどない．また氷期のテフラ累層には周氷河性の斜面堆積物がはさまることが多い（Higaki, 1988; 澤口, 1992 など）．こうした観察例から判断すると，氷期と後氷期とでは，起こった斜面プロセスはかなり異なっていたといえる．突発的に発生した山崩れは，氷期にもあったに違いないが，まだ系統的な研究報告はない．

　かつて赤石山脈野呂川谷という大起伏山地で，斜面地形の観察から，尾根型斜面と谷型斜面とが区別された（渡辺ほか, 1957）．また飛騨山脈梓川上流山地で，山頂部や尾根の多くの緩斜面（尾根型斜面，岩屑をもつ斜面）と，谷に面した急な斜面（谷型斜面）とが明瞭に区別できた（町田, 1979）．前者は数万年前までの氷期に形成された斜面で，後者は激しい下刻が起こった後氷期にできた斜面と思われる．斜面のうちの両者の境界は，一般に山崩れの谷頭にあたり，後氷期開析前線と呼ばれた（羽田野, 1979）．

　日本で現在（完新世）の環境で卓越する山崩れは，氷期に生じた斜面が削剝される現象といえる．また河川沿いの土砂の堆積地形の形成も，洪水・土石流が大きく関与するが局地的である．完新世における河川中・上流部の堆積地形は，氷期におけるものに比べて一般に貧弱である．このことは完新世の侵食環境が氷期と違う地形形成過程を発生させ，しかもまだ短い期間しか続いていないことを示すのであろう．

4-2 河川による地形変化

　この節では，河川による地形変化をどのように理解すべきか，について述べる．湿潤地域の地形は，上流から下流へ合流を繰り返す構造をもつ河川網に覆われている．ここでは合流によって，何がどのように変わるかを述べる．

(1) 河川地形の形成

　地表の水は低い方に流れ，合流しながら流量を増し，河口にいたる．この流水の作用によって，山地斜面などから供給された土砂が下流に運ばれる．粗粒な物質は川底に沈み，1個ずつ転がりながら運ばれ（掃流），川底の粗粒物質は粒径に応じて，流水がもつ力（掃流力）によって，運ばれたり留まったりする（分級作用）．また運ばれる途中に礫は割れたり，角が取れたりする（磨耗作用）ので，下流ほど粒径が減少し，円磨度が増す．細粒の物質は流水とともに流れる（浮流と溶流）．浮流物質は水の流れが滞り，水の乱流がなくなると，粒径に応じて沈殿する．そのような場は氾濫原の凹地，海岸近くの平野，波の影響が及ばなくなる深い海底などである．

　川の運搬能力を上回る大きな粒径の物質や大量の物質が与えられると，そこに堆積が起こり，運搬能力の方が上回ると，川底を削る侵食が起きる．その結果として，河川流水の容れ物である地形（河床）が変わる．地形（たとえば勾配）が変わると，そこを流れる流水の特性（たとえば流速，すなわち運搬能力）が変わる．このように流水と地形は相互に影響を与え合っている．地形学では，礫床河川を河川工学でいう移動床河川であるととらえると同時に，はるかに長いタイムスケールでその変化をとらえようとする．川底が固定されていたり，堤防がつくら

れている現在の河川の多くは，いわば地形との相互関係が切り離された状態にある．堤外（現在の川のある側）の流水作用や微地形・堆積物と堤内のそれは一致しない．またダムや堰堤が築かれ，流水の特性も運搬される物質も，自然の状態とは大きく異なっている．

　河床物質が磨耗を受けながら分級され，粒径が下流に向かって減少することは，個々の礫で起きている微細な事象であるが，地形との関係で見ると，河川縦断形の勾配が上流から下流へ減少することと対応している．水流特性—河床礫特性—地形—再び水流特性という相互関連が，上流から下流へとどのように変化しているのか．このことは河川地形学で，あるいは地形学で最も知的好奇心をそそられる課題の1つである．

　河川の縦断形は最もマクロな河川の地形特性であるが，そのほか流路の水平的移動による礫床河川の扇状地形成や，砂床蛇行帯における微地形（河道・自然堤防・後背湿地）を伴う沖積平野の形成などが注目される．一般に扇状地などの礫床河川は横にひろがって網状流となりやすい．ただし扇状地全面に薄くひろがるのではなく，側方に基盤などの制約がなくても，1回の洪水では川幅が自制的に決まっているようである（野上・浅野，1975）．たとえば川幅が広くなると側方で水深が小さくなり，流速が小さくなるので，堆積が起こることなどが考えられる．細かい堆積物をもつ蛇行帯では，川幅が狭く水深が大きい流れとなる．

　河川の作用は側方にも働く（側方侵食）．これによって山地斜面の前面の崖の位置が移動し，斜面勾配が急になる．一般に山地では，地形や岩石の制約で河道の横への移動速度は小さく，谷幅の拡張はゆっくりである．

(2) 河川縦断形

　横軸に河川の流下距離を，縦軸に河床高度をプロットした図は，河川縦断（面）形図と呼ばれる．距離を測る測線を河道ではなく，河川沿いの平野（沖積面・段丘面）に設定し，段丘面の高度をプロットする投影断面図も，地形学ではよく用いられる．

　湿潤地域の河川縦断形は上に凹形である．その形状は対数関数で表される（Hack, 1957）という説と，指数関数で表される（Shulits, 1941）という説などがある．Shulits は河床勾配が粒径に比例するとし，Yatsu（1955）もこの考えをとっている．堆積物と地形が関係づけられているということから，後者が優れている．形態（地形）の数式表現は形態表現のためだけであってはいけないわけで，数式表現したことによるその後の理論的発展が可能であるかどうかが重要である（野上，1981a）．礫床河川の縦断形はなぜ上に凹となるのか，河川地形の課題の多くがこの古典的課題から派生している．河川の縦断形問題は地形学の中で，最も理論化が成功しそうな課題で，理論を検証するという視点をもった実証的な研究が今後とも望まれる．

　野上（1981b）は，拡散モデル式の拡散係数を指数関数とすることによって，段丘面形成期間程度の時間（数千〜数万年）についての平衡縦断形が指数関数となることを述べた．なお河川の平衡については，Mackin（1948）以来のまとまった議論として，Schumm（1977），Howard（1988）などを挙げることができる．平野（1972）は平衡形を拡散方程式モデルの定常解とするアイデアを提出し，課題を大きく進歩させた．

　野上（2008a）のモデルは，地形発達シミュレーションを行うことで開発されたものである．従来の拡散モデルは礫質河床物質の運搬にだけ適用され，摩耗によって生成された細粒物質は，

斜面から供給される土砂に一定の割合で含まれる細粒物質とともに，別の運搬モデルによって下流の河口や平野に運ばれるとしている．このモデルでは河川が掃流運搬している物質は「下流ほど減少する」ことになる．すなわち，河川縦断形が凹形となるのは，礫径の下流への指数関数的減少（拡散係数の指数関数的増加）だけでなく掃流物質の減少による相乗効果が原因である，ということになる．ただしこのうち，礫径については寿円（1965），中山（1975），島津（1990, 1991）などによって計測データが蓄積されているが，砂礫流量についてはダムの堆砂データを除けば，実測が困難であり，これからも実測できない．現実の河川は山地斜面や河川にもうけられた人工構築物によって，自然の状態，すなわち地形がつくられたときの状況とは大きく異なっているからである．

　一般に，乾燥地域では山地および山麓部の河川縦断形は直線的で土石流的扇状地の形成と対応している．熱帯湿潤山地では河谷は深いまま山地に入り込んでいる（凹形の程度が大きい）．熱帯の河川は流量の変化が小さいこと，砂以下の細かい物質が運ばれている（礫は短距離で細粒化する）こと，などが観察される．地形としては滝が多い，段丘があまり分布しないなどの特徴がある．それに対して日本の河川は急勾配・流量変化が大きいという特徴があり，海岸近くを除いて礫床河川となっている．

(3) 開放系としての河川システム

　河川地形とその変化を概念的にとらえようとするとき，河川は開放系（システム）であると理解されている（Morisawa, 1985；野上, 1996）．これは地形学に「一般システム論」を導入したChorley（1962）の考えに由来する．河川システムの内部では，水理条件・掃流物質の粒径と量・地形（勾配）が複雑にからみ合っている．河川システムの入力・出力は水と土砂である．海水準（地殻変動も含む）の変動は，河川システムから見て外部独立条件である．外部条件と入力が一定な状態が十分な長さ持続すると，開放システムである河川の状態（縦断形では勾配）が時間に対して一定となり，時間的変化が見られない状態が出現する．この状態を河川の動的平衡という．そして平衡に達している河川システムでは，入力や外部条件の変化に対して，河川がどのように反応するのかは演繹的に予測できる．

　システム論的な見方はどこかのレベルで，目的論的解釈をアプリオリに認めることからはじまる．平衡状態が出現しているとき，上流部における供給土砂量だけが増加したとしよう．すると「増加した分を運べるほどの掃流力となるように」上流部で堆積が起き，勾配が急になるという変化が起きる．逆に気候変化で流量だけ増加したとしよう．すると「供給土砂に対して過剰となった掃流力を減ずるように」上流で侵食が起きて，勾配が緩やかになるという変化が起きる．このように入力の変化に対して，河川が新しい平衡に向かう地形変化（地形発達ともいう）を説明することができる．日本の発達史地形学（6章参照）の研究者にとっては，地形変化についてこのような「合目的」説明で十分であったので，地形形成のメカニズムや段丘形成のプロセスに興味を示さず，河川の平衡に関する研究の進展もなかった．一方，河川プロセスの研究者も，平衡とその破れによる地形変化（たとえば堆積・侵食＝段丘地形の形成）というようなマクロな現象には注目しなかった．

　河口における海面低下に対して遷急点が出現すると，その急な勾配のため掃流力が過剰とな

り，侵食（下刻）が起き上流に遡上する．ただし，このようにして形成された遷急点の遡上は上流ほど遅くなり，上流部で起きるであろう次の時期の入力の変化（気候変化）の影響に飲み込まれてしまうだろう．河川の平衡は段丘面の形成期間程度の長さ（数万年以下）で出現すると考えられる．一方，隆起地域で隆起速度と侵食速度が等しくなって出現する山地の平衡状態は，少なくとも100万年以上の年数が必要とされる（野上，2008b）ので，河川の平衡はそのような長期間にわたる遷移中の相対的に短期間で表れる準平衡であるととらえることができる．

以上のような河川の平衡とシステム論的解釈は，Mackin（1948），Dury（1959）によって明確に定義されたが，日本では発達史地形学の研究者によって，意識しないまま広く認められてきた．

(4) 河成段丘の形成

河川がつくる大きな地形としての段丘と，その成因問題を取り上げる．比較的広い氾濫原が形成され，それが上・下流に連続し，滑らかな縦断形が得られる時期には，河川は平衡状態にあると考えられている．このようなタイムスケールで外部条件（土砂の供給量や流量）の変化があると，平衡状態は破られ，縦断形が変化し，堆積や洗掘が起き，洗掘が起きたところでは段丘地形が形成される．そして外部条件が一定であれば，緩和時間を経て，新しい平衡状態（縦断形）が形成される．ある平衡から次の平衡の途中で形成される連続性の悪い段丘は non-cyclic と呼ばれ，上述のような縦断形で追跡できるような cyclic とは区別される．メカニズムはともかく，段丘は上述の外部条件の変化や海面変化によって形成される，というのが地形発達史の考え方である．要するに，外部条件の変化に対する河川の応答が段丘地形である，とシステム論的にとらえている．しかし，徐々に変化する外部条件もあるだろうに，なぜ不連続な段丘地形しかないのか不思議なことではある．

河川縦断形とその変化を支配する条件として，①基準面（海水準），②隆起運動（傾動，断層など），③河床基盤岩石特性，④掃流砂礫の摩耗特性，⑤供給土砂量および粒度組成，⑥流量およびその特性（降水量）を挙げることができる．

1) 海面変化

扇状地の勾配はふつう大陸棚の勾配より急であり，海退では遷急点が生ぜず大陸棚上に扇状地が延長し，逆に海進で海食崖の後退が起きたとき遷急点が生じる．すなわち河川下流部で，海退→堆積，海進→海食崖後退→遷急点の出現（下刻）という変化が生じ，大陸棚の勾配に比べて緩やかな勾配をもつ大河川の場合とは異なる反応を示す．このような事例を十勝川河口以南の海岸で見ることができる．MIS 1 の海面の停滞によって，それ以前の扇状地を切る海食崖が形成され，結果として河川の下刻（縦断形の低下）すなわち段丘化が生じている．しかし勾配が緩やかな十勝川では，MIS 2 の海面低下は河床の低下を引き起こし，谷地形がつくられた．そしてその後の海進によって，その谷地形は沖積層で埋められた．このように海面の低下＝河川の下刻，海面の上昇＝堆積，という図式が成り立つのは大河川の場合だけである．このことは MIS 6 以後 MIS 2 までの間で，海面の昇降によって形成された河川地形（大陸棚上で沈水している）についてもあてはまる．

2) 供給土砂量および粒度組成と流量（降水量）の変化

　供給土砂量および粒度組成の変化は気候変化に支配されるはずである．この変化に起因すると考えられる段丘は，とくに気候段丘と呼ばれている．流量の変化に対して縦断形がどのように反応するかについては，自然が行ってくれた見事な実験がある．ヨーロッパアルプス前山の前面にあたるバイエルン地方や，アンデス山脈の西側にあたるチリ中南部湖沼地帯は，氷期に山麓氷河が形成され，氷河の縁を取り囲む堆石の数カ所から流れ出す融氷水によって，アウトウォッシュプレーン（合流扇状地状である）が形成されていた．ところが氷河が後退をはじめると，堆石と氷河の間に湖が生じ，必然的に湖の出口は1つだけになる．そこでは砂礫の供給がゼロのまま流量が急増するので，緩い河川勾配が適合する．そのために起こる出口河川の下刻に対応して多数の non-cyclic な段丘が形成されている．

　もう1つ別の例を挙げる．中国地方の準平原（1-2, 2-1 節参照）は第四紀になって，脊梁部の軸から南に傾くような隆起を受けた．日本海に注ぐ江の川や高津川の上流部は，そのときできた隆起軸の南側を流域としていたために，脊梁を横切る部分は先行谷となり，その南側の上流部は上流側へ傾く地殻運動を受けた．そのためこれら河川の上流部は堆積傾向となり，隣接して南流する河川である三篠川（太田川支流）と宇佐川（錦川支流）に争奪された．下流部の平野地形の発達が貧弱であることから判断して，中国山地の河川が運んでいる砂礫流量は少ない．したがって争奪によって上流域を失うことは，砂礫流量に比して河川流量を失うことを意味する．争奪で上流を失った江の川や高津川の上流部は，地形から判断するとさらに無能力化し，谷壁や支流からの土砂を運びきれずに堆積が起きている．逆に争奪で流域が増加した南流する河川は流量が増え，下刻が生じている．砂礫流量が相対的に多い河川で争奪が起きた場合は，このケースと逆になるはずであるが，そのような争奪の例は知られていない．河川争奪や次に述べる河川合流は自然が行ってくれている大規模な地形実験であると見ることもできる．

　気候段丘の一般的モデルでは，融雪融氷流出型河川が気候温暖化で降雨流出型河川に変わるので，流量ピークが大きくなり，河川の下刻が起きるとされている．日本でもこのタイプのモデルが導入され，氷期あるいは亜氷期には，周氷河現象が盛んで河川への砂礫供給量が多く，気候帯が南にシフトしていたため台風などによる降水と流量が少なく，そのために堆積が起きた．一方，後氷期あるいは間氷期には斜面が森林で固定され土砂供給量が減少し，台風などの洪水で流量が増え下刻が起きた，と説明する日本型の気候段丘モデルが漠然と信じられている．吉川ほか（1973）にすでにこの問題が提起されている．

　現在針葉樹林帯あるいは落葉広葉樹林帯の山地斜面から河川に土砂礫を供給しているのは，台風などによる山崩れである．その斜面は氷期には森林限界以上，あるいは針葉樹林帯であったところである（図1.3.1）．氷期に生産され現在の森林によって保留されていた土砂礫が，現在の強雨時に少しずつ崩落しているのかもしれない（4-1節（4））．先の日本型モデルでは土砂量・流量の両方の条件変化を述べているが，この2つの条件変化の効果を分離することは今後の課題であろう．

(5) 信濃川の縦断形と合流点の流域地形計測

　信濃川の本流は千曲川であるとされているが，計測したところ（表4.2.1, 図4.2.1），犀

川の方が距離で 10 km 長く，流域面積で 26 km² 広い．また河川年流量も 2 倍ほど多いので，ここでは犀川を信濃川の本流とする．また奈良井川は梓川より流域面積が広いが，水源距離が短いので梓川を犀川の本流とした．梓川の源流は大天井岳南面にある．しかし河口からの距離はわずかに短い（数百 m）が，大きな流域の分水点であることと標高が高いことから槍ヶ岳を信濃川の起点とすることにした．図 4.2.2 はこの起点から河口まで，距離に応じて，標高がどう変わるかを示している．

河床勾配は微分値であるので，計算区間が短いと値がばらつきやすい．そこで，標高差/単

表 4.2.1 支流合流による河川勾配の変化（信濃川）

	源流点からの距離 (km)	流域面積 (km²)	平均流路長 (km)	区　間　勾　配	
				0.9 km (‰)	3 km (‰)
奈良井川	77.9	629.2	30.51	0.1	3.2
梓川	88.0	590.4	49.23	7.6	6.6
→犀川		1219.6	39.60	1.2	3.4
高瀬川	71.4	416.0	45.21	5.0	5.4
犀川	100.0	1635.1	43.26	1.2	3.6
→犀川		2051.1	43.68	1.6	1.7
千曲川	180.8	2730.0	98.10	1.0	0.3
犀川	190.6	2756.2	116.70	0.3	0.3
→千曲川		5486.2	107.46	0.1	0.7
魚野川	91.6	1505.5	50.16	0.1	0.1
信濃川	341.7	8170.9	210.57	0.1	0.2
→信濃川		9676.4	185.64	5.6	2.6

→河川：合流後の河川名，源流点からの距離 (km)：最長流路長，平均流路長 (km)：流域内のすべての点から合流点までの流路長の平均値，区間勾配 (‰)：合流点から上流へ，また合流後は下流へ向かって，それぞれ 0.9 km と 3 km の区間の勾配．

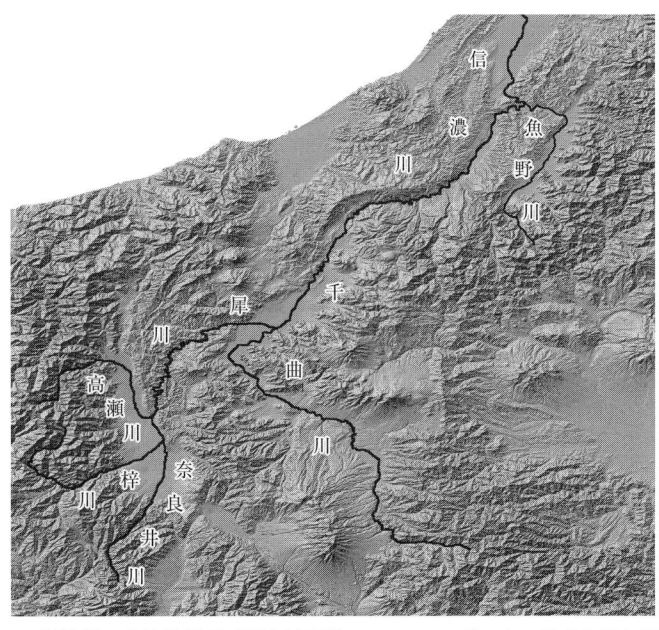

図 4.2.1　信濃川の支流位置図［国土地理院 50 m-DEM のデータに基づき野上道男作図］

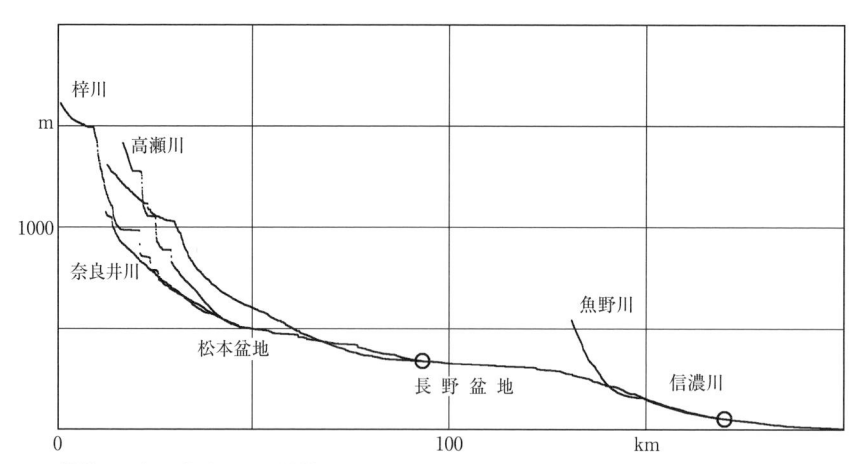

図 4.2.2 信濃川と主な支流の河川縦断形　流域面積が 40 km² に達した点から開始．梓川・高瀬川などの階段状部分はダム．○印は千曲川および魚野川の合流地点．

位距離（DEM の格子間隔）は用いなかった．注目点から 0.9 km と 3 km 離れた上流と下流区間について，最小自乗法で河床勾配を計算した．

信濃川（槍ヶ岳起点）に合流する大きな支流河川は下流の方から，魚野川・千曲川・高瀬川・奈良井川である．これらの合流によって流域面積（の平方根）は階段状に増加する．明瞭な遷急点は2つある．1つは焼岳の土石流，上高地田代橋付近の2つの扇状地による堰止めによって生じている（標高約 1490 m）．もう1つは新潟・長野県境付近の隆起帯を横切る付近にある（標高約 290 m）．

一方，信濃川の狭窄部は新潟・長野県境付近の東頸城丘陵あるいはその延長である隆起帯を横切る部分，長野盆地から明科までの筑摩山地を横切る部分，上高地までの飛驒山脈を横切る部分である．狭窄部では河床に基盤が露出しているが，その部分の縦断形はいずれも直線的である．結局信濃川の縦断形はこれら遷急点・直線部をはさみ，4つのセグメントに分けられる．すなわち河口から最初の狭窄部までの部分（新潟県部分），長野盆地，松本盆地，上高地の部分である．ここでは河床に砂礫があり，縦断形は凹形を示している．そして，礫径もセグメントごとに下流に減少している（野上ほか，1994）．この凹形区間で，魚野川，千曲川，高瀬川・奈良井川などの合流があるが，合流によって地形計測値はどのように変化しているであろうか．

奈良井川と梓川は合流して犀川となる．この合流は後者の流域がやや急峻で河川勾配も急ではあるが，流域面積はほぼ等しく対等に近い合流といえる．合流直後の河川勾配は緩やかな奈良井川のそれを引き継ぎ，梓川の影響はないかのようである．高瀬川と犀川の合流は流域面積で 1：4 ほどであるが，合流によっていずれの河川よりも河川勾配がかえって緩やかになっている．

千曲川と犀川の合流はほぼ対等な合流で，平面形では犀川の扇状地が千曲川の流路を東に圧迫しているように見えるが，合流の前後で勾配に大きな変化は表れていない．魚野川と信濃川の合流は流域面積で 1：5 ほどであるが，合流後いずれの河川よりも合流直後の勾配が急になっている．これは合流の影響ではなく，この部分の信濃川が東頸城丘陵東縁の隆起帯を横切っているからかもしれない．魚野川の遷急点は急峻な越後山脈に発する水無川の合流によって生じたものである．

(6) 合流という自然実験

　現実には存在しないであろうが，地形特性や気候特性が相同な2つの流域の合流を想定しよう．このとき水流量は2倍，土砂流量も2倍となるが，土砂の粒度組成は不変である．2倍になった水流量は水深・川幅（断面）や流速などを変化させるであろうが，合流によって勾配が変化しないのであれば，それらの水理量は勾配を変化させないように自己調整されているといえる．この場合，勾配（地形）を決めているのは粒径ということになる．

　現実には，水流量・土砂流量・粒度組成が異なる河川が合流しているので，これを実物大の実験であると見なすと，その結果を読み取り分析することが地形学の課題となる．実験とはいえ条件をコントロールできないのはやむをえない．量水所のデータがなくても，河川の流量特性は流域地形から推定可能なものもある．降水が持続する場合は流域面積と流量は比例し，流域の形状は無関係となる．しかしパルス状の降雨に対しては，流路長が流水の到達時間を定める，すなわちある点における，流路長の頻度分布がユニットハイドログラフの形状を決める．このとき流域幅が大きい流域ほどピーク流量が大きくなるであろう．ここで流域幅とはある点における流路長の頻度分布の最頻値である．このように分散配置型の流域流出モデルでは流域の形状は重要な因子となる．解像度の高いレーダー解析雨量データ（2010年時点で，空間1×1 km，時間30分）を入力とすることで，分散配置型の流出モデルの精度が上がったので，これを契機に水文地形学の進歩も期待できる．

　一方，土砂については，ダムの堆砂量などから長期間の平均値を得ることができる場合もあるが，その流量を自然の状態で（洪水時に）測定することはほとんど不可能である．粒度組成については河床で測定が可能である．普通，重量を指標にして，全量を二分するフルイの開口径を中央粒径として，砂礫の径の代表値とする．ただし砂礫のフルイ分け作業には携行に不便な道具や労力を要する．そこで1×1 mの枠内の5番目に大きい礫の径をもってその地点の代表値とするなどという方法も考案されている．河床変動のプロセスでは大きな礫径が重要であるが，最大礫の径を指標にすると，枠を複数とったとき枠ごとの差異が大きいので，その差が小さくなる5番目が便宜的に選ばれている．この方法は段丘崖露頭面にも適用でき，折尺以外に特別な装置を携行しなくてもよいので，野外調査に便利である．河成地形の成因を追究する上で，基準化された礫径データの蓄積は重要なので，地方建設局がもっている河床礫径調査データのアーカイブ化が望まれる．

　六日町盆地では東の越後山脈，西の魚沼丘陵から見て相対的に沈降して堆積が進みつつある．この盆地を南から北に縦貫する魚野川（信濃川支流）は，東西の山地や丘陵から扇状地をつくって合流する支流をもっている．これらの支流が合流するたびごとに本流の粒径は粗大となり，勾配は急になる．しかし支流の影響は数km以上は続かず，礫径は小さくなり勾配も緩やかになることを繰り返している（未公表データ）．礫径と勾配が比例関係にあることはShulitz (1941)が注目し，日本でも研究例は多いが（Yatsu, 1955など），上流から下流への粒径変化に注目するだけでなく，合流点前後のデータを得て比較分析するという視点も重要である．流域の地形特性と供給土砂の量（計測不可）・粒度（計測可能）の関係も注目される．DEMによって流域地形計測が容易になったので，展望は開けている．

基盤床河川における合流問題は山地地形を理解するための基本的課題である．大井川支流寸又川流域の計測例（未公表）では，合流によって下流側の勾配が緩くなる場合が多い．河川の合流と地形変化の原因は200年以上も前に注目された地形学の最も古い課題（Playfairの法則）であるが，未解決の点が多い．河川の合流問題は礫床河川でも基盤床河川でも河川地形を理解する上で，依然として地形学に関わる根本的な課題となっている．

4-3 沖積低地の発達と変化に富んだ海岸線

(1) 沖積低地の発達

1) 沖積低地

沖積低地は，主に河川の堆積作用によって形成される沖積平野と，浅海底の離水や海浜堆積物によって形成される海岸平野とに区分される．

河川の流路沿いには特徴ある数々の堆積地形が発達する．山地を離れた平野部（盆地部）では，粗い岩屑を堆積してまず扇状地が，次いで氾濫原—自然堤防帯（中間帯），さらに下流部に三角州が発達する（図4.3.1）．

山地内でせまい流路を流れ岩屑を運んでいた河川が山麓の盆地や平野に出ると，谷口を中心にしばしば放射状に流路を変え，半円形〜扇状の地形（扇状地）をつくる．岩屑の堆積は，川幅の拡大，浸透による流量の減少などが原因で生じ，地表面の等高線は同心円状になる．扇状地は礫層のつくる堆積地形なので，山地から出た河川水は礫層中に浸透し，扇央部ではしばしば伏流して地下水となる．そして再び，扇端部で湧水となって地表に現れる．扇状地を流れる河川は，自然状態では網状流となることが多いので，扇状地を生活の場とする場合，川の両岸

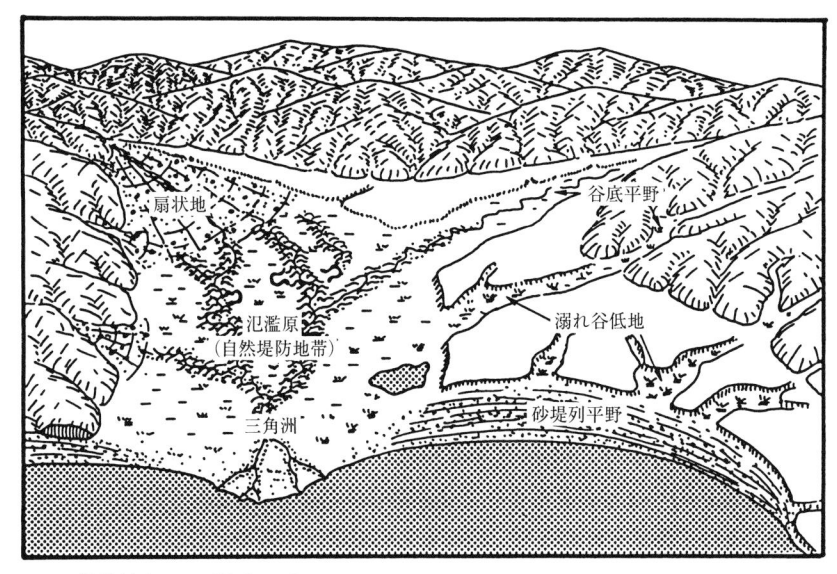

図4.3.1 沖積低地の地形模式図［海津，1994］主要河川のつくる沖積平野には，扇状地，氾濫原，三角州などが形成され，台地や丘陵を刻む谷には谷底平野が発達する．また，臨海域の小規模な谷底平野は後氷期海進の際に入り江になったものも多く，溺れ谷低地と分類されることもある．浅海底の離水や海岸堆積物の堆積によってつくられた海岸平野には砂堤列（浜堤列）が発達することが多い．

写真 4.3.1 利根川の水塚 [1994 年小池一之撮影] 埼玉県北川辺町柳生新田．この家では，右手の母屋（2 階建）は水田面より 3 m 弱盛土され，中央部の水屋（改造されている）はさらに 3 m ほど盛土された水塚の上に建てられている．水塚は常緑樹や竹林で保護されている．

に堤防を築き，河道を人工的に固定せざるをえない．このため，砂礫は河道内にのみ堆積し，河床が周辺の扇状地面より高くなって，天井川となることが多い．

　扇状地の形成には，山地から砂礫の供給とそれを堆積させる場が必要となる．日本列島でこのような条件を備えているのは，背後に大量の砂礫を供給する急峻な山地を控え，山麓に広い盆地や平野を発達させる場合で，中部地方から東北・北海道を流れる諸河川である．また，寒冷期に向かう時期により多くの砂礫が供給されるので，大規模な扇状地の多くは MIS 5 後半から MIS 3 にかけて形成された．

　自然堤防帯は扇状地と三角州との中間地帯で，河川は蛇行（自由曲流）し，氾濫原が発達する．自然堤防と後背湿地がこの河川区間を特徴づける地形である．蛇行する河川の河道は比較的安定で，洪水を繰り返し，洪水時に流路沿いに砂を積み上げ，河道の両岸に比高数 m 以下で幅 100 m ほどの連続性のよい堤（自然堤防）をつくる．河道背後の氾濫原は洪水時に排水しにくい後背湿地となる．また，自然堤防帯では，河道の屈曲が著しくなると，流路が切断され旧流路が三日月湖となる場合も多い．石狩川中流部などによく発達する．

　利根川，木曾川などでは，自然堤防帯の発達が明瞭で，自然堤防上には集落や畑が古くから開け，後背湿地は近代的な排水施設が整うまで湿田であった．自然堤防帯では洪水が繰り返し発生したので，自然堤防上に建設された家屋でも敷地全体を盛土し，さらにもう一段盛土した塚の上に避難小屋（水屋）をもつところも見られる（写真 4.3.1）．

　水の流れが止まる河口には細流物質が堆積し，三角州を形成する．河川は河口付近で分流する傾向があり，分流路と海岸線との間の平面形がギリシア文字の Δ（デルタ）に似ていることから，三角州はデルタとも呼ばれる．流入する河川水と海水（湖水）の密度が同程度の場合，河川水は前面に広く扇状にひろがり，細粒堆積物が河口をとりまくように沈積する．出口が堆積物でふさがれると，川は新しい水路をつくって分流する．このようにして，円弧状三角州が形成される（小櫃川）．これに対し，流入する河川水の方が低密度の場合，少量の浮流物を含む淡水は塩水上を流れ，流路の両側に自然堤防状の低い堤が形成される．この堤はどこかで破

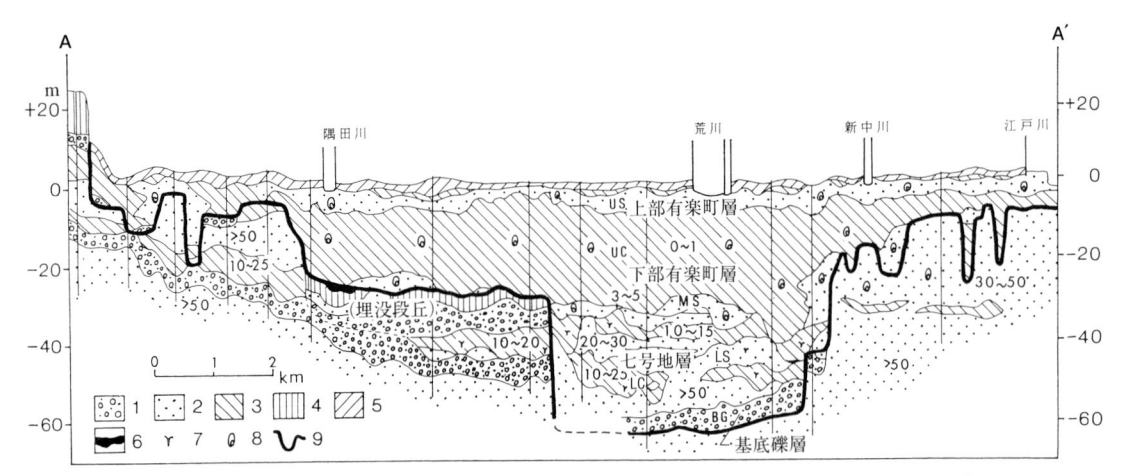

図4.3.2 東京低地の沖積層地質断面［松田，1993］ 1：砂礫，2：砂，3：粘土・シルト，4：関東ローム，5：表土・盛土，6：腐植土，7：植物，8：貝殻，9：沖積層基底，BG：沖積層基底礫層，LS：下部砂層，LC：下部泥層，MS：中間砂層，UC：上部泥層，US：上部砂層．図中の数値はN値．

られ新しい三角州が開いた指のような形で外側へ成長していく．これが鳥趾状三角州である（岩木川）．急な山地が直接海にのぞむ場合，粗粒物質までが河口まで運搬される．本来，三角州が発達する河口部に扇状地が広がっている特殊な例である．黒部川，常願寺川，大井川など，中部日本の急流河川の河口部に見られる．

2）沖積層の層相区分とシークエンス層序

最終氷期以降の海進に伴って形成された入江（溺れ谷）は徐々に埋積され，陸地（三角州）を海に向かって前進させてきた．入江を埋積している地層が「沖積層」で，新潟平野，東京湾や大阪湾などの大平野では，50 mをこす厚さに達し，層相は変化に富んでいる．一例として，東京低地中心部に分布する沖積層の地質断面図を示しておこう（図4.3.2）．

最近，オールコアボーリング試料の詳細な堆積相解析と多くの年代測定値から，沖積層の堆積システムと堆積環境が検討され（木村ほか，2006），沖積層を，①網状河川システム（低海水準期堆積体：約15 ka以前），②蛇行河川システム（海進期堆積体：約15–10.5 ka），③エスチュアリーシステム（海進期堆積体：約10.5–7.4 ka），④デルタシステム（高海水準期堆積体：約7.4 ka〜）に4分した．従来の七号地層は①，②と③の下部，有楽町層は③の中・上部と④から構成され，両者の間は不整合関係ではなく，海進期に外浜の侵食によって形成される不連続面（内湾ラビンメント面）であると説明された（図4.3.3）．

(2) 変化に富んだ長い海岸線

1）最終氷期以降の海面上昇に伴う海岸線の変化

最終氷期極相期（23–19 ka）に100 m以上も低下した海面は，その後，大陸氷床の後退に伴い，急速（最大1 cm/年よりやや速い）に上昇した．日本では，縄文前期に現海面より相対的に高くなり，海が内陸深くまで侵入した．海進高頂期の年代と海面高度は，多少の地域差はあるが，日本では7 kaころの年代と数m未満の値を示すことが多い．また，多くの川の河口部は，最終氷期に削り込まれた谷に海水が侵入し，入江（溺れ谷）がつくられた．こうしてつく

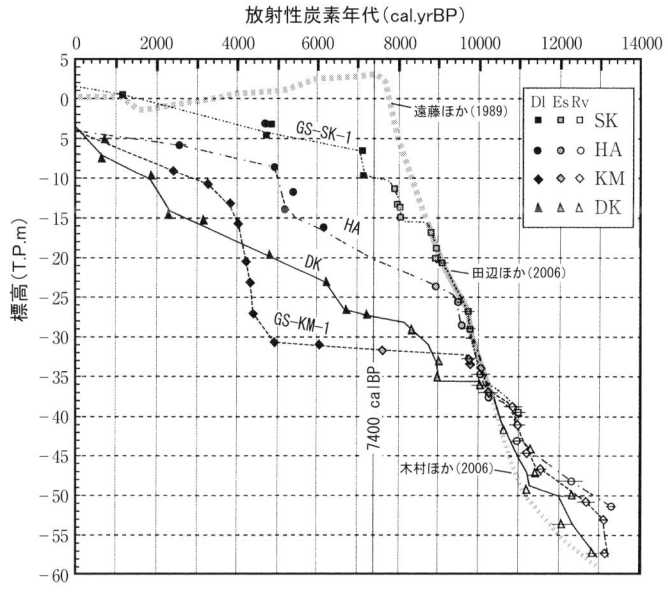

図 4.3.3 東京低地と中川低地に分布する沖積層の層序対比と堆積曲線 [木村ほか, 2006を一部省略]
太実線と太破線：相対的海水準曲線, その他の実線・破線：各コアの埋積曲線, SK：GS-SK-1 コア, HA：東綾瀬公園コア, KM：GS-KM-1 コア, DK：東京都土木技術研究所コア, Dl：デルタシステム, Es：エスチュアリーシステム, Rv：蛇行河川システム.

られた溺れ谷は，川や近くの海食崖から供給される土砂によって徐々に埋立てられ，三角州や海岸平野が海に向かって成長していった．平野の拡大する速度は一様ではない．土砂の供給の少ない入江では埋立てが進まず，湾口に発達する砂州によって外洋から隔てられ，潟湖（海跡湖）が発達した．本州各地では干拓や埋立てによって潟湖が消滅したり面積を減じたものが多いが，北海道東部の海岸には，自然状態に近い潟湖が連なっている．

　海面高頂期以降，地域によって異なった様相を示すが，相対的な海面低下期または停滞期や海面上昇期を経て現在にいたっている．これらの変化は，「縄文中期の小海退」，「弥生の小海退」，「平安海進」などと呼ばれることもある（太田ほか，1990）．これらの小変動の振幅はきわめて小さなものではあるが，西日本を中心に水田稲作が普及した弥生期以降には，三角州〜海岸平野に大きな環境変化を与え，祖先の居住地（遺跡）の分布や発展，消滅に大きな影響を与えてきた（小池, 1997）．

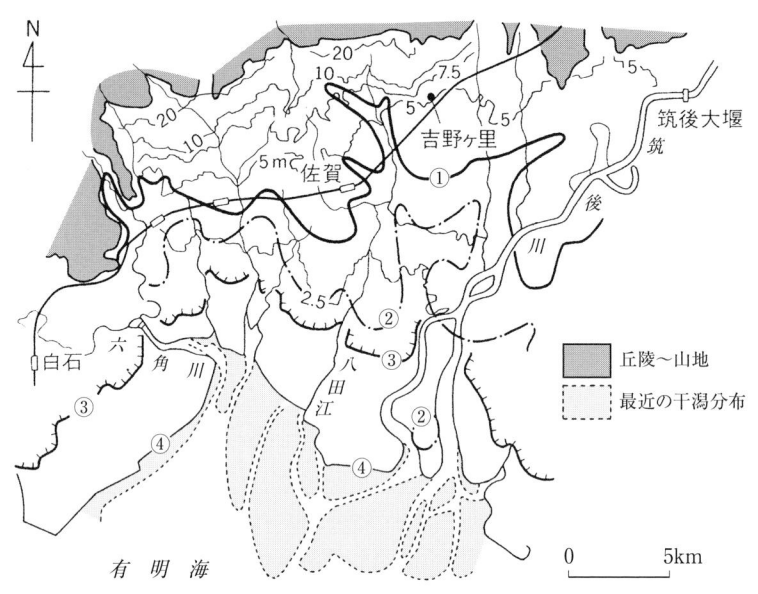

図 4. 3. 4 有明海北岸の海岸線（開拓前線）の変化 [小池, 1997] ①縄文海進高頂期の海岸線，②弥生時代末期の海岸線，③江戸時代初期の築堤位置，④現在の防潮堤の位置．現在，海岸線は海抜6-7 m（大潮高潮位より 3-4 m）の高さの堤防で囲まれている．平野の 2/3 は海抜 5 m 以下で，さらに 1/3 は海抜 2.5 m 以下（大潮高潮位より低い）である．古代から中世にかけて開発された海抜 2.5-5 m の平野には，給水・排水網の役割をもつクリーク網が密に見られたが，統廃合が進んでいる．

有明海北岸地域（図 4.3.4）には，海成堆積物の分布限界などから推定される①縄文海進極相期や②弥生時代末期の海岸線の位置と，③江戸時代初期および④現在の築堤位置が示されている．前二者が自然海岸線であるのに対し，後二者は江戸時代以降の人為的な海岸線（開拓前線）である．自然状態の海岸線の位置を直接示すものではなく，それぞれの時代の技術水準によって開田可能な限界線であったと考えられる．

2）砂浜海岸と岩石海岸

北方領土などを除く日本列島を取り囲む海岸線の総延長は，国土交通省の計測によると約3万3470 km ほどで，国土面積に対しかなり長い海岸線延長を有している．本土四島をとりかこむ海岸線（1 万 9000 km）のうち，広い砂（礫）浜や干潟の発達する海岸は 1/5 ほどにすぎず，ほかは海食崖の続く岩石海岸で，崖の基部や入江の奥にせまい浜をところどころに発達させているにすぎない．また，北緯 45° 30′ から 24° まで南北に細長く連なる日本列島は，南の島々の海岸線がサンゴ礁（3-2 節（2）参照）やマングローブ林で縁取られているのに対し，オホーツク海沿岸には冬季間流氷が押し寄せる．

日本列島をとりかこむ海岸は，その構成物質の差により，基本的には，砂浜（礫浜）海岸と岩石海岸とに分類される．砂浜海岸は，泥，砂，礫や貝殻片などからなり，海から陸に向かって外浜，砕波帯，前浜，後浜に区分される．砕波帯〜外浜には，砂礫が構成する細長い高まり（バー）がしばしば見られ，勾配が緩いと複数列のバーが形成されることがある（図 4.3.5）．太平洋岸では 1 段バー海岸が多く，日本海側では多段バー（複数）を発達させる海岸がよく見られる．これは，太平洋岸ではうねりが，日本海側では風波が卓越するためである（Sunamura and Takeda, 2007）．これらのバーは波浪の力を弱める役割を果たしている（武田, 1998a, b）．

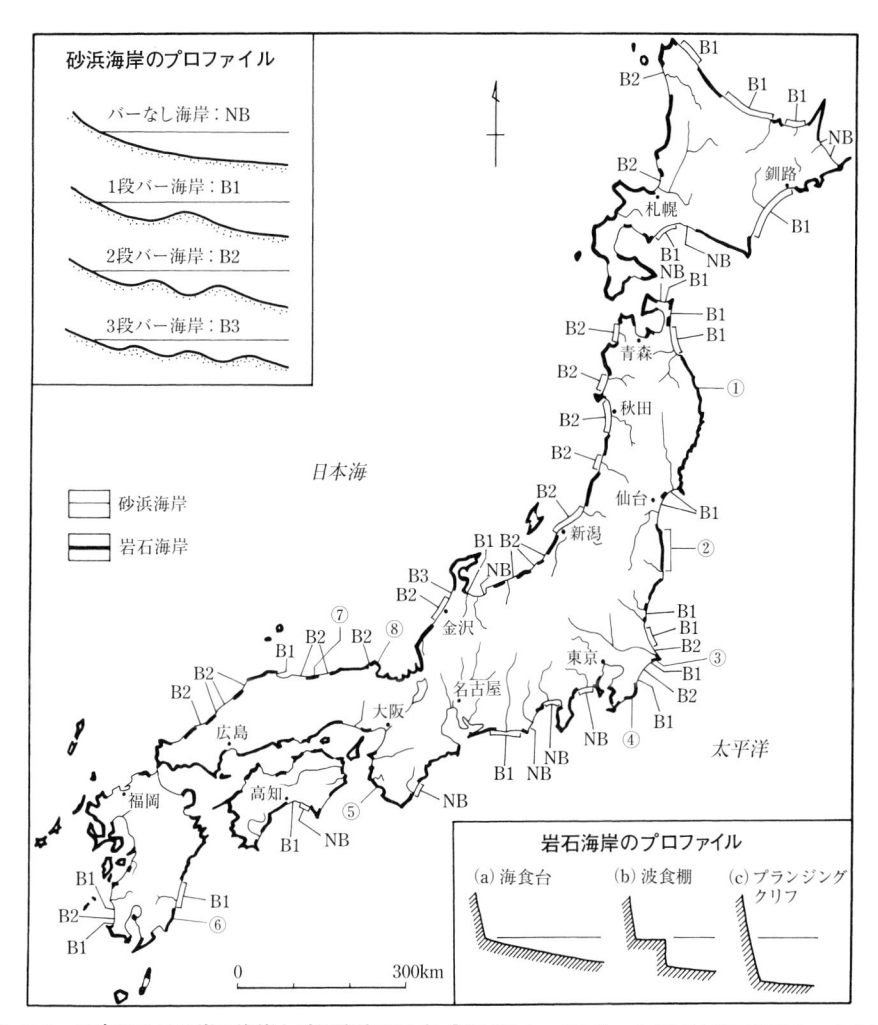

図 4.3.5 日本における岩石海岸と砂浜海岸の分布［砂村ほか，2001］ 右下には岩石海岸の，左上には砂浜海岸のプロファイルを模式的に示す．図中 NB はバーなし海岸を，B1，B2 および B3 はそれぞれ 1 段，2 段および 3 段バー海岸（左上の凡例参照）を示す．これら砂浜海岸のタイプの分布は，茂木（1963，1973）ならびに武田（1998a, b など）の成果を総合して描かれている．①岩手県北山崎，②福島県磐城海岸，③千葉県屛風ヶ浦，④千葉県小湊海岸，⑤和歌山県田辺海岸，⑥宮崎県日南海岸，⑦鳥取県長尾鼻，⑧京都府経ヶ岬．

　波が汀線に対して斜めに進入する場合，海岸では沿汀流が発生し，汀線に沿って砂の移動（海浜漂砂）が発生する．砂の供給量が多く凹凸のある海岸線に沿って砂が移動すると，総称して沿岸州または砂州と呼ばれる種々の砂堆が形成され，陸地との間に潟湖（ラグーン）を抱いていることが多い．砂州の一端が陸地と連なり堤の先端が海中にのびているのが砂嘴で，砂嘴の先端はしばしば内側に曲がりこむ．ときには，先端部が数本のかぎ状の砂州に分かれ，分岐砂州となる．北海道東部に発達する野付崎は，知床・根室の2半島に抱かれ，根室海峡に突出するかぎ状の分岐砂州である（高野，1975）．そして，内湾沿いでは，砂浜の前面に広い干潟をもつ海岸がよく見られる．

　岩石海岸では，主に波浪の侵食作用によって海岸線が後退し，海沿いに切り立った海食崖が連なる．岩石海岸は，山地や台地が海と接するところに海食崖を伴って発達する．岩石海岸を

写真 4.3.2　海食崖の後退［1987 年小池一之撮影］　磐城海岸請戸川河口より約 1.5 km 北方の海食崖（南より望む）．

縁取る海岸から浅海底に見られる主要な地形は，海食台，波食棚とプランジングクリフ (plunging cliff) の 3 種類である (Sunamura, 1983)（図 4.3.5）．海食台は，海食崖の基部から緩傾斜で浅海底に連続する岩盤からなる地形で，②福島県磐城海岸や③千葉県屏風ヶ浦などに見られる．波食棚は，海食崖の基部からわずかに海側に傾き，主に潮間帯に見られる平滑な岩盤地形で，④千葉県小湊海岸，⑤和歌山県田辺海岸，⑥宮崎県日南海岸などに発達する．しかし，海食台と波食棚の 2 つの用語はしばしば区別されずに用いられる．プランジングクリフは，侵食されにくい硬岩からなる．傾斜 40°をこす急崖が海中深くまで続く海岸で，①岩手県北山崎，⑦鳥取県長尾鼻，⑧京都府経ケ岬などに見られる．

波の侵食に対し抵抗力のある硬い岩石（主に古第三紀層またはそれより古い地層）からなる海食崖（プランジングクリフ）の後退はきわめて遅い．しかし，更新世や新第三紀の軟らかい地層の構成する海食崖では，崖は速い速度で後退する．日高，磐城，屏風ヶ浦（千葉），渥美，黒部の海岸では，顕著な海食崖の後退が見られる（写真 4.3.2）．その後退速度は，年平均 1-2 m (Sunamura and Horikawa, 1977 など) にも達する．また，波浪が海底を侵食する限界深 (wave base) は，海底を構成する岩盤の固結度と波浪の強度によって異なり，潮岬では -10 m，千倉海岸では -10～-15 m，屏風ヶ浦では -40 m などの値が報告されている (Sunamura, 1992)．

南西諸島沿岸にはサンゴ礁が発達する（3-2 節 (2) 参照）．現在，これらの島々を縁取るサンゴ礁は，オニヒトデの食害，島の開発に伴って流出する赤土によるサンゴの被覆によって深刻な被害を受けている．加えて，リゾート開発に付随する人工砂浜の建設に伴う生態系の激変も経験している．さらに，現在，地球温暖化に伴い黒潮海域の水温が年々上昇する傾向にある．このため，沖縄周辺の海域ではサンゴの白化現象が深刻である．一方では海水温の上昇につれて，土佐，串本，さらに館山の海岸で，サンゴの生息密度や生息域が拡大する傾向にある．サンゴ礁分布の北限が徐々に北上しているといえよう．

3) 砂丘の発達

　砂の供給が十分あり，強い卓越風が陸へ向って吹きつける海岸では，打ち上げる暴浪のつくる浜堤を土台として，砂丘が形成される．海岸線沿いに発達する海岸砂丘は，主に完新世に形成された．砂丘の地形や砂丘砂の重なり具合（層序）などから見て，更新世の古砂丘の上により新鮮な砂のつくる新砂丘が重なっていることが多い．そして，3000-2000 年前にかけての時期には日本全域にわたって，砂丘地帯が植生におおわれ，ほぼ固定されていた時期があった（Endo, 1986）．新砂丘砂形成期にも，短い安定期（1500-800 年前ごろ）をはさんで地域ごとに時期を異にする複数回の砂丘形成期（飛砂卓越期）があった．とくに，戦国時代以降の最近 400-500 年間は，日本各地の海岸では活発な飛砂に見舞われ，砂丘を安定させる試みがなされてきた（立石，1983, 1989）．

　江戸時代に入ると，新潟・庄内など日本海に面した平野では，砂丘をのせる湾口砂洲背後のラグーンや湿地が干拓され，新田の開発が進んだ．したがって，新しく獲得した耕地を飛砂から守るために，砂丘地帯での植林（主に黒松林）が進んだ．黒松の自然分布はほぼ本州北端から九州南端までであるので，「白砂青松」の砂浜海岸線もこの範囲に限られる．北海道の海岸では松に代わってカシワやモンゴリナラの林が海岸砂丘を固定している．沖縄では，アダンが砂浜背後を特色づける樹木である（小池，1997）．

　中央部に最上川が流入する庄内砂丘地帯は，北の吹浦および南の湯の浜から 1.5-3.5 km の幅をもち，北北東から南南西に 34 km ほどのびる湾口砂州を土台として形成され，庄内平野の穀倉地帯を日本海の荒波から守っている．陸上に顔を出した砂州の上には，海から砂が吹き付け，旧期砂丘の形成がはじまった．その後飛砂がやむ時期が続き，縄文晩期の土器片や土師器などが散在する黒砂層が形成された．黒砂層で覆われる旧期砂丘を覆う新期砂丘群（主に 1500 年以降に形成）の形成期にも，平安時代ごろからいったん砂丘は安定し，落葉広葉樹林に覆われたが，海岸線に漁労と製塩を目的とした集落が形成される戦国時代から近世にかけて，再び激しい飛砂に見舞われた．

　江戸時代以降，人為的な努力によって新期砂丘群は内陸側から次々に飛砂防止策が成功し，再び森林に覆われるようになった．新期砂丘群は内側から第 I 砂丘列（この下に旧期砂丘が埋もれている），砂丘列間低地（最上川以南では一部分に十坂砂丘列（第 II 砂丘列）が分布する），明治砂丘列（第 III 砂丘列），昭和砂丘列（第 IV 砂丘列）に分けられる．第 I 砂丘列は規模が大きく，最高点は砂丘南端部のいこいの村庄内裏で 77 m に達する．

　植林による飛砂防止事業は，一部分では 1615 年ごろから開始されたが，海岸沿いの集落では依然として塩の生産が盛んで，砂丘地帯はほぼ全域で飛砂に悩まされた．松尾芭蕉が酒田から吹浦の砂浜を風雨に悩まされ象潟に向かったのが，1689 年 7 月末（旧暦 6 月）のことであった．ことの重大さを認識した庄内藩は，18 世紀初頭になると乱伐を禁じ，植付役を設け，飛砂を防止し民生を安定させるため植林事業を奨励した．

　第二次世界大戦後 1947 年から植林事業が再開され，1963 年には北は吹浦から南は湯野浜にいたる全長約 34 km の庄内砂丘の汀線沿いに，波打ち際から 150-200 m の砂地に幅約 200 m の黒松林の帯がほぼ完成した．

5—自然災害と地形の人工改変

噴火が続いた雲仙(平成新山)［1993年10月白尾元理氏撮影］ 火砕流・土石流が流下した水無川の上流から新山の南東面を見たもの.

5-1 火山活動に伴う災害

(1) 火山活動の規模と頻度

　変動帯に位置し，かつ温帯多雨気候下にある日本列島では，ときに自然は猛威を奮い，大きな災害を起こしてきた．諸現象の中で，火山活動は，地震や豪雨に比べると，一般に低頻度であり，最近の事例によって引き起こされた災害の大きさ（犠牲者数，被害額など）は決して大きなものではない．しかし多量の火山ガスを長期間放出し続ける三宅島（噴火年；2000年～），溶岩ドームの形成と崩壊で火砕流やサージを発生した雲仙火山（1990-1995年），カルデラの外側で溶岩流を流下させた伊豆大島（1986年），プリニー式噴火とそれに伴う地表変動の起こった有珠山（1977-1978, 2000年）など，最近数十年間に起こった噴火活動が，長期にわたって住民の避難と社会不安を招いたことは記憶に新しい．

　これら最近の火山活動は，それぞれの火山の活動史の中ではさほど規模の大きいものではな

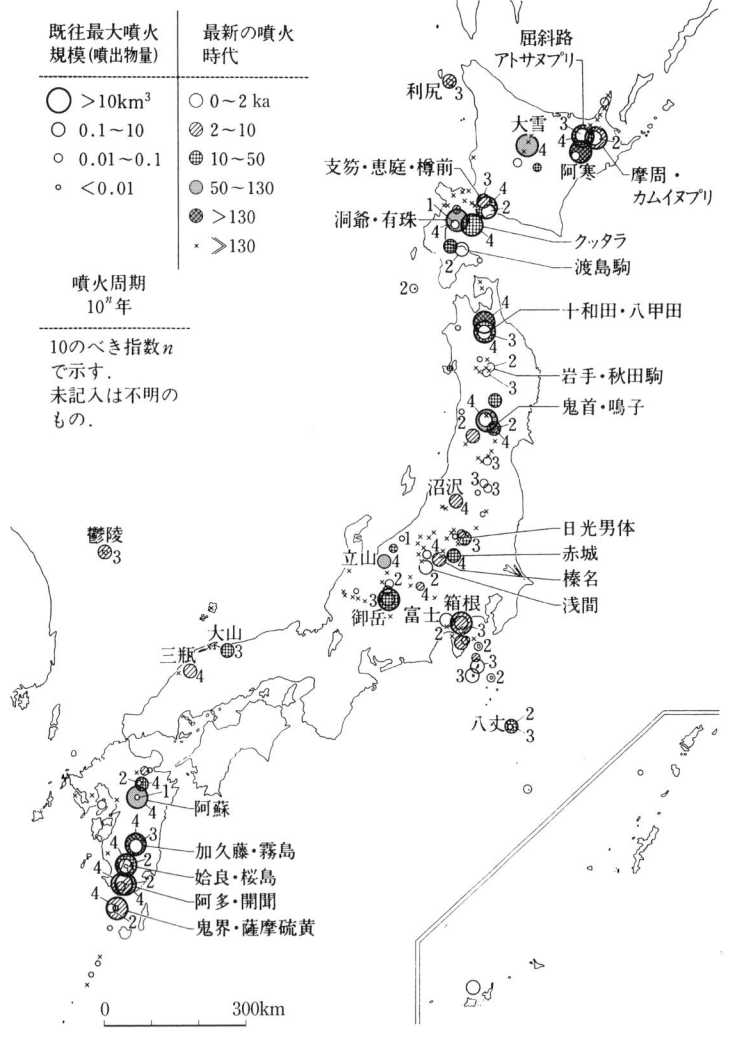

図 5.1.1　火山災害予測の基礎としての火山の最大噴火規模，頻度，最新の噴火年代［町田，1987］

い．大規模な火山活動は，低頻度ながらいったん発生すると広い地域の生態系を一変させ，自然と人に破局的な影響をもたらす現象である．個々の火山地形はそれぞれの火山活動の特徴を示しているが，それのみでなく，テフロクロノロジーなど噴出物の層序・編年の研究は，大規模な活動を明らかにするのに役立っている．図5.1.1はその結果の1つで，噴火頻度と規模との関係を総括的に示したものである（町田，1987）．この図では，火山（群）ごとに過去数十万年間における最大噴火の規模を示し，数字は噴火頻度としておよその噴火周期の年数を10のべき指数で，また最新の噴火年代（最新大噴火後の静穏期のおよその期間）別に区分して示してある．これは火山（群）ごとに活動の頻度と1回の噴火規模に個性があることを示し，将来の活動予測のため基礎的な資料となるものであろう．

日本列島ではMIS 5e以後に$0.1 km^3$以上のマグマを噴出した活動を1度以上起こした火山（群）は100に近い．これらは活断層と同様に将来も活動すると予想できる活火山である．活火山の認定はかつては有史時代の活動の有無に基づいていたが，火山活動史がわかるにつれて長期間の活動に基準を求めるようになってきた．

噴火は高い頻度で起こったが1回ごとの噴出量が少ない火山と，数万年以上の長い活動静穏期の後に巨大な噴火をする火山とでは，火山地形や噴出物の性質，堆積地形は異なる（2.4節参照）．低頻度ながら大噴火をする火山の活動予測は困難であるが，いったん発生すると，人間活動や生態系に与える影響，その時空的ひろがりは著大である．日本では噴出物量$10 km^3$以上の巨大噴火は有史時代には発生しなかった．海外に例を求めると，1815年のインドネシア・タンボラ火山噴火では，津波災害を含め10万人以上が犠牲となったばかりでなく，数年間世界的な気候の寒冷化を招いた．また1783年アイスランド・ラカギガル火山の多量の溶岩を出した割れ目噴火では，多量の火山ガスが放出され，大気中に滞留して，これも広域にわたる気候寒冷化を招いたこともよく知られている．

以下では地形に関係の深い大規模噴火に焦点をあて，まず日本の先史時代における大規模火山活動とその影響（災害）の例を述べ，ついで有史時代の活火山の例を紹介する．

(2) 先史時代の大規模火山活動と災害

第四紀の日本列島では，1回の噴火で$10 km^3$以上のマグマを噴出した活動は，どれもきわめて爆発的で，ほとんどの噴火が火砕流を主とするテフラの噴火であった．一気に多量の溶岩を噴出する活動（いわゆる洪水玄武岩のようなもの）は起こっていない．大火砕流噴火は1つのカルデラ火山では，数万年ないしそれ以上の長期間の間隙を置いて繰り返されてきた．図5.1.2は日本列島で最終氷期以降に起こった大規模爆発的噴火（主に噴出物量$1 km^3$以上）によるテフラの分布である．これらのうち縄文時代の人間生活と生態系に深刻で広域的な影響を与えた最大の活動は，南九州鬼界カルデラ（2-4節）で起こった大噴火であった．

1）九州の縄文文化を直撃した鬼界大噴火

約7.3 ka（縄文早期末）の南九州鬼界大噴火は，$100 km^3$をこす珪長質マグマを噴出する活動であった．浅海底でのプリニー式噴火にはじまり，続いて火砕流が発生し，最後にマグマ水蒸気爆発の巨大な噴煙柱が崩壊して破局的な一大火砕流が起こった．大火砕流は海上を高速で

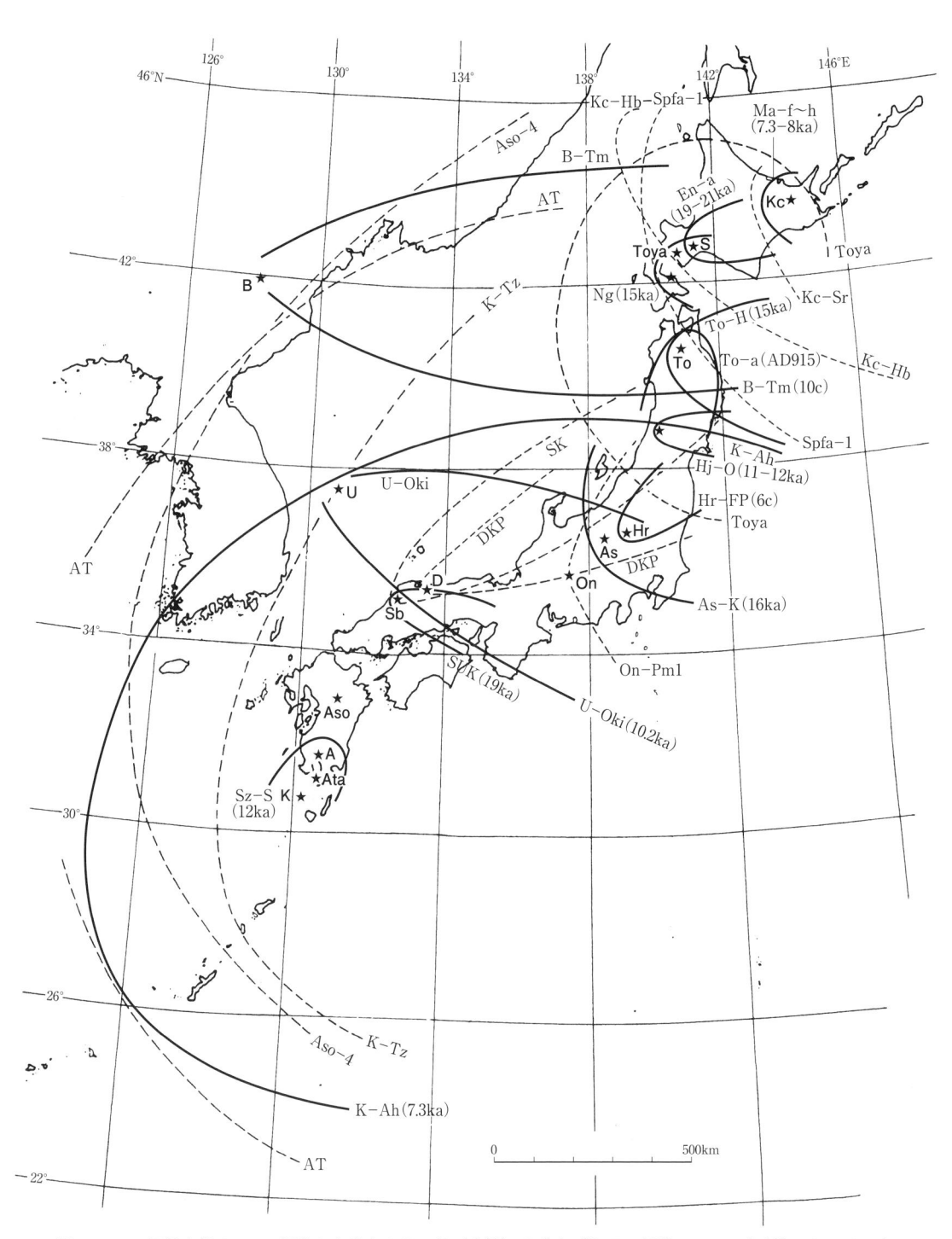

図 5.1.2 最終氷期の 20 ka 以降の大噴火のテフラ（実線）の分布 [町田・新井, 2003 に加筆]　テフラの名称（若い方から）…To-a：十和田 a, B-Tm：白頭山苫小牧, Hr-FP：榛名二ツ岳, K-Ah：鬼界アカホヤ, Ma-f〜h：摩周 f〜h, U-Oki：鬱陵隠岐, Hj-O：肘折尾花沢, Sz-S：桜島薩摩, Ng：濁川, To-H：十和田八戸, As-K：浅間草津（黄色）, SUK：三瓶浮布, En-a：恵庭 a. 給源火山・カルデラ（北から）…Kc：クッチャロ, S：支笏, Toya：洞爺, To：十和田, Hr：榛名, As：浅間, On：御岳, D：大山, Sb：三瓶, Aso：阿蘇, A：姶良, Ata：阿多, K：鬼界, B：白頭山, U：鬱陵島. なお, 破線は 20-125 ka の主なテフラ.

流動し，大隅・薩摩半島各南部に達して広く陸地を覆った．この火砕流と同時に粉々に破砕した火山ガラスを主体とする火山灰は，多量の水分とともに湿った灰として四方八方に飛散・堆積した．この鬼界アカホヤ（K-Ah）火山灰の分布範囲は，九州，四国，本州の東北地方中部，また西南方では沖縄島に及ぶ（図5.1.2; 町田・新井，1978）．もちろんカルデラの周辺の海底にも堆積した．

火砕流に加えて広大な地域に細粒の湿った火山灰が厚く積もったことは，地表生態系や地形（沖積平野，海岸，山地斜面など）を改変し，すでに定住し採集経済をしていた人々に大打撃を与えたに違いない．加えてこの噴火では大地震が発生し（成尾・小林，2002），さらに大津波が発生し遠くまで到達したことも知られている（町田・白尾，1998; 藤原ほか，2010）．

その影響の大きさについての研究は，考古学，花粉学，地形学など多方面から行われている．縄文土器型式の編年研究では，この噴火前後の土器文化は長期にわたって断絶したとする（新東，1978, 1993）．これに対して，土器型式では断絶しなかったものもあったが，人々が南九州に戻って定着するまでに1000年ほどかかったとする見解がある（桒畑，2002）．花粉化石や植物珪酸体の研究では多少ニュアンスの相違はあるが，火砕流に覆われた地域の植生が照葉樹の極相林に戻るのに数百年はかかったと見られている（松下，2002; 杉山，2002）．

2）伝説に残る集落を埋没した十和田湖の噴火

秋田県の米代川沿い（大館〜鷹巣〜二ツ井）では，沖積低地より数mほど高く50 km以上続く段丘の堆積物中に，家屋が埋もれていることが古くから知られていた．これらは河川の洪水による河岸の崩壊や耕地の工事などの際に観察された．江戸時代以降に発掘された埋没家屋は，すでに50軒余に達している．家屋を埋めているのは川沿いに流れた軽石・火山灰層（火山泥流堆積物）である．そしてこれを上流にたどると，もとは十和田湖の中湖（なかうみ）起源の火砕流であることがわかる．家屋埋没の時代は遺物から平安時代と判定されたが，十和田湖の噴火を記した確実な古文書はない．しかし種々の根拠からAD 915年に「出羽の国火山灰降る．云々」という『扶桑略記』の短い記事が，当時「蝦夷地」であったこの地域の「大事件」を伝えるものと解釈されている（町田ほか，1981）．

また，十和田湖周辺地域には「八郎太郎伝説」がある．これは湖の主権をめぐる八郎太郎と南宗坊という化物の争いの伝説で，噴煙，大洪水を伴った激しい争いの内容は，マグマ水蒸気噴火と火砕流の発生，湖水の溢流・洪水を描写したものと興味深く解釈された（平山・市川，1966）．

一方，東北地方の各地の平安時代の遺跡からは，マグマ水蒸気噴火が生成した細粒の白色のガラス質降下火山灰層が見出されてきた（瀬川，1978）．これらの火山灰はどこもすべて同質で，十和田湖周辺の十和田a（To-a）火山灰に対比された（町田ほか，1981）．十和田湖のAD 915年噴火は，完新世の日本列島の噴火の中でも大規模なものの1つであった（図5.1.2）．

以上の2例は珪長質マグマの噴火が水底で起こったため，激しいマグマ水蒸気爆発が生じた事例である．従来の活火山はどれも陸上の高まりをなす火「山」であって，この2例のように噴出中心がくぼんで海底や湖底にあるカルデラ火山は含まれていない．水底で発生する可能性をもった「活火山」は，これまで十分に知られているとはいえない大災害を引き起こすことを，

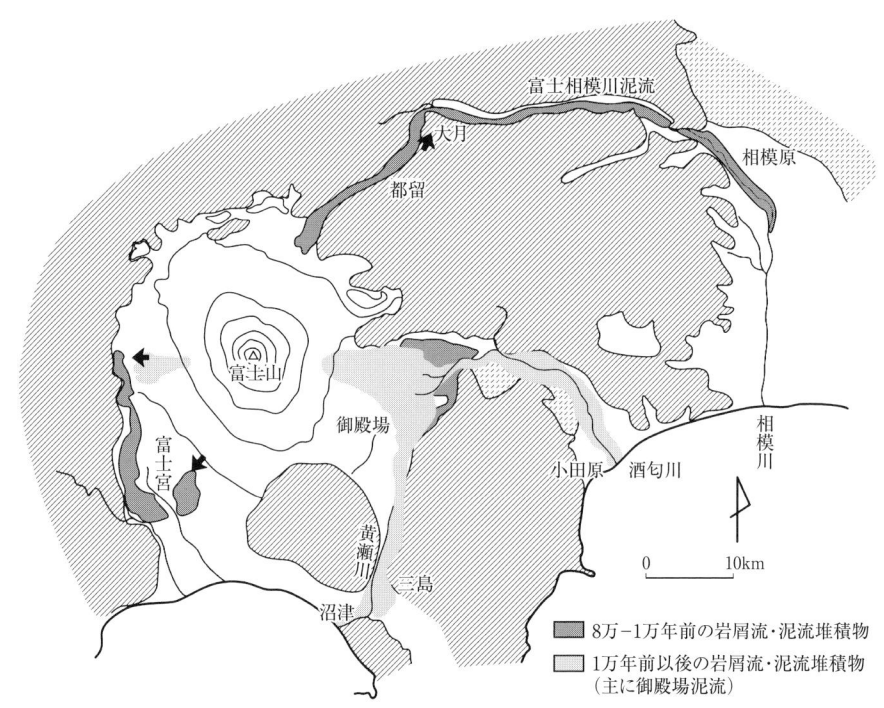

図 5.1.3 富士山由来の大規模岩屑なだれ・火山泥流堆積物の分布 [相模原市地形・地質調査会, 1986]

改めて認識したい．

3) 富士山の大崩壊

　火山の中央火口の周囲に溶岩や火砕物が積み上がって生じた急峻な火山錐は，美しい景観をなす一方で，重力的に不安定で崩壊を起こしやすい地形である．日本列島の大部分の成層火山の山麓には，古く火山泥流と呼ばれ，水の関与が少ないことから現在は岩屑なだれと呼ばれる堆積物およびその地形が数多く分布している．火山や火山岩の山地が崩れやすいことは有史時代の例について 4.1 節でも述べた．

　高い急斜面をもつ火山の代表である富士山も例外でない（図 5.1.3）．その東麓の御殿場には小型の流れ山地形をもつ岩屑なだれ堆積物が扇状に分布し，その続きで河谷に流れ下った火山泥流堆積物は駿河湾と相模湾まで到達した．その体積は数 km^3 に達する規模で，大崩壊により円錐形の火山地形が大きく変わったと思われる．これは御殿場岩屑流・泥流と呼ばれ，約 2900–2500 年前の縄文時代末または弥生時代のはじめのできごとであった．山麓から黄瀬川，酒匂川沿いでは，この時期の考古遺跡が皆無で，泥流で破壊されたか埋められたかと考えられる．分布の広さから見てこの地域に大きな影響を及ぼしたことが推定できる．この大崩壊の引き金は噴火ないし周囲の活断層に由来する地震動であった可能性が大きい．とくに火山周辺地域には活断層が多いので，それらと活動史との関係についての詳しい研究が必要である．

(3) 有史時代の火山活動と災害

　日本のいくつかの火山では古代の昔から噴火が記録されてきた．これと噴出物の詳しい調査に基づくと，かなり正確な活動史が復元できる．こうした有史時代の火山活動を噴火規模で 3

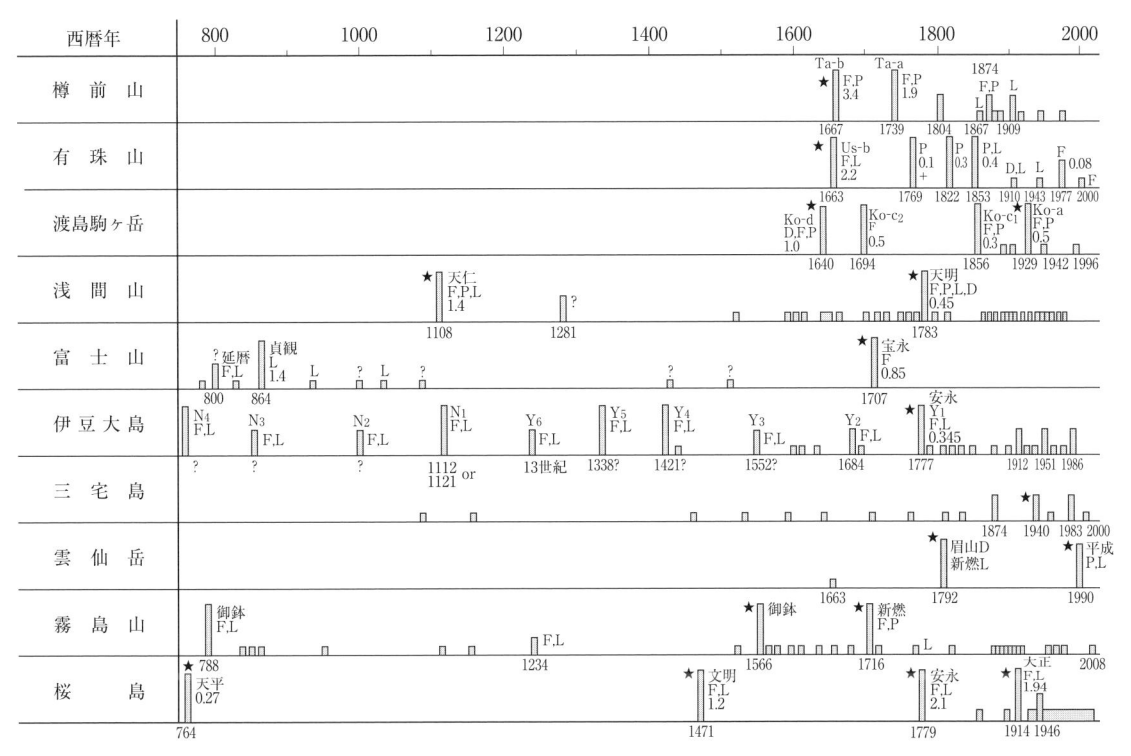

図 5.1.4　主要活火山の有史時代の噴火記録　噴火の最初の年のみを記す．コラムの高さは噴出物総量（みかけの体積）に応じて，3 段階で示される（大規模＞0.1 km³，中規模 0.1-0.01 km³，小規模＜0.01 km³）．コラムの横の数字は噴出物総量（km³）．F：降下テフラ，P：火砕流，L：溶岩，D：岩屑流（崩壊），★：大被害発生事例．

段階に分けて（噴出物総量から大噴火は 0.1-1 km³ 以上，中噴火は 0.01-0.1 km³，小規模はそれ以下），その推移を図示した（図 5.1.4）．大噴火はほとんど例外なく周辺地域にさまざまなタイプの災害を引き起こした．富士山や伊豆大島などの玄武岩質火山では溶岩噴出の割合が高く，災害は比較的限定的であったが，安山岩ないし流紋岩質の火山では，噴出量の大部分は火砕物で，爆発的噴火により広域的な災害を引き起こした．たとえば浅間山天仁 1108・天明 1783 噴火は，いずれも関東平野に記録的な災害と長く続く後遺症（河床の激しい変動など）を残した（荒牧，1993；峰岸，1993）．

　噴火規模とその前の活動静穏期の長さとの間には，一般に静穏期が長いほど次の噴火は大きいという関係があるように見える．マグマの岩質によって活動の反復周期は異なるが，細かく見ると個性があって単純な判定は下し難いことが多い．

　安山岩ないし流紋岩質でマグマの粘性が大きい火山（例：北海道の渡島駒ヶ岳，有珠山，樽前山の 3 火山）では 2000 年以上の長い静穏期の後大噴火を起こし，その後新しい活動期に入ったと推定できる．最近の有珠山は平均 30 年といった短い周期で小噴火を繰り返している．数千年間といった長い期間の活動史を明らかにし，その中で「活動期」といえるような高頻度の活動期があったかなかったかを調べ，今後の推移を予測することは今後の研究課題である．また浅間，桜島などの安山岩質火山でも，数百年ほどの静穏期の後，大噴火を起こし，それを契機に小噴火を繰り返す活動期に入る傾向が見られる．

　ところが伊豆大島，三宅島などの玄武岩質火山では，短い静穏期の後に中小の噴火を繰り返

す傾向が顕著である．伊豆大島では過去1200年間，平均146年周期で比較的大きな噴火が繰り返された．三宅島ではおよそ22年という短い周期が認められる．富士山の場合11世紀以前には数十年おきにしきりに活動が起こったが，それ以後の1000年間は大きく変わって，1707年噴火のみが知られ，その前後にそれぞれ600年，300年以上の長い静穏期があった．1707年の噴火初期には，この火山では異例の安山岩質テフラが噴出した．

最近の桜島，霧島火山では数十年おきあるいはもっと頻繁に水蒸気噴火を主とする小噴火が繰り返されてきたが，長期にわたる活動史の中では静穏期における小活動とみなすことも可能であろう．これらを含めて各火山の活動に一定の周期性があるかどうかを知るには，より長期間（完新世）について詳しい活動史を明らかにする必要がある．

噴火災害はマグマ噴火のみでなく，水蒸気噴火や地震などを引き金にする火山錐の大崩壊（たとえば1792年の島原眉山）にも注目する必要がある．しかしその発生は活動的火山のマグマ噴火よりもごく低頻度である．

火山災害という観点からは，火山活動は火山地域ばかりでなく周辺の広い地域に，二次，三次的な災害現象を波及させて大災害を招いたことも注目される．たとえば火山性の大津波（1640年の渡島駒ケ岳，1792年の島原眉山など），火山泥流の長距離流下，一時的ながら気候の寒冷化などである．また降下したテフラ層は肥沃な土を覆って耕作に支障をきたしたり，特定植物の生育に有害なイオンを供給することも知られている．酸性河川も広い意味で火山活動の影響の1つである．

(4) 防災・減災の基礎

人口密度の高い火山国日本では，時代が新しくなるにつれ元来人口の少なかった火山地域にも集落や耕地が拡大してきた．こうした土地利用の拡大は活動が低頻度の火山ほど著しい．その結果必然的に災害リスクは高まる．火山災害を防ぎ，また減少させるためには，火山活動に関する知識の普及・広報が何より必要である．その点では有史時代の噴火の研究を基礎にし，シミュレーションを取り入れた火山ハザードマップの作成と利用が注目される．とくに活火山地域でのハザードマップに基づく適正な土地利用は，減災を図る上で最も重要であろう．

5-2 地震に伴う災害

大地震は，海岸地域の土地の隆起や沈降，津波の襲来，断層による地表の変形，さらに地震動による広域にわたる液状化や地すべり，土石流の発生など，さまざまな地形変化とそれらに付随する災害を引き起こす．以下には地震に伴う災害のうちで地形と関連する代表的な例を挙げる．

(1) 地震断層と災害

地震断層（表5.2.1）によって生ずる地表の食い違いは，その直上または付近で大きな災害を引き起こす．1891年濃尾地震（M 8.0，日本の内陸地震で最大規模）では，全長80 kmの地震断層が既存の3活断層である温見，根尾谷，梅原断層に沿って出現した（図5.2.1；松田，

表 5.2.1　最近約 100 年間の主な被害地震と地震断層 [理科年表などに基づき最近の資料を追加]

発生年月日	地震の名称(マグニチュード)	死者・行方不明者数	地 震 断 層
1891 年 10 月 28 日	濃尾地震(M 8.0)	7273	根尾谷断層など
1894 年 10 月 22 日	庄内地震(M 7.0)	726	
1896 年　6 月 15 日	明治三陸地震津波(M 8 1/2)	21959	
1896 年　8 月 31 日	陸羽地震(M 7.2)	209	千屋断層など
1909 年　8 月 14 日	江濃(姉川)地震(M 6.8)	41	
1914 年　3 月 15 日	秋田仙北地震(M 7.1)	94	
1922 年 12 月　8 日	千々石湾地震(M 6.9)	26	
1923 年　9 月　1 日	関東大地震(M 7.9)	約 14 万 2000 余	
1925 年　5 月 23 日	北但馬地震(M 6.8)	428	田結断層
1927 年　3 月　7 日	北丹後地震(M 7.3)	2925	郷村断層など
1930 年 11 月 26 日	北伊豆地震(M 7.3)	272	丹那断層など
1933 年　3 月　3 日	三陸地震津波(M 8.1)	3064	
1939 年　5 月　1 日	男鹿地震(M 6.8)	27	
1943 年　9 月 10 日	鳥取地震(M 7.2)	1083	鹿野断層など
1944 年 12 月　7 日	東南海地震(M 7.9)	1223	
1945 年　1 月 13 日	三河地震(M 6.8)	2306	深溝断層など
1946 年 12 月 21 日	南海地震(M 8.0)	1330	
1948 年　6 月 28 日	福井地震(M 7.1)	3769	伏在断層？
1952 年　3 月　4 日	十勝沖地震(M 8.2)	28	
1960 年　5 月 23 日	チリ地震津波(M 8.5)	142	
1964 年　6 月 16 日	新潟地震(M 7.5)	26	
1968 年　5 月 16 日	十勝沖地震(M 7.9)	52	
1974 年　5 月　9 日	伊豆半島沖地震(M 6.9)	30	石廊崎断層など
1978 年　1 月 14 日	伊豆大島近海地震(M 7.0)	25	
1978 年　6 月 12 日	宮城県沖地震(M 7.4)	28	
1983 年　5 月 26 日	日本海中部地震(M 7.7)	104	
1984 年　9 月 14 日	長野県西部地震(M 6.8)	29	
1993 年　7 月 12 日	北海道南西沖地震(M 7.8)	230	
1995 年　1 月 17 日	兵庫県南部地震(M 7.2)	6437	野島断層
2004 年 10 月 23 日	新潟県中越地震(M 6.8)	68	小平尾断層
2007 年　7 月 16 日	新潟県中越沖地震(M 6.8)	15	
2008 年　6 月 14 日	岩手・宮城内陸地震(M 7.2)	23	荒砥沢ダム北方，枦木立付近

1974；村松ほか，2002)．これらの左ずれの地震断層は上下変位も伴い，田畑や道路の食い違い，下流部の隆起による断層上流側での湖の形成，田畑の水没を引き起こした．この地震による住家の被害率 60% 以上の地域は，3 つの地震断層に沿って細長く分布し，断層が不連続となるところで被害率も不連続となり，断層の活動と被害との直接的な関わりを示している（図 5.2.1)．しかし，資料が市町村単位の統計であるために，被害率が断層の両側で差異があったかどうかについてはわからない．なお，この図に見られる南部での高い被害率は，沖積低地を構成する軟弱地盤の液状化などに伴うものである．

　武村ほか（1998）は，日本で発生した地震断層による住家全壊率の分布が，断層の通る位置によって異なるとし，住家の全壊率から見た震度 7 の範囲を断層と平野・盆地，山地の関係から 3 タイプに分類した．A は地震断層が山地内を通る場合で，被害率の大きい範囲はせまく，断層をはさむ最大幅 10 km 以内の場合（根尾谷断層をはじめ郷村および山田断層，丹那断層)，B は地震断層が山地と盆地・平野の境界を通る場合（千屋断層，鹿野断層など)，C は断層（伏

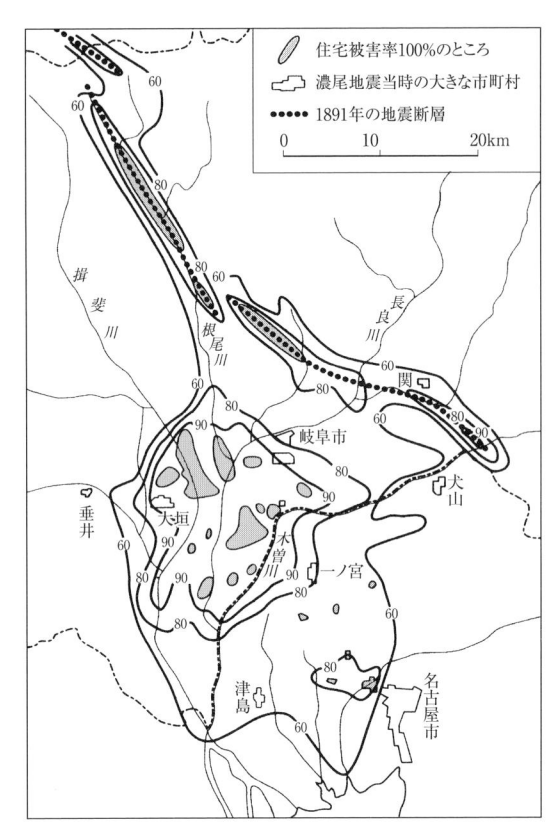

図 5.2.1　1891 年濃尾地震による地震断層と住家被害率の分布［村松, 1983 と松田, 1974 を重ねた］

在断層を含む）が平野内を通過する場合（福井伏在断層）である．B, C のタイプでは，被害率の高い地域は断層から遠くまで平野全域に及ぶ．逆断層である千屋断層（1896 年陸羽地震）による全壊率は，断層直上で最大（約 40% 以上）となる．下盤側の横手盆地でもやや大きい被害率の地域が広く見られるが，これは盆地内の厚い第四紀層の分布と関連する．

根尾谷断層系と共役の関係にある跡津川断層（松田, 1966）は，1858 年に M 7.0–7.1 の安政飛越地震の震源となった．上記のタイプでは A にあたる．ここでは古記録に基づいて集落ごとの住家の全壊率が描かれており，全壊率は断層沿いのせまい地帯では 100% に近く，わずか 1–2 km 離れると被害は急減している（図 5.2.2）．この地方の村落はいずれも硬い岩盤または段丘礫層の上にのるので，被害分布の差異は表層の地質の差によるのではなく，断層直上の土地が強く揺れたことを示す典型である（中村ほか, 1987）．断層の北側で被害が大きいのは，副断層の存在と，断層面が高角ながらやや西に傾いていることと関連するらしい．

1995 年の兵庫県南部地震（M 7.2）では，淡路島北部において既知の活断層である野島断層が地震断層として地表に現れ，おもに東上がりの縦ずれを伴う右横ずれを生じ，田・畑や道路に食い違いや亀裂を生じ，断層直上の家屋を破壊した．上記のタイプでいうと B にあたる．断層直上でも重い瓦屋根をのせる 2 階建ての家屋は倒壊したが，その直近にあるコンクリート造りの家屋はほとんど破壊していないなど，家屋の質による局地的な損壊の差が目立つが（写真 5.2.1），断層と直接関係する被害は断層直上か直近のせまい帯に限られる．

地震断層が既存の活断層の再活動によることは明瞭であるが，クリープ性の断層が道路や建物をたえずずらしていくサンアンドレアス断層の一部と異なり，短くても数百年，長ければ 1

164　5—自然災害と地形の人工改変

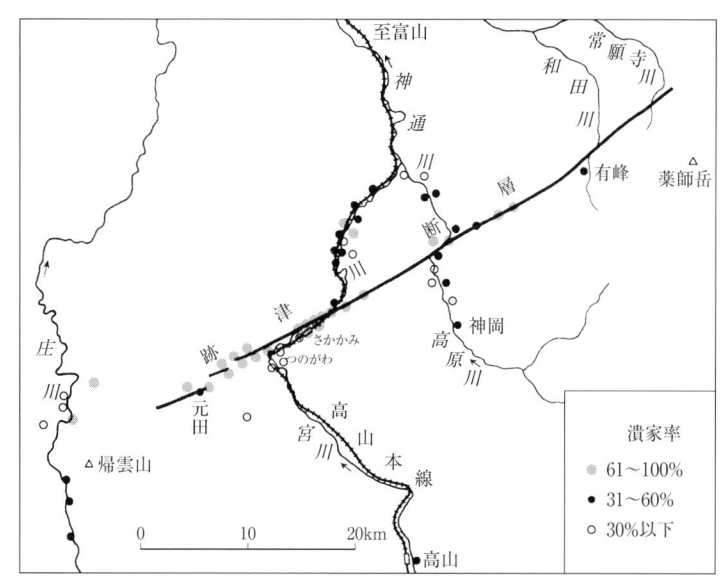

図 5.2.2　1858 年飛越地震による住家潰家率の分布［中村ほか，1987；潰家率は宇佐美ほか，1979 による］　跡津川断層上の潰家率が著しく高い．

写真 5.2.1　野島断層上の建物の被害［1995 年太田陽子撮影］　断層付近での建物の質による被害の差を示す．

万年以上という，人間の歴史から見て長い再来間隔をもつ地震を実感することは，それが起こるまでは難しい．地震の発生と，断層直上での破壊を避けることはできないが，活断層を考慮した土地利用規制を行えば，少なくとも活断層直上ないしは直近での災害は避けることができるから，カリフォルニアやニュージーランドの首都ウェリントンでの土地利用規制の例を見習うべきである．人口密度が高い日本では，これは困難なこととされるが，それでも起こりうる被害を考えると，少なくとも学校などの公共施設の建設を避けることは絶対に必要で，そのためには地形に現れた情報を生かして活断層の位置を高い精度で求めることが重要である．このことを考慮した土地利用規制は，日本では三浦半島の北武断層東半の一部などで見られるにすぎない．

(2) 地震による振動と関連する広域にわたる災害

地震時の土地の振動に伴う災害は，地震断層による被害と比べてより広域に及び，山地斜面での土石流の形成，田畑のひび割れ，家屋の倒壊や道路の陥没・破壊・埋没，液状化，斜面や段丘崖での大小の地すべりなどを引き起こす．

振動による家屋の全壊率は，地形や地盤条件と密接に関係している．相模湾に震源をもつ1923年関東地震の際には，東京・横浜地域において多数の家屋が倒壊した．木造住家の全壊率は，沖積低地のうちで泥炭層の厚い谷底平野（最大70％），沖積層の厚い埋没段丘（40％以下），やや薄い埋没段丘の順に少なくなり，更新世段丘上ではきわめて少なかった（5％以下；松田ほか，1978）．このような現象は1944年の東南海地震の際にも認められている．直下型の1947年福井地震（M 7.1）でも，未固結堆積物が厚さ400 mをこえる福井平野中央部では住家の倒壊率は80％以上になり，堆積物が薄い周辺部に向かって減少した．ただし，この現象は盆地の中央を通る伏在断層とも関連すると思われる．

　山地斜面に発生する土石流は局所的ではあるが，大きな災害をもたらす．1923年関東地震

写真5.2.2　2004年中越地震による諸現象［2004年太田陽子撮影］　A：信濃川に沿う白岩の地すべり．大規模な崩落が道路を分断した．B：段丘面上の割れ目列の形成（小千谷南方雪峠）．割れ目は比高30 cm程度の落差を生じ，噴砂を伴う．C：地盤の液状化とマンホールの浮上（小千谷市内）．最大1.4 mに達する．

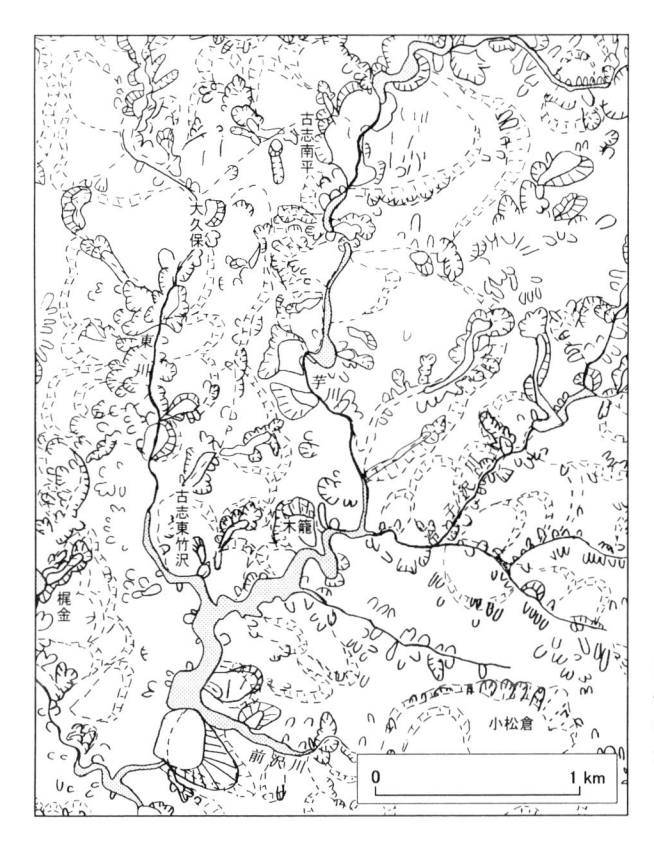

図 5.2.3 2004 年中越地震による山古志付近の丘陵地における地すべり（実線）の分布［Ota et al., 2009］ 新たに発生した地すべりの多くが既存の地すべり（破線）と同じ場所に発生した．アミ部は地すべりで形成された堰止湖．

の際には丹沢山地の斜面に多数の地すべりや土石流が発生した．中でも根府川駅背後の山地に生じた崩壊は山津波となって流れ下り，駅やホームを飲みこみ，ちょうど停車していた列車を海に落下させ，100 名余の命を奪った．1984 年の長野県西部地震（M 6.8）の際には，御岳山南側の斜面の崩壊によって生じた岩屑流は，谷沿いに時速約 80 km の速度で流下し，谷を埋め，温泉を埋没させ，王滝川を堰止めて堰止湖を形成した．29 名の行方不明・死者数はすべて岩屑流によるものである．

　地すべりによる被害も広域に及ぶ．2004 年 10 月の中越地震（M 6.8）では，山古志地域を中心とする魚沼層からなる丘陵地で多数の地すべりが発生し，道路や家屋を破壊した（写真 5.2.2A）．地すべりによって 45 カ所以上で堰止湖が発生した．また，地すべりによる道路の寸断は長い間救助作業の妨げとなった．地すべりは本震のときだけでなく，たびたび起こったM 5 以上の余震によって生じたものも多い．丘陵内で発生した地すべりの分布はきわめて密で，その多くは中越地震以前にあった既存の地すべりの分布と対応している（図 5.2.3）．すなわち，地すべりはかつての地すべり地の中に二次的な地すべりが起こったり，または地すべり地が拡大し同じような場所で繰り返し発生する場合が多いから，地形の分析からどこに地すべりが発生しうるかはある程度予測できるはずである．しかし，地すべりは常時動いているわけではないので，平地の少ない地域では，地すべりによって生じた緩傾斜の土地が集落や耕地として利用され，そこが次の地震によって破壊されてしまう．山古志での災害はこのような場所で生じた．

　土石流や地すべりの発生を完全に阻止することはむずかしい．しかし，そこに人間が住んで

写真5.2.3 2007年中越沖地震による建物の被害（柏崎市内）[2007年太田陽子撮影] 隣接する建物の被害が建物の質によって大きく異なる.

いると，大きな災害がもたらされることになる．避けられない災害を少しでも減少させる努力が必要で，土石流や地すべりを考慮した災害予測図の作製は，地形学研究者がなすべき課題の1つであろう．

振動による災害は丘陵地のみではなく，たとえば2004年中越地震の際，小千谷市内では河成段丘や沖積低地に，道路の破壊，亀裂群の発生（写真5.2.2B），液状化，マンホールの浮上（写真5.2.2C）が生じた．中越沖地震（2007年，M 6.8）の際にも，震源から離れた沖積低地での局地的地表変形や液状化が見られた．建物の被害も，地震断層による場合と異なり，かなり散発的で，隣接する建物でも，重い瓦をのせる2階建ての古い家，酒蔵，寺などが全壊しているのに対し，隣の家はほとんど無傷というように，建物の質の差が被害の差となって現れている場合が多い（写真5.2.3）．これは1995年兵庫県南部地震，2004年中越地震で見られたのと同様な現象である．柏崎市内では，2004年の震動でかろうじて持ちこたえた家屋が2007年の地震でついに倒壊したという場合が多い．より詳細な災害予測図の作成と，それに対応する耐震設計の実施が今後の被害減少のために必要である．

(3) 海岸地域の災害と津波

海岸または沖合地域に震源をもつ地震は，海岸域の昇降とそれに伴う環境変化を引き起こす．地震による隆起は長期的に見れば陸域の拡大をもたらすが，隆起による海岸地形の変化は港や漁港としての機能を損なう．沈降によっては居住地や耕地の減少を招く．このような地震に伴う土地の昇降は地形に記録され，かつその累積性が知られていることが多い（2-3節（2）参照）．

海岸地域では地震に伴う津波による被害が問題になる．津波は，一般に日本沿岸の海域に発生する地震に由来する（図5.2.4）が，とくに日本海溝に面し，太平洋岸に開口する小さな湾入をもつ三陸海岸や，相模・駿河・南海トラフに近い房総半島から四国南岸にかけての太平洋岸は，津波の常襲地域として知られる．三陸海岸ではたびたび大津波による被害を受け，中でも869, 1811, 1896, 1933, 1968年の津波は大きな被害をもたらした．山がちな海岸では，集落はリアス海岸の入江奥の低地に位置し，押し寄せる津波はせまい谷で波高を増幅して，甚大な被害を与える．最大波高は1896年の明治三陸地震では39 m，1933年の昭和三陸地震では29 mにも達した．津波は，浸水だけでなく，大きな波のエネルギーによって建造物の破壊，堆積・侵食なども引き起こす．

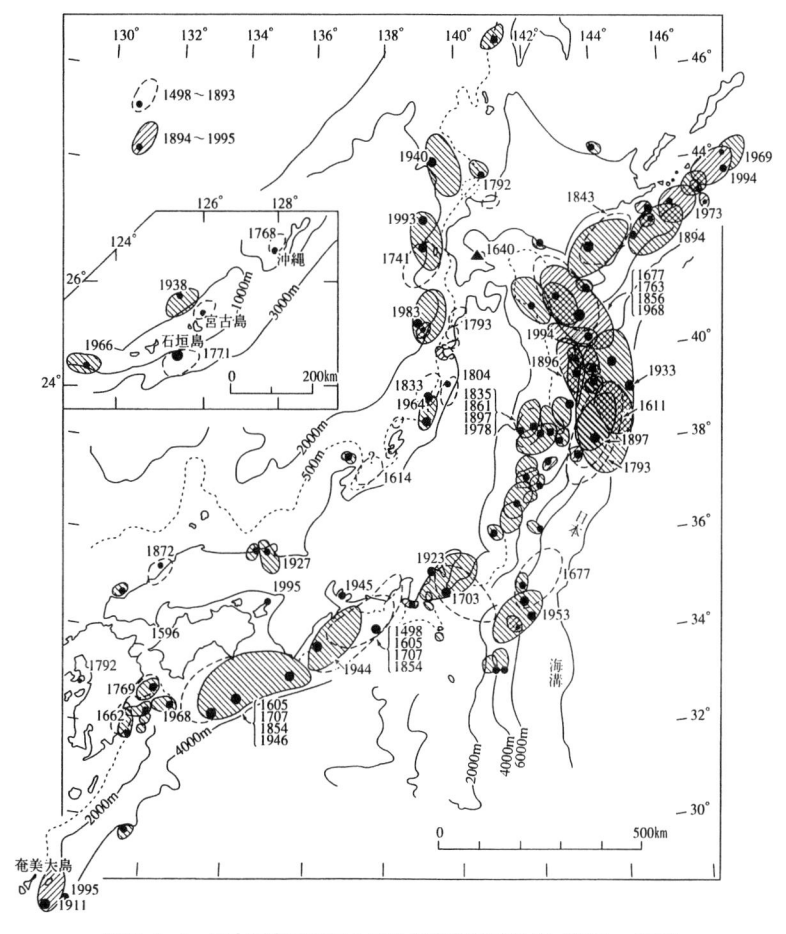

図 5.2.4 日本列島周辺における津波源域の分布 [羽鳥, 1996]

　津波も繰り返し起こっており，津波の経歴を知ることの重要性が認識され，古地震研究の一環として歴史津波や堆積物の層相に基づく古津波の研究が進展している（たとえば藤原ほか編, 2004; Shiki et al., 2008）．古津波は完新世堆積物中に記録されていることが多いが，南西諸島の島々では陸に打ち上げられた巨大なサンゴ塊（写真 5.2.4）が古津波を示している（河名・中田, 1994; 河名, 1996）．石垣島では南方沖合に震源をもつ 1771 年の八重山地震（M 7.4）による津波大石が段丘上に広く分布し，その最大高度は高度約 40 m に達する．島の 40% が津波で覆われ，人口の 30% を占める 8400 名の命を奪った．南岸の集落では死者の割合が 80–90% にも達する（牧野, 1968）．集落別の死亡者の割合を見ると，沖合にサンゴ礁が発達した海岸ではその割合が比較的少なく，サンゴ礁が防波堤の役割を果たしていたことを示す（Yoshikawa et al., 1981）．

　津波は沿岸海域の地震から由来するだけでなく，南・北アメリカから太平洋をこえて到達するものもある．1960 年のチリ地震（M 9.5）に伴う津波は地震発生後 24 時間後に三陸海岸を襲い，最大波高は大船渡で 4.9 m に達し，海底での著しい侵食を起こした．このときの津波は，しばしば津波災害を受ける湾奥部ではなくて，湾口部で顕著であった．

　また，遠地地震による津波として 1700 年の津波が挙げられる（Satake et al., 1996）．1700 年

写真 5.2.4 多良間島の津波石［1987年 河名俊男氏撮影］ 多良間島北海岸に分布するサンゴ化石群の岩塊．化石サンゴの ^{14}C 年代は 4450±190 yrBP（未較正）で，当時の沖縄トラフでの津波の発生を示唆する（河名・中田，1994）．

1月26日に，太平洋岸の大槌から紀伊半島の田辺にいたる広い地域にわたって津波が襲ったことは歴史資料から知られていたが，そのもとになる地震は不明で，「親なし津波」とか「出生不明の津浪」と呼ばれていた．最近北米西岸のワシントン州やオレゴン州の海岸で古土壌上に存在する津波堆積物，埋没林，年輪などの年代が明らかになり，またオレゴン海岸沖の海底谷にも当時の乱泥流堆積物が見出され，日本での出生不明の津波は1700年に北米北西岸で起こったカスケード地震に由来することがわかった（Atwater *et al.*, 2005）．

5-3 豪雨，暴浪・高潮などに伴う災害

(1) 豪雨に伴う災害

梅雨前線が停滞し大小の台風に襲われる日本列島各地では，南から入り込む湿った気流が大量の雨をもたらす．また，最近ではきわめて局地的な集中豪雨に見舞われることが多くなった．それらの降水強度は1時間に100 mm 以上，1日あたり1000 mm にも達することがある．降雨範囲が広い場合，1流域全体に降った雨が，おのおのの支流から中流部に集中して流れ込み，破堤を伴う大氾濫を引き起こす．

1947年9月にはカスリーン台風が利根川源流部に大量の雨を降らせた．記録されている山間部の総降水量は 500 mm 以上に達した．赤城山の山腹では多数の山崩れが発生し，土石流が火山麓扇状地を刻む放射谷を流れ下った．栗橋付近の洪水流量は1万7000 m³/秒（年平均流量は 290 m³/秒）に達して，右岸側の堤防が決壊し，洪水流は利根川の旧流路を流れ下って江戸川低地に氾濫した．

北上川では，1947年（カスリーン台風），1948年（アイオン台風）と2年続けて一関付近で最高水位が 25 m をこす大水害となった．現在は大規模な一関遊水池と上流につくられたダム群で洪水を調節している．その後も，台風や梅雨前線の雨は全国各地に大災害をもたらした．洞爺丸台風（1954年），諫早豪雨（1957年），狩野川台風（1958年），伊勢湾台風（1959年）などである（表 5.3.1）．

戦後から1960年までの期間は，大河川の破堤や高潮災害が目立ったが，山地の荒廃が徐々

表5.3.1 1930年以降の日本列島を襲った主な風水害 [理科年表, 気象庁ホームページより作成]

発生年月日	名称	死者数	行方不明者数	高潮最高潮位 (T.P.+m)
1931年以降, 死者500人以上の風水害				
1934. 9.20-21	室戸台風	2702	334	3.1(大阪湾)
1938. 6.28-7.5	大雨(前線)	708	217	
1942. 8.27-28	台風	891	267	3.3(周防灘)
1943. 9.18-20	台風	768	202	
1945. 9.17-18	枕崎台風	2473	1283	2.6(九州南部)
1947. 9.14-15	カスリーン台風	1077	853	
1948. 9.15-17	アイオン台風	512	326	
1951. 10.13-15	ルース台風	572	371	2.7(九州南部)
1953. 6.25-29	大雨(前線)	748	265	
1953. 7.16-24	南紀豪雨	713	411	
1954. 9.25-27	洞爺丸台風	1361	400	
1957. 7.25-28	諫早豪雨	856	136	
1958. 9.26-28	狩野川台風	888	381	
1959. 9.26-27	伊勢湾台風	4697	401	3.9(伊勢湾)
1961-1990年の死者300人以上の風水害				
1961. 6.24-7.10	梅雨前線豪雨	302	55	
1967. 7.7-10	豪雨	365	6	
1972. 7.3-13	豪雨	410	32	
1982. 7.10-26	豪雨	337	8	長崎県で土砂災害
1991年以降死者・行方不明者30人以上の風水害				
1991. 9.12-28	台風19号	84	2	
1993. 7.31-8.7	豪雨	74	5	
1999. 6.23-7.3	梅雨前線	38	1	広島県で土砂災害
1999. 9.21-25	台風18号	31		熊本県で高潮被害
2004. 9.4-8	台風18号	48	2	
2004. 10.18-21	台風23号・前線	95	8	
2006. 7.15-24	豪雨	28	2	
2006. 10.4-9	暴風・豪雨	34	16	

に復旧し, 河川や海岸堤防が整備されると, 河川本流堤防や防潮堤の破堤に伴う大災害の危険は少なくなった. また, 気象予報の精度や伝達手段が向上し, 避難態勢整備などもあいまって失われる人命が急激に減少した. 1931年から1960年までの30年間には死者500人をこす風水害が14回も発生したのに対し, 1991年以降は死者・行方不明者の合計が100人をこす風水害は1件しか発生していない(表5.3.1).

一方で, 都市域の拡大の結果, 急傾斜の斜面や風化の進んだ脆弱な斜面へと住宅地がひろがっていった. このような開発が斜面や造成地の崩落・崩壊を引き起こし, 土石流発生の誘因をつくっている. 戦後最も多くの人命が失われた土砂災害は, 1982年に長崎を襲った梅雨前線による集中豪雨で, 長与町で1時間187mm, 長崎では3時間に315mmの降雨に見舞われた. 崩壊土砂は土石流となって長崎の町を襲い, 甚大な被害を与えた(高橋, 1986; 池谷, 1999).

1999年6月29日に広島市周辺や呉市で発生した豪雨災害も, 都市型の土砂災害といえよう. 広島市での降雨は1時間に70mm, 1日260mmに達した. 集中豪雨はきわめて局地的で, 日雨量200mmをこした範囲は東西10km, 南北30kmの範囲であった. 広島市西部や北部の

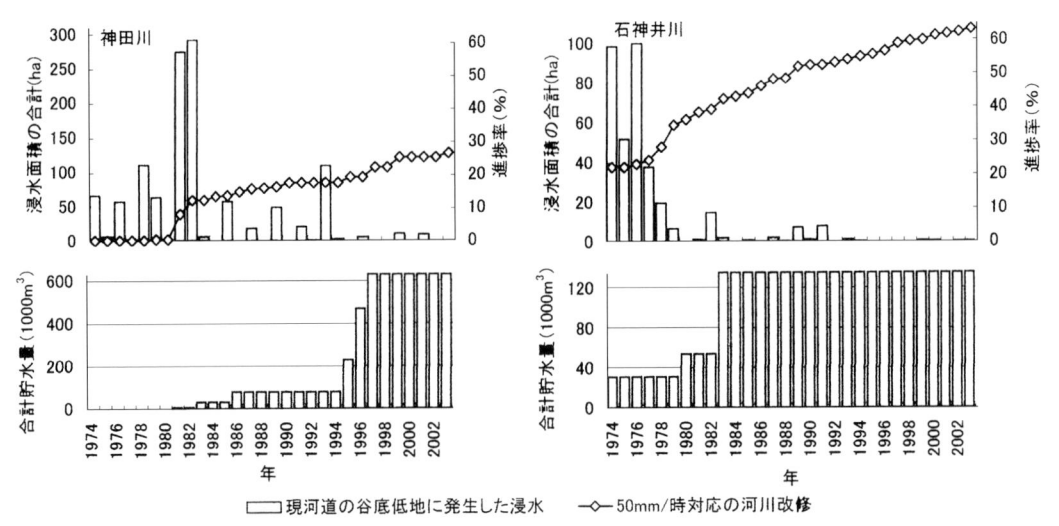

図5.3.1 神田川・石神井川現河道沿いの谷底低地に発生した浸水面積の推移と，時間降雨強度50 mmに対応する河川改修と調整池設置の進展［阿部, 2008］

新興住宅地の裏山や造成地の被害が大きかった（牛山ほか, 1999）．

(2) 高潮災害と内水氾濫

　低気圧（主に台風）の通過に伴う気圧低下や強風が誘因となる異常な海水面上昇が高潮である．日本で最も高かった潮位は，1959年9月26日に東海地方を襲った伊勢湾台風時に名古屋港で記録されたT. P.（東京湾中等潮位）+3.89 mである．日本の3大都市圏はいずれも南に開く内湾岸（東京湾，伊勢湾，大阪湾）に位置しているので，高潮の害を受けやすい．

　都市化の進展は中小河川の遊水機能を低下させ，中小河川の氾濫が社会問題となった．最初の顕著な水害は東京を襲った狩野川台風（1958年）に伴う内水氾濫である．このとき，東京での総降水量は440 mmに達して，都内でも国鉄中央線沿いの崖が崩壊し，東京西部の台地上を流れる中小河川の流域ではいたるところで浸水した．東京都では46万戸（床上浸水は12万戸）の住宅が浸水した（菊地, 1960）．

　武蔵野台地西部から多摩丘陵の宅地開発が急速に進んだのは，1960年代以降である．現在，武蔵野台地は扇頂部の青梅にいたるまでのほぼ全域に都市化が進み，内水氾濫対策はますます東京都の重要課題の1つとなった．河川沿いの校庭や公園などを利用した遊水地や，幹線道路下に一時貯留施設を建設し，失われた遊水機能を復活させる努力を進めている．下水道の完備とともに内水氾濫は減少したが（図5.3.1），一時的な集中豪雨時には局部的に下水道の雨水排水能力を上回る事態が発生し，マンホールから汚水が噴き上がることもある．

5-4 地形の人工改変

(1) 砂防や河川改修

　山地では，小規模な山崩れやガリー侵食から巨大地すべり性崩壊まで，さまざまな規模のマ

スムーブメントによって斜面が変化する．それに加え，生産された土砂は主に土石流となって山間の渓流を駆け下る．これらの岩屑は河床を上昇させ，河道から溢れたり堤防を破って，住宅地や耕地に進入する．

最上川では，流出土砂の70%を供給する支流の立矢沢川流域で，1937年から国の直轄で砂防事業がはじまった．この流域でとくに崩壊地が目立つのは，月山の溶岩斜面を深くえぐる支流濁沢で，渓床には階段状に砂防堰堤が築かれている（写真5.4.1）．また，しばしば土石流を発生し，上高地の大正池に向かって崖錐〜扇状地を発達させる焼岳斜面を刻むガリーには，土石流に含まれる水や細粒物質だけを通過させるスリット型の堰堤が見られる（写真5.4.2）．砂防堰堤は渓流を分断し，土砂の下流への流出を抑えるとともに魚類の生息に悪影響を与えるので，設置後，山腹の安定した渓流では堰堤を撤去する試みも散見される．

明治時代中ごろまでは，河川は重要な物資輸送路で，多くの「河岸」が設けられ，運河や分水路も含め，舟運路の維持は最重要な課題であった（小野寺，1991；川名，2007）．江戸時代から明治初期にかけては，洪水調節や舟運路の確保を図るため，利根川水系の大規模な変更や木曽三川の分離などの大規模な工事も進められていた．しかし，人や物資の輸送が鉄道や道路にとってかわられると，洪水流を含め河川には水や土砂を流す通路としての役割が残された．

明治以降の河川改修では，河川流路沿いに連続堤防が築かれ，流路の短縮と直線化が進められた．このような工事が洪水の流れを速め，短時間に流水を下流に集中させ，多くの大河川で破堤・溢水を起こした大きな原因であろう．一方では，山腹や渓床を安定させ，土砂流出を軽減する各種の砂防施設が建設され，他方では，集中する洪水流を調節するため上流域に大ダム

写真5.4.1 立矢沢川支流濁沢の砂防堰堤
［1996年小池一之撮影］

写真5.4.2 焼岳斜面を刻む上々堀沢に造られたスリット型の堰堤［1990年小池一之撮影］

が，中流域には利根川や北上川に見られるような大遊水地が建設された．最下流部の沖積平野では，排水不良地を軽減するために多くの放水路が建設され，海浜に新たな変化をもたらした（小池，1997）．

(2) ゼロメートル地帯と高潮対策

1959年10月11日付け中部日本新聞サンデー版の「地図は悪夢を知っていた」というキャッチフレーズは，高潮災害前に完成していた濃尾平野の水害地形分類図（大矢，1956）が，伊勢湾台風の高潮による浸水範囲を的確に予知していたからである（大矢，1996）．戦後，最も大きな被害を与えた高潮は，先にも述べたこの伊勢湾台風で，海岸・河川あわせて約200カ所で破堤し，死者・行方不明者総数5098名，浸水面積約 300 km^2 の被害を受けた（高潮が到達した総面積は 1000 km^2）．このときまでに，濃尾平野では地盤沈下が進行し，すでに 200 km^2 の海抜0m（東京湾中等潮位）以下の土地が存在していた．

地下水の過剰な汲み上げ（現在は規制されている）が引き起こした地盤沈下は，東京下町で過去100年間で最大 4.5 m にも達し，低地はしばしば高潮や内水氾濫の被害を受けた．東京湾岸では，伊勢湾台風クラスの台風が襲来した場合の高潮を想定し，外郭防潮堤を強化した．

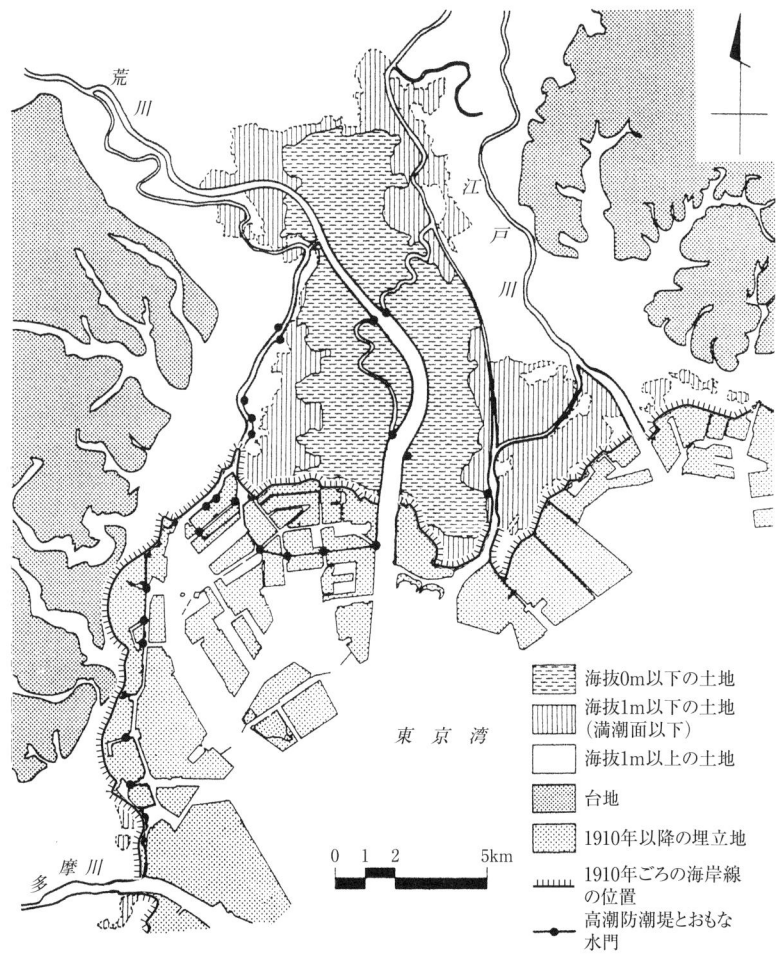

図 5.4.1　東京下町低地とその周辺の環境地図［小池，2001b］

東京都の低地は延長 270 km，天端高 A.P.（Arakawa Peil：荒川河口〜東京湾西部における河川・海岸工事の基準面で，T.P.−1.1344 m の値，ほぼ干潮位にあたる）+5〜8.4 m の堤防に囲まれ，内水排水施設で護られている（図 5.4.1）．

(3) 海岸侵食対策

1900 年代初頭に完成した全国の 5 万分の 1 地形図は，写真測量によって 1970 年代はじめに全面改測された．新旧の地形図を比較してみると，この期間では日本の砂浜海岸は前進傾向にあったことがわかる（小池，1974）．しかし，空中写真が利用できるようになった戦後の変化を見ると，前進傾向が鈍りはじめたことを示す結果（Ozasa, 1977）となり，最近の地形図を利用した調査結果では，侵食傾向が際だってきた（田中ほか，1993）．日本の砂浜海岸線で，戦前・戦後を通して 1960 年ころまで砂浜が前進傾向を保っていたのは，石狩川河口部，仙台湾，九十九里浜中央部，遠州灘，弓ヶ浜北西部，日向灘などの海岸である．大河川の河口周辺や日本海側の海岸では後退傾向が著しかった（小池，1974）．

海岸侵食は，自然条件下でも進行するが，浚渫や砂利採取など直接的な原因に加え，ダム建設や山腹の復旧工事に伴う排出土砂量の減少，海食崖の崩壊防止工事による漂砂量の減少，防波堤や導流堤などの建設に伴う漂砂の遮断などの原因が考えられる．現在，ダムより上流域の侵食速度（土砂収支）は，おおよそ 0.3−0.5 mm/年の値が報告されている（Yoshikawa, 1974 など）．藤原ほか（1999）の推計では，個々の山地の侵食速度（mm/年）は，赤石山脈（1.631）が最速で，日高山地（0.735），四国山地（0.746）などが続き，阿武隈山地（0.132），天塩山地（0.107）などが小さな値である．また，日本全体の山地から供給される土砂量は年間 1 億 3000 万 m^3 と計算され，そのうち 4000−5000 万 m^3 の土砂が貯水池に堆砂していると推定される（芦田，1996）．ダム群への年間の総堆砂量は，天竜川：472.5 万 m^3，大井川：214.5 m^3 万，信濃川：157.7 万 m^3 と見積もられている（水山，1998）．

遠州灘から駿河湾に流入する河川群は，河口に礫質の低地を発達させ，1950 年ころまでほぼ全面的に海岸線を前進させていた．しかし，天竜川河口では，佐久間ダムの完成（1956 年）などを経て，1970 年ころ汀線はほぼ現在の位置まで後退した（小池，1997）．佐久間ダムに続いて秋葉ダム（河口より 47 km 上流）が 1958 年に完成したので，1960 年代に 200 万 m^3 ほどあった河口からの排出土砂量は，1980 年代にはわずか 16 万 m^3 に減少した（宇多ほか，1991）．このため，天竜川河口では，20 世紀初頭以降汀線が 500 m ほど後退し，河口より西部の砂浜には離岸堤群が建設されている．

中国山地の分水嶺周辺では，近世以降 1923 年（大正 12 年）ごろまで 300 年にわたって鉄穴流しが盛んであった．鉄穴流しとは，砂鉄を採取する伝統的な方法である．渓流やあらかじめ引いておいた水路に人力で山腹を切り崩した風化花崗岩の土砂を落とし込み，樋の中を流しながら，比重の大きい砂鉄を樋の底に溜めて採取した一種の浮遊選鉱法である．砂鉄を原料とする製鉄法は鑪製鉄と呼ばれ，粗鋼塊 1 トンを産出するためには砂鉄，木炭とも約 3.5 倍，計 7 トンと大量の原料を必要とした．山を切り崩す土砂量は砂鉄重量のほぼ 100 倍で，大部分の土砂はそのまま河川へ排出された．瀬戸内海に注ぐ高梁川，日本海に注ぐ日野川，神戸川，江の川，中海に注ぐ飯梨川，宍道湖に注ぐ斐伊川などの上流域で，廃土の総量は 8.5−12 億 m^3

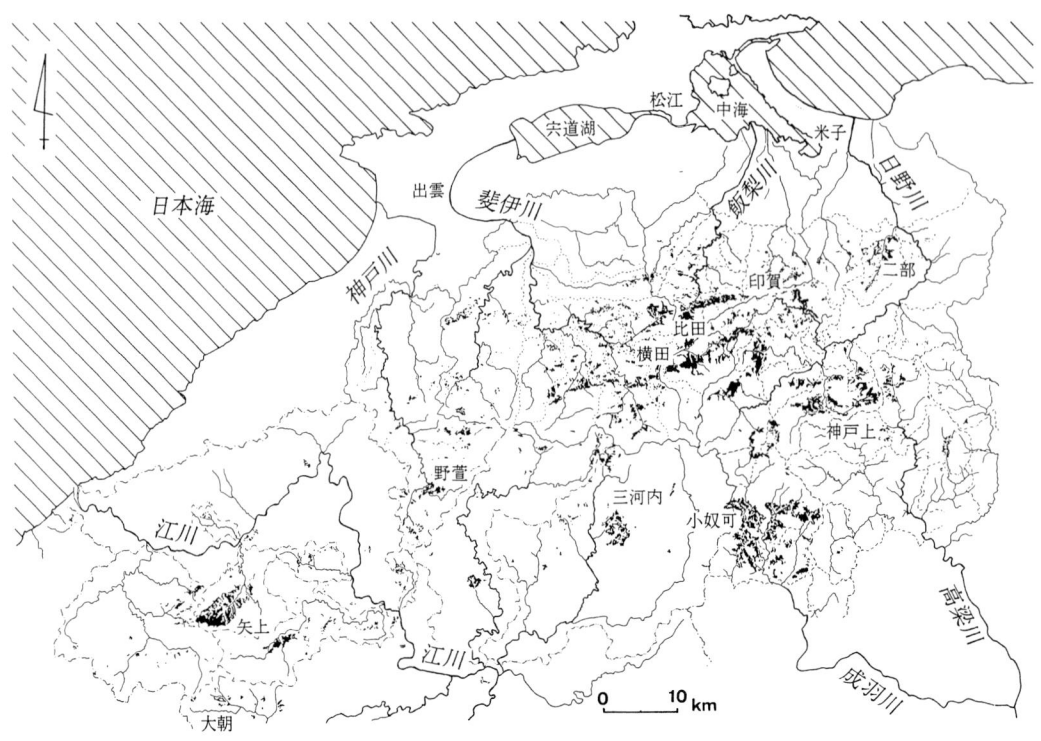

図 5.4.2　中国山地に分布する鉄穴流し跡地群（黒色部分）[貞方，1996]

にも達すると判定された（貞方，1996）（図 5.4.2）.

　たとえば，日野川流域全面積 7.24 億 m^2 のうち鉄穴流しによって崩された山腹面積は 5% 弱（3500 万 m^2）にも達し，その総廃砂量は 2.0-2.7 億 m^3 と見積もられた．これは，日野川全流域を 28-37 cm も低下させる莫大な量であった．日野川河口左岸側に位置する弓ヶ浜半島は 3 帯の浜堤群（内浜，中浜，外浜）と干拓・埋立地から構成されている．外浜を構成する堆積物の約 75% は鉄穴流しをはじめたためにつけ加えられたもので，その総量は 1.3 億 m^3 であり，鉄穴流しによって日野川流域から排出された花崗岩廃土のうち 50-60% が外浜の形成に寄与したと考えられる（貞方，1991）.

　鳥取県の皆生温泉は，もともと海底からわき出していた温泉が，日野川上流域の鉄穴流しから供給される大量の土砂によって陸上に現れ，新しい温泉街を形成した場所である．しかし，鉄穴流しが終了した現在は，激しい侵食に見舞われている．1899 年測量の地形図によると，外浜の幅は皆生で 2000 m であり，これが 17 世紀初頭から 19 世紀末までの皆生海岸の前進幅である．その後，鉄穴流しの終了した直後の 1934 年までは 150-200 m ほど前進したが，1961 年の測量では，河口から 3 km ほどの皆生温泉地先の海岸は全面的に侵食され，1899 年の位置（最大 300 m）まで後退した．本格的な海岸侵食対策は，まず 1947 年から鳥取県による護岸と突堤群の整備からはじまった．その後，建設省直轄工事がスタートし，1971 年以後 1986 年までに，計 28 基の離岸堤が日野川河口の東西両側の海岸沿いに建設された．皆生温泉地先の海岸には砂が戻り，海岸護岸と離岸堤の間には新たなトンボロ群が形成され，再び，海水浴，浜遊びのできる海浜がよみがえった（写真 5.4.3）．現在は，景観に配慮した人工リーフ（潜堤）への切り替え工事が進んでいる．

写真5.4.3 皆生温泉前面の人工トンボロ群
[1995年，米子市観光課提供]

(4) 干拓の進展

　森林面積が国土の70％弱を占める日本列島では，人々の関心は耕地（水田）の拡大であった．新潟平野や庄内平野など，現在，日本を代表する水田単作地帯は，江戸時代初期には低平で排水不良な土地か，湿地または海跡湖の名残が残存していた．灌漑施設や排水施設が整い，乾田化したのはごく最近のことである．水溶性天然ガスの過剰汲み上げが引き起こした地盤沈下のため，海面下の土地となった新潟の市街地や周辺の水田は排水施設と堤防とで護られている．新潟駅の北東2kmほどの通船川と信濃川河口への出口に設置された山ノ下閘門排水機場では，通船川の水位を通常，T.P. -1.65mになるよう排水機を運転し，ゼロメートル地帯を護っている．

　第二次世界大戦後，日本政府は食糧（とくに米）生産増大をはかり，入江や海跡湖の大規模干拓に着手した．これらの候補地には，海跡湖では八郎潟，河北潟，中海，入江では児島湾，干潟では木曾川河口周辺（鍋田干拓など），有明海，諫早湾などが挙げられた．これらの内，すでに完成しほぼ当初の目的に沿った利用が進められているのは，八郎潟，児島湾，鍋田干拓，有明海などである．

　遅れて干拓事業に着手したところでは深刻な問題を抱えている．石川県の河北潟では，干拓事業が完成した1971年には新期開田が政策上認められなかった．排水の悪い干拓地は畑地としては生産性が低く，配分された農地の返上が続出している．また，中海では，干拓堤防や防潮水門もすべて完成したが，中海や宍道湖の水質悪化や日本一の漁獲を誇るシジミの絶滅を恐れ，淡水化事業が中止された．諫早湾干拓地でも閉め切りの是非を巡る議論が続いている．

(5) 失われた自然を取り戻す試み

　種々の改変の結果，日本では，自然状態の砂浜海岸が減少し，海岸への自由な立ち入り（入

浜権）が制限されてしまったところが多く，砂浜や干潟の減少は水質浄化作用を弱めた．港湾や工業用地・住宅地などの開発と海岸侵食防止策が優先され，海岸の景観，海岸へのアクセスなどはあまり考慮されていなかったが，最近は日本各地で失われた自然（とくに砂浜）を取り戻そうとする試みが進んでいる．

東京湾東部の広大な干潟が続く千葉の海岸や横浜より南の西部海岸は，かつて東京湾周辺住民のレクリエーションの場所であるとともに，海苔の養殖をはじめとする水産業の場でもあった．しかし，現在は自然の干潟や浅瀬の分布はきわめて限られている．1970年代に入ると，東京湾を取り囲む自治体は，失われた砂浜・干潟の人工造成，海岸へのアクセス改善などに取り組みはじめ，現在，11地点で，総延長15km強の人工渚が建設され，海浜公園の重要な構成要素となって賑わいを見せている（小池，2001）．

失われた自然を取り戻すには多くの費用が必要である．東京湾全体で取り戻した人工海浜はまだ15km強に過ぎない．元来，東京湾の海岸線延長は180kmであったが，開発が進み，現在水際線延長は800kmに達する．しかし，一般の人々が容易に立ち入ることのできる海岸線はわずかにすぎない．

6 ― 未来の地形と地形学の未来

Simulated Landform at 110kyr AP (After Present)

筑波山の現在の地形を初期条件として与え，また過去約11万年間の気候変化・海面変化が繰り返されると仮定し，加えて地殻運動・火山灰降下を外部条件として与えて，11万年後の地形についてシミュレーションを行った．このシミュレーションのモデルで対象としている地形変化現象は，斜面では緩慢なクリープと急激な山崩れ，河川では掃流運搬・浮遊運搬と洪水，海岸では波のフェッチと波浪作用限界深を考慮した海食作用と海食崖の後退，などである．気候と岩石物性に依存すると考えられる多くのパラメータには仮の値が与えられている．この図では陸上地形の変化の速さに比べて，波浪による地形変化の速さが大きく設定されているので，海成段丘の発達が目立っている．

6-1 日本における第二次世界大戦後の地形研究の潮流

　日本における地形研究を，その研究課題から概観すると，①現在の地形は地質学的時間の中でどのように形成されてきたか，②現在の地形は観察・観測できる時間の中でどのように形成され変化しつつあるか，③地形の成因・特性はほかの事象（土壌・植生・土地利用・災害・気候変化・海面変化・地殻運動・火山活動・環境など）とどのように関係しているか（応用的），という3つに大きく分類できる．

　日本では「地形学」は地理学の主要な1分野で，とくに自然地理学の中枢に位置していた．しかし1990年代ごろから，主として国立大学などで進められた改革によって，地形研究者の主要な供給源であった理学系学部の地理学分野は，「地球科学」や「環境」などを含む名称を冠せられた部門と統合された．学界全体としても，地理学の1分野としての地形学という色彩は薄れつつあり，③に挙げたような研究分野に興味を示す研究者が増えている．しかし，これら地形学の新しいそして多方面への展開は，あくまで伝統的な地形学の蓄積（形態・成因の把握理解，学術用語など）の上に成立しているので，これまでの地形学の蓄積が使い果たされないように今後も地形学は進歩しなければならない．ここでは，①と②について取り上げる．また両者は予知予測を基軸とする地形学が進展するならば，どのように融合されるか，その見通しを述べる．

　①に挙げた研究分野は，「地形の史的変遷過程に重点をおく発達史地形学」と呼ばれ（貝塚，1998），主として更新世以降に形成された丘陵・台地・低地など堆積物をもつ地形を研究対象としてきた．第二次大戦後，地質学の層序学・編年学の原理が地形学に取り入れられたことによって発展した分野である．また，1950年代後半以降に種々の堆積物中の化石（木片，古土壌，貝，サンゴそのほかの古生物）の放射年代測定が急速に進んだ．とくに日本では火山噴出物を地質時代の年代指標として用いることで非常な進歩を遂げた．地形発達史の研究は単に地形の編年的研究にとどまらず，気候変化，海面変化，地殻変動，火山活動などを復元する研究へと進展し，大きな成果を上げた．これらは地表の形態を扱う本来の地形学から見れば派生的な研究分野であるが，それを通じて地形学自身も進歩した．また地形は「土壌」「植生」「人類の生活」の基礎・基盤でもあるので，これらの分野との関連も生じることになり，地形学は伝統的な「地質学」「古土壌学」「古植生学」「人類・考古学」などの総合科学としての「第四紀学」の主要な分野の1つとなった．そして地形学の研究者の多くは，現在に近い過去に関心をもつ地質学の研究者とともに日本第四紀学会を結成し（1956年設立），この分野における主要なメンバーとなっている．

　また断層地形の研究は戦前からの蓄積があったが，断層変位の蓄積に絶対時間の尺度が入ることによって，断層地形は活断層運動の蓄積によって生じたものという理解が深まり，内陸直下型地震の予知に困難がある地球物理学的方法にかわって，地震「予知」の方法として社会からの認知を受けることになった．そして日本活断層学会も結成された（2008年設立）．ただし活断層による地震「予知」はメカニズムに関わる観測に基づくものではなく，反復期間と最新活動時期に基づく発生時期の経験的予測であり，時間目盛りの粗い経験則によっているので，この研究が進んでも日常生活に関わる時間精度の予測とはならない．しかし，活断層の活動特

性は土地がもつ自然特性の１つであり，災害時の被災リスクの大きい原子力発電所や公共施設の建設では十分に考慮されるべきであることが広く認められている．

このように発達史地形学は，隣接科学や社会に貢献するという面でも，大きな成果を上げた．ただし地形学そのものという見方からすると，気候変化，海面変化，地殻運動，火山活動などの独立外部条件の変化がなくても起きている地形変化・地形形成（＝地形学の本質的課題）には無関心であったといわざるを得ない．このことから，デービスの「地形輪廻説」やW.ペンクの「地形分析」など，すなわち近代地形学の出発時に提起された地形学とは別の方向の「地形形成史学」であるといえる．また，次に述べる②の研究分野とは交点があまりなかった．

②に挙げた研究分野は，「個々の地形形成作用ないし地形形成過程（プロセス）の原理・原則の解明に重点をおくプロセス地形学」と呼ばれ（貝塚，1998；以後この用語を用いる），地形を変化させる諸作用（風化，斜面重力，風，川・海の水の運動など）を対象として，それら作用に関連する事項の測定によって地形現象をとらえようとする分野である．それまでのデービス地形学の抽象的観念的な原理を根本から見直すきっかけを与えた．

前述の①が歴史科学的側面をもっているのに対して，この分野の研究は，機器による測定，測定値に基づく定量的推論など，ほかの「現在」科学（とくに土木学，砂防学，河川・海岸工学など）と共通する手法を用いているため，これらの分野と親和性があり，地形学の成果をそれらの分野に提供することができた．このような地形学は，学会組織としての「日本地形学連合」（1979年設立）の中心的理念となった．

急速な地形変化は測定が可能である上に，地形災害を引き起こすので，地形学の応用的研究として社会的需要もある．ただし緩慢な作用・地形変化に対しては機器による測定・検出が困難である上に，測定できるのは主として作用だけであり，それも地形という容物の中での作用を測定しているので，気候変化，海面変化，地殻運動，火山活動などのある長い時間経過の中で，その作用がその容物である地形自体をつくる過程の追跡には困難がある．その意味で「形態形成学＝地形学」ではなく，あくまで「地形関連のプロセス学」であるという側面をもっている．

地形を研究対象としながら，発達史地形学とプロセス地形学（営力論）は別の方向に向かうのみで，翻って出発点であった地形で交絡しようという指向はどんどん失われた．そして，どのように交絡すべきか新しいパラダイムの提示もなかった．以上のように，戦後の地形学を発達史地形学と地形関連プロセス地形学に２分して総括することは粗暴ではあるが，それ故に大勢は把握していると思われる．

それでは，このように２つに分流した日本の地形学の流れは交わることはないのであろうか．筆者は，地形発達の予測，すなわちシミュレーションを行うとき，プロセス地形学と発達史地形学は明確な位置づけが行われることに着目している．これについては6-6節で改めて述べる．

発達史地形学とプロセス地形学を両輪とする日本の第二次大戦後の地形学は，いわゆるデービス地形学の克服を目指した日本独自のものである．しかしデービス地形学を克服すると同時に，地形（形態）そのものへの関心も失った．一方，世界では（短いスペースで要覧するのは難しいのであるが），Horton（1945）に触発されたStrahler（1952など）は日本より先にデービ

ス地形学からの脱却を目指し,プロセスに注目した定量的な地形学を提唱した.この考えをイギリスに伝えた Chorley（1962 など）や Schumm（1977 など）などいわゆる「コロンビア学派」の地形学の著作によって,この考えは世界中に普及した.もちろん,第四紀の気候変化の下での地形形成,地殻運動による地形形成,世界共通であるプロセス研究という面で,日本の地形学界が世界の潮流から孤立してきたというわけではない.

6-2 第四紀学における予測と地形学における予測

地形学の成果がただちに実用的効用を発揮することもあるが,地形学はやはり理学的性格をもっている.すなわちすぐには役立たなくても,自然界の真実を明らかにすること自体に存在意義があると考える.また地形は目に見えること,それをつくっている作用を実際に観察し,観測できるので,「現在は過去の鍵である」という見地から地質学の基礎であるという側面をもっている.

理学は自然界に存在する価値あるものを発見し,工学は自然界に存在しない価値あるものを発明する,といわれる.それでは発見すべき価値あるものとは何であろうか.それは自然界における変化の「予測」であろう.「経験による未来予知」というレベルをこえた,人間にしかできない「自然界の法則性の把握による未来予測」ではないだろうか.それは地形学においては地形変化の予測にほかならない.

地球科学では,ほかの科学と同様,知的好奇心が研究の原動力であることは確かであるが,予知という観点から,研究を評価するという観点も必要である.地形学では予知予測を正面に据えた研究をもっと意識的に行うことが必要であろう.予知予測をかかげて研究を行った場合,うまくいかなくても社会は寛大であるが,はじめから予知予測の気配の薄い記載的研究にはどんどん冷たくなってきている.

かつて日本第四紀学会（1987b）は「百年・千年・万年後の日本の自然と人類」というシンポジウムの成果を書籍として出版した.この本の副題はいみじくも「第四紀研究にもとづく将来予測」という副題が付せられている.この副題は問題の核心をついている.ここでは未来は過去から現在への傾向の延長であろう,あるいは未来にも過去の周期の繰り返しが起きるであろうということが将来予測の根拠となっている.第四紀に続く時代の予測について,原理的に気候変化と海面変化,地殻運動と火山活動は関係があるが,前者と後者はほとんど独立である.そしてこれらはすべて地形変化に大きな影響を与えているが,逆に地形からの影響は小さい.気候変化,海面変化,地殻運動,火山活動などの予測は地形変化の原理・法則性に基づく予測とはまったく別のものである.

万有引力の法則（2つの物体間に働く力は質量の積に比例し,距離の2乗に反比例する）で自然界は成り立っているという認識から出発し,電磁気現象,熱現象を取り込み,量子論的統計力学に基づく階層的自然界の理解へいたった物理学においては,「予測」はあくまで原理に基づく予測である.それに対して前述の第四紀学の「予測」は,いわば過去の知識に基づく予測であり,予測の根拠は何かという点から見るとまったく異質である.

現在起きている地形変化事象は,力学的世界の事象であることは十分に意識する必要はある

が，事象を単純化して，かつ単純化された条件下での力学法則を発見することが地形学の目的ではないことも明らかである．地球重力によるリンゴの落下という現象から，万有引力という一般力学法則を得ることには科学史的な意義があったが，地形変化現象から物理法則を発見する意義はない．

複雑な条件や複雑に入り組んだ因果関係の上で発現する地形現象については，その条件や因果関係を意識的に整理し，過去の事例を可能な限り総体的に理解することによって，将来の予測が可能となる．前掲の第四紀学会編（1987）の冒頭の章で貝塚爽平は，「過去は未来の鍵」とこの本の考え方を明確に述べている．

しかし地形学においても，「過去は未来の鍵」式の将来予測を精緻化するだけではなく，地形変化の原理を数式モデル化し，コンピュータによるシミュレーションによって，地形発達を予測することも可能なはずである．しかし地形発達シミュレーションには，地球気候シミュレーションのような社会的要請（人為による地球温暖化に対する科学的根拠の提供）はない．また，天気予報に用いられている地域気象シミュレーションのような，結果に対する厳しい検証もない．しかしながら，地形発達シミュレーションはコンピュータを使った単なる遊びであろうか．筆者は次の節のような観点から，地形発達シミュレーションに大きな意義を認めている．

6-3 地形発達シミュレーション

地形変化の原理を理解することは地形学の中心課題であり，ほかの科学と同様に，その原理は検証されなければならない．しかし観測や実験をこえる長大な時間と広大な空間にまたがる現象は，シミュレーションによってしかとらえられない．そのとき，用いられる原理（モデル）は，現在までの研究で得られていること，あるいはそれと矛盾しない原理であることが求められる．そしてシミュレーションの結果は，現在われわれが見ることのできる地形と同種同性質である必要がある．われわれが観察・観測でとらえられる時空をはるかにこえた現象のシミュレーションを検証する根拠は，このような担保だけしかなく，またそれで十分としなければならない．

地形学の研究史の中で，現在の研究がどこに位置づけられるかを常に意識して科学する，すなわち something new を発見するという営為が行われるべきであることはいうまでもない．現在地形学の名の下にさまざまな細かい課題が設定され研究が行われているが，研究の価値ではなく，課題の価値にも優先順位があることを認めなければならない．とくに職業として地形学の研究や教育にたずさわるときに，この自省は必須のことである．それでは課題の価値の優劣は何によって知ることができるであろうか．それはその課題が地形学の成果としての「予測」にどの程度関わっているかで判定することができると考える．そしてこの予測を可能にするために，地形発達のモデル化を数式表現できるレベルまで抽象化し，モデルに含まれるパラメータ値を決定し，20世紀後半から科学の有力なツールとなったコンピュータを用いて「シミュレーション」を行い，その結果を検証することである．

地形発達シミュレーションは地形学の数ある課題の1つではない．「地形はどのような原理でどのように変化するか」を理解することは地形学の究極の目的であり，地形発達シミュレー

ションを行おうとするとき，地形学のこの目的がどの程度達成されているか，すなわち，どのような知識が予測のために蓄積されてきたかを知ることができる．この意味で，地形発達シミュレーションの完成度は，地形学の研究成果の蓄積度そのものを示している．なお大気科学においてはこのようなスキームの研究動向が成功しつつある．

6-4 地形変化モデルのパラメータ値と具体的な研究課題

斜面・河川・海岸におけるマクロな地形変化の数式モデル化については日本における例として，平野（1966, 1972），砂村（1972），野上（2008 など），Suzuki *et al.*（1991）を挙げておく．これらのモデル式には必ずパラメータが含まれている．シミュレーションを行うためには，モデルに含まれるすべての条件の閾値やパラメータ値に具体的な数値が必要となる．その中でもとくに重要なパラメータとして地形変化の速さを決める係数がある．この値には気候と岩石の物性（風化物の物性も含む）が関係しており，その値を決めることは地形学独自の課題である．値が得られていないものについては（現状では大部分），とりあえず仮の値を与えてシミュレーションを行い，将来の地形学の進歩を待つことになる．

風化速度は気候と岩石物性（岩種）ごとに異なるであろうし，生成される風化層の特性も同様である．風化プロセスの特性や風化速度がどのようになっているのかについて，不完全ではあっても両者を組み合わせた包括的なデータが求められる．それがあれば気候変化のデータによって，地形シミュレーションモデルのパラメータ値として組み込める．

気候は水の関与の程度を通じて斜面領域と河川領域の範囲を決め，岩屑供給と洪水の強度や頻度などを通じて河川の砂礫運搬量を支配するだろう．また気候は海岸線付近では海食崖崩壊の頻度や波浪の強さを通じて，波食限界深やそこでの物質移動速度を支配する．気候はこのように地形を変化させる作用の強さや頻度，閾値などのパラメータ値を支配しているはずである．

シミュレーションは勾配が計算できる程度の細かい格子間隔の DEM を用いて，せまい範囲について行われる．したがってその範囲内での気候の差は方位・風向などの場合を除いて無視してよいであろう．気候変化によってこれまで述べたパラメータ値が変わるが，それに対しては次のようなアイデアで対処する．たとえば，氷期の関東平野のパラメータ値を知りたければ，現在十勝平野か日光戦場ヶ原で（気温差は 7℃ 程度）観測あるいは推定される値を用いればよい．すなわちパラメータ値の広域な分布図が作成できれば，気候変化を分布図から読みとるという手法で，気候変化に対応したパラメータ値を具体的な数値として確定することができる．日本では，デービスが「正規輪廻」から別扱いとした乾燥地形・寒冷地形や氷河地形だけが気候地形学の対象であるとされるきらいがあるが，地形変化に関するパラメータの広域分布を明らかにするような視点をもった気候地形の研究が求められる．研究の蓄積はこれからである．

6-5 シミュレーションの外部独立条件―気候・海面変化，地殻運動

地形発達史的見方によれば，地形を変化発達させるのは，気候変化，海面変化，地殻運動，火山活動などである．これらは対象とする地形に影響を与えることはあっても，逆にシミュレ

ーションの対象となるような局地的地形自体がそれらに影響を与えることはないので，シミュレーションでは外部「独立」条件と呼ばれる．すなわち，地形学の手法で，気候変化，海面変化，地殻運動，火山活動などを研究することは，シミュレーションを行うという立場から見れば，「外部独立条件」を確定することである．10万年程度のシミュレーションでは「外部独立条件」が地形を大きく支配しているので，精度の高い「外部独立条件」が求められることはいうまでもない．これを研究目的とする研究の進展がさらに期待される．

　海面変化・気候変化・地殻運動・火山活動はこれまで，さまざまな方法や手段（もちろん地形を含む）で復元されてきた．しかし研究の方向はあくまで証拠→復元であって，それとは逆向きの，すなわち復元された事象が，どのようにほかの事象（地形を含む）を説明できるか，については数量的に検証されることは少なかった．地形発達シミュレーションはそれを可能とするか，少なくともそれを目指す．

　地形発達史的観点から進められた研究は，外部独立条件について多くの知見をもたらしたが，今後その変化がなくても進む地形変化に関心をもつことが必要とされる．一方，営力論的研究は特殊な条件下の短期間の地形変化や作用についての実測によって，地形を変化させる作用に関する理解を深めたが，今後広範な（たとえば気候）条件のもとで，長期的に地形そのものを変化させる過程の研究へと発展する必要がある．その際には長期的な強度と頻度に関する理解が必要とされよう．

6-6　シミュレーションと地形学の課題

　気候・気象学においてはシミュレーションが研究や観測を牽引し，実務的にも成功している（天気予報，地球温暖化予測など）．これにならい地形学においても，このような未来（といっても10万年程度）予測のためのシミュレーションが可能であると考えて，筆者は斜面・河川領域における地形変化のモデル化（斜面について，野上，1977, 1980；河川について，野上，1981a, b；シミュレーションについて，野上，2005, 2008a）やアルゴリズムの開発を進めてきた．ただしこの研究には全般的な地形（学）に関する知識が必要であり，さらに地形変化の原理をモデル化し，アルゴリズムを通じてプログラミング化する技術，シミュレーション結果を可視化する技術などが必要とされ，さらに多くの研究者の参加がないと，気候・気象学におけるシミュレーションのレベルまで進展させることはできない．日本における地形研究者養成の現状を見るに，シミュレーションが未来の地形学として発展するとはいえないのは残念なことである．

　地形学の現状はシミュレーションを可能とする状況とはかなりかけ離れているが，とにかく予測のためのシミュレーションを行ってみる，シミュレーションを順次精緻化する，という目標をもつことによって，過去の地形学の成果を体系的に整理することが可能であり，これからの地形学の研究目標を具体的に展望する視点が与えられる．

　これまでの論点をふまえ，この章の結論として次のことを指摘したい．
　① 　コンピュータシミュレーションによって，地形変化を予測するという指向をもつことは地形学の発展のために重要である．

② 斜面，河川，海岸線において，地形変化のモデルを精緻化する必要がある．その時に必要とされるパラメータを明確にし，その量を，とくにフラックス（移動量/時間）を計測する方法や技術を高める必要がある．

③ 気候の支配を受ける多くのパラメータ（斜面や河川地形の変化の速さなど）について，その値の分布（地域差）を明らかにする研究が望まれる（気候地形）．

④ 岩石の物性が直接影響する露岩地形の場合だけでなく，基盤から剥離して風化層を形成するプロセスを明らかにする研究のさらなる進展が望まれる（組織地形）．

⑤ 気候変化，相対的海面変化，内陸部の地殻変動，地史の編年などの研究は地形研究が成功した応用的分野であるが，さらに精緻化を目指したい（外部条件の編年的研究）．

⑥ 自然を直接観察し計測することは，地形研究に新鮮な刺激を与える．ただし，従来の方法のまま記述を増やすだけでなく，新しい視点でのフィールドワークが必要である．たとえば，自然を種々の条件の下で行われた「実験」ととらえ，実験計画法の要因分析の見方で観察・測定し，結果を整理し，自然を総合的にとらえることなどが必要であろう．

⑦ 社会からの期待が大きい地形災害の予測・回避，活断層などの変動地形による地震「予測」の研究は地形学の応用（経験的予測）として依然として重要である．

⑧ 植物・動物・人間の生活は地形の上に成立している．環境の基盤としての地形がもつ意義やその特性を社会や関連分野に理解してもらう必要がある．

⑨ 新しい手法による地形データの取得，その応用としての景観シミュレーション，バーチャリアリティーなどコンピュータグラフィックスの世界においても地形（形態）学はその基礎となる．

⑩ 何にもまして，次の世代が知的好奇心を喚起するような研究課題を発見することが科学としての地形学の未来を決める．

引用文献

A

阿部亮吾（2008）1974～2003における神田川・石神井川流域の河川改修・下水道整備と浸水域の変遷．季刊地理学，**60**，96-108．

Alley, R. B., Meese, D. A., Shuman, C. A., Gow, A. J., Taylor, K. C., Grootes, P. M., White, J. W. C., Ram, M., Waddington, E. D., Mayewski, P. A. and Zielinski, G. A.（1993）Abrupt increase in Greenland snow accumulation at the end of the Younger Dryas event. *Nature*, **362**, 527-529.

安藤喜美子（1972）三浦半島，伊豆半島，および兵庫県山崎付近における断層の横ずれによる谷の変位量について．地理学評論，**45**，716-725．

青木かおり・入野智久・大場忠道（2008）鹿島沖コアの後期更新世テフラ層序．第四紀研究，**47**，391-407．

青木賢人（2000）氷河地形編年に関わる新しい年代測定法．日本地理学会発表要旨集，57，132-133．

Aoki, T.（2003）Younger Dryas glacial advances in Japan dated with in situ produced cosmogenic radionuclides. *Trans. Japan. Geomorph. Union*, **25**, 27-39.

新井房夫・大場忠道・北里 洋・堀部純男・町田 洋（1981）後期第四紀における日本の古環境―テフロクロノロジー，有孔虫群集解析，酸素同位体法による．第四紀研究，**20**，209-230．

荒牧重雄（1993）浅間天明の噴火の推移と問題点．新井房夫編『火山灰考古学』古今書院，83-110．

芦田和男（1996）総合的な土砂管理，総合的な土砂管理のあり方．第28回（社）砂防学会シンポジウム講演集，砂防学会 JSECE, Pub. 17, 11-34．

Atwater, B. F., Musumi-Rokkaku, S., Satake, K., Tsuji, Y., Ueda, K. and Yamaguchi, D. K.（2005）The Orphan Tsunami of 1700：Japanese clues to a parent earthquake in North America. USGS Prof. Pap., 1707, 133 p.

B

Baba, A. K., Matsuda, T., Itaya, T., Wada, Y., Hori, N., Yokoyama, M., Eto, N., Kamei, R., Zaman, H., Kidane, T. and Otofuji, Y.（2007）New age constraints on counterclockwise rotation of NE Japan. *Geophys. Jour. Int.*, **171**, 1325-1341.

Bard, E., Hamelin, B., Arnold, M., Montaggioni, L., Gubioch, G., Faure, G. and Rougerie, F.（1996）Deglacial sea-level record from Tahiti corals and the timing of global meltwater discharge. *Nature*, **382**, 241-244.

Berryman, K. R.（1993）Distribution, age, and deformation of late Pleistocene marine terraces at Mahia Peninsula, Hikurangi subduction margin, New Zealand. *Tectonics*, **12**, 1365-1379.

Bloom, A. L.（1998）Geomorphology：A systematic analysis of late Cenozoic landforms, Prentice Hall, 481 p.

Bond, G., Broecker, W., Johnsen, S., McManus, J., Labeyrie, L., Jouzel, J. and Bonani, G.（1993）Correlations between climate records from North Atlantic sediments and Greenland ice. *Nature*, **365**, 141-147.

Broecker, W. S.（1998）Paleocean circulation during the last deglaciation：a bipolar seesaw？ *Paleoceanography*, **13**, 119-121.

J. ビューデル著，平川一臣訳（1985）『気候地形学』古今書院，392 p.

C

Chapman, M. E. and Solomon, S. C.（1976）North American-Eurasian plate boundary in northeast Asia. *Jour. Geophys. Res.*, **81**, 921-930.

Chappell, J., Ota, Y. and Berryman, K. R.（1996a）Late Quaternary coseismic uplift of the Huon Peninsula, Papua New Guinea. *Quat. Sci. Rev.*, **15**, 7-22.

Chappell, J., Omura, A., Esat, T., McClloch, M., Pandolfi, J., Ota, Y. and Pillans, B.（1996b）Reconciliation of the late Quaternary sea level derived from coral terraces at Huon Peninsula with deep sea oxygen isotope records. *Earth Planet. Sci. Lett.*, **141**, 227-236.

千田 昇・下山正一・松田時彦・鈴木貞臣・茂木 透・岡村 眞・渡辺満久（2001）福智山断層系の新期活動．活断層研究，**20**，92-103．

鎮西清高・町田 洋（2001）日本の地形発達史．米倉伸之ほか編『日本の地形1 総説』東京大学出版会，297-322．

Chorley, R. J.（1962）Geomorphology and general systems theory. USGS Prof. Pap., 500-B.

D

第四紀地殻変動研究グループ（1968）第四紀地殻変動図．第四紀研究，**7**，182-127．

Dansgaard, W., Johnsen, S. J., Clausen, H. B., Dahl-Jensen, D., Gundestrup, N. S., Hammer, C. U., Hvidberg, C. S., Steffensen, J. P., Sveinbjornsdottir, A. E., Jouzel, J. and Bond, G.（1993）Evidence for general instability of past climate from a 250-kyr ice-core record. *Nature*, **364**, 218-220.

Droxler, A. W., Richard, B., Poore, R. Z. and Burckle, L. H., eds.（2003）Earth's climate and orbital eccentricity: Marine isotope stage 11 question, Geophysical Monograph, 137, 240 p.

Dury, G. H.（1959）The face of the earth, Penguin Books, Hamondsworth, 251 p.

E

Endo, K., Sekimoto, K. and Takano, T.（1982）Holocene stratigraphy and paleoenvironments in the Kanto Plain, in relation to the Jomon Transgression. *Proc. Inst. Nat. Sci., Nihon Univ.*, 17, 1-16.

遠藤邦彦・岡本勝久・高野 司・鈴木正章・平井幸弘（1983）関東平野の沖積層．アーバンクボタ，**21**，26-43．

Endo, K.（1986）Coastal sand dunes in Japan. *Proc. Inst. Nat. Sci., Nihon Univ.*, 21, 37-54.

遠藤邦彦・小杉正人・松下まり子・宮地直道・菱田 量・高野 司（1989）千葉県古流山周辺域における完新世の環境変遷史とその意義．第四紀研究，**28**，61-77．

EPICA Community Members（2004）Eight glacial cycles from an Antarctic ice core. *Nature*, **429**, 623-628.

F

Fairbanks, R.（1989）A 17,000-year glacio-eustatic sea-level record: influence of glacial melting rates on the Younger Dryas event and deep-ocean circulation. *Nature*, **342**, 637-642.

Fang, X. H., Ono, Y., Fukusawa, H., Pan, B. T., Li, T., Guan, D. H., Oi, K., Tsukamoto, S., Torii, M. and Mishima, T. (1999) Asian summer monsoon instability during the past 60,000 years: magnetic susceptibility and pedogenic evidence from the western Chinese Loess Plateau. *Earth Planet. Sci. Lett.*, **168**, 219-232.

藤森孝俊（1991）活断層からみたプルアパートベイズンとしての諏訪盆地の形成．地理学評論，**64**，665-696．

藤岡一男（1968）秋田油田における出羽変動．石油技術協会誌，**33**，283-297．

藤原　治・三箇智二・大森博雄（1999）日本列島における侵食速度の分布．サイクル機構技術報告，5，85-93．

藤原　治・池谷　研・七山　太編（2004）地震イベント堆積物―深海底から陸上までのコネクション．地質学論集，**58**，169 p.

藤原　治・町田　洋・塩地潤一（2010）大分市横尾貝塚に見られるアカホヤ噴火に伴う津波堆積物．第四紀研究，**49**，印刷中．

G

Gaudemer, Y., Tapponnier, P. and Turcotte, D. L. (1989) River offsets across active strike-slip fault. *Annales Tectonicae*, **3**, 55-76.

H

Hack, J. T. (1957) Studies of longitudinal stream profiles in Virginia and Maryland. USGS Prof. Pap., 294-B.

萩原尊禮編（1982）『古地震―歴史資料と活断層からさぐる』東京大学出版会，312 p.

萩原尊禮編（1989）『続古地震―実像と虚像』東京大学出版会，434 p.

萩原尊禮編（1995）『古地震探求―海洋地震へのアプローチ』東京大学出版会，306 p.

萩原幸男（1990）重力から見たフォッサマグナの構造とテクトニクス．地学雑誌，**99**，72-82．

Hanebuth, T., Stattegger, K. and Grootes, P. M. (2000) Rapid flooding of the Sunda shelf: A Late-Glacial sea-level record. *Science*, **288**, 1033-1035.

Hanzawa, S. (1935) Topography and geology of the Riukiu Islands. *Sci. Rept., Tohoku Univ., 2nd Ser. (Geol.)*, 17, 1-61.

長谷川裕彦（1992）北アルプス南西部，打込谷の氷河地形と氷河前進期．地理学評論，**65**，320-338．

長谷川裕彦（2006）槍・穂高連峰の氷河地形．『日本の地形5 中部』東京大学出版会，187-189．

羽田野誠一（1979）後氷期開析地形分類図の作成と地くずれ発生箇所の予察法（演旨）．昭和54年度砂防学会研究発表会概要集，16-17．

羽鳥徳太郎（1996）津波を知る・防ぐ．大矢雅彦ほか『自然災害を知る・防ぐ 第二版』古今書院，85-123．

林　信太郎（2000）東北地方第四紀火山活動の特徴―火山カタログから．日本火山学会講演予稿集 2000 年度秋季大会，53．

Hays, J. D., Imbrie, J. and Shackleton, N. J. (1976) Variations in the earth's orbit: pacemaker of the ice ages. *Science*, **194**, 1121-1132.

Higaki, D. (1988) Chronological study of gentle slopes and river terraces in the eastern Kitakami Mountains, Northeast Japan. *Sci. Rept., Tohoku Univ., 7th. Ser. (Geogr.)*, 38, 10-31.

平川一臣（2003）日高山脈の氷河作用，周氷河作用．小疇尚ほか編『日本の地形2 北海道』東京大学出版会，187-196．

平野昌繁（1966）斜面発達とくに断層崖発達に関する数学的モデル．地理学評論，**39**，324-336．

平野昌繁（1972）平衡形の理論．地理学評論，**45**，703-715．

平山次郎・市川賢一（1966）1000 年前のシラス洪水―発掘された十和田湖伝説．地質ニュース，**140**，10-28．

本田康夫・川辺孝幸・長沢一雄・大場　聰（1999）新庄盆地西部の鮮新統中渡層の地質―出羽丘陵はいつ隆起を始めたか．山形応用地質，**19**，4-8．

堀　信行（1980）日本のサンゴ礁．科学，**50**，111-122．

Horton, R. E. (1945) Erosional development of streams and their drainage basins: hydrophysical approach to quantitative morphology. *Geol. Soc. Amer. Bull.*, **56**, 275-370.

Howard, A. D. (1988) Equilibrium models in geomorphology. Anderson, M. G., ed., Modelling Geomorphological Systems, John Wiley & Sons, 458 p.

Hughen, K., Southon, J., Lehman, S., Bertrand, C. and Turnbull, J. (2006) Marine-derived ^{14}C calibration and activity record for the past 50,000 years updated from the Cariaco Basin. *Quat. Sci. Rev.*, **25**, 3216-3227.

Huzita, K. (1962) Tectonic development of the Median zone (Setouti) of Southwest Japan, since the Miocene with special reference to the characteristic structure of Central Kinki Area. *Jour. Geosci., Osaka City Univ.*, 6, 103-144.

藤田和夫・笠間太郎（1982）大阪西北部地域の地質．地域地質研究報告（5万分の1図幅），地質調査所，112 p.

I

市原　実編著（1993）『大阪層群』創元社，340 p.

Igarashi, Y. and Oba, T. (2005) Fluctuations in the East Asian monsoon over the last 144 ka in the northwest Pacific based on a high-resolution pollen analysis of IMAGES core MD01-2421. *Quat. Sci. Rev.*, **25**, 1447-1459.

池辺展生（1942）越後油田褶曲構造の現世まで行われていることに就いて（演旨）．石油技術協会誌，**10**，108-109．

池田安隆（1979）大分県中部火山地域の活断層系．地理学評論，**52**，10-29．

Ikeda, Y. (1983) Thrust front migration and its mechanism: Evolution of intraplate thrust fault systems. *Bull. Dept. Geogr., Univ. Tokyo*, 15, 125-159.

池田安隆・今泉俊文・東郷正美・平川一臣・宮内崇裕・佐藤比呂志編（2002）『第四紀逆断層アトラス』東京大学出版会，254 p.

池谷　浩（1999）『土石流災害』岩波新書，221 p.

今泉俊文（1999）活断層の分布から見た東北地方の地形起伏―いくつかの疑問．月刊地球，号外 **27**，113-117．

井関弘太郎（1977）完新世の海面変動．日本第四紀学会編『日本の第四紀研究』東京大学出版会，415 p.

石原和弘（1988）地球物理学的観測による桜島火山のマグマ溜りおよび火道の推定．京大防災研年報，31，B-1，59-73．

石山達也・竹村恵二・岡田篤正（1999）鈴鹿山脈東麓地域の第四紀における変形速度．地震，**52**，229-240．

磯﨑行雄・丸山茂徳（1991）日本におけるプレート造山論の歴史と日本列島の新しい地体構造区分．地学雑誌，**100**，697-761．

Isozaki, Y. (1996) Anatomy and genesis of a subduction-related orogen: a new view of geotectonic subdivision and evolution of the Japanese Islands. *The Island Arc*,

5, 289–320.

伊藤真人・正木智幸（1989）槍・穂高連峰に分布する最低位ターミナルモレーンの形成年代．地理学評論，**62**，438–447.

岩野英樹・檀原　徹・星　博幸・川上　裕・角井朝昭・新井裕尚・和田穣隆（2007）ジルコンのフィッション・トラック年代と特徴から見た室生火砕流堆積物と熊野酸性岩類の同時性と類似性．地質学雑誌，**113**，326–339.

岩田修二・小疇　尚（2001）氷河地形・周氷河地形．米倉伸之ほか編『日本の地形1 総説』東京大学出版会，149–163.

J

寿円晋吾（1965）多摩川流域における武蔵野台地の段丘地形の研究（その一・二）．地理学評論，**38**，557–571，591–612.

K

貝塚爽平・町田　貞・太田陽子・阪口　豊・杉村　新・吉川虎雄（1963）『日本地形論 上』地学団体研究会，160 p.

Kaizuka, S. (1967) Rate of folding in the Quaternary and the present. *Geogr. Rept., Tokyo Metropol. Univ.*, **2**, 1–10.

貝塚爽平（1969）変化する地形—地殻変動と海面変化と気候変動の中で．科学，**39**，11–19.

貝塚爽平・森山昭雄（1969）相模川沖積低地の地形と沖積層．地理学評論，**42**，85–105.

貝塚爽平（1972）島弧系の大地形とプレートテクトニクス．科学，**42**，573–581.

Kaizuka, S. (1975) Tectonic model for the morphology of arc trench systems, especially for the echelon ridges and mid-arc fault. *Jpn. Jour. Geol. Geogr.*, **45**, 9–28.

貝塚爽平・松田時彦・中村一明（1976）日本列島の構造と地震・火山．科学，**46**，196–210.

貝塚爽平・太田陽子・小疇　尚・小池一之・野上道男・町田　洋・米倉伸之編（1985）『写真と図でみる地形学』東京大学出版会，250 p.

貝塚爽平・鎮西清高編（1986）『日本の自然2 日本の山』岩波書店，272 p.

貝塚爽平（1987）関東の第四紀地殻変動．地学雑誌，**96**，223–240.

貝塚爽平（1998）『発達史地形学』東京大学出版会，286 p.

垣見俊弘・松田時彦・相田　勇・衣笠善博（2003）日本列島と周辺海域の地体構造区分．地震，**55**，389–406.

亀山宗彦・下山正一・宮部俊輔・宮田雄一郎・桧山哲男・岩野英樹・檀原　徹・遠藤邦彦・松隈明彦（2005）始良カルデラ堆積物の層序と年代について―鹿児島県新島（燃島）に基づく研究．第四紀研究，**44**，15–29.

掃部　満・加藤　進・生路幸生（1992）桂根相の堆積環境．地質学論集，**37**，239–248.

Kaneko, S. (1966) Transcurrent displacement along the Median Line, south-western Japan. *New Zealand Jour. Geol. Geophys.*, **9**, 45–59.

金子史朗（1972）『地形図説2』古今書院，229 p.

関東ローム研究グループ（1956）関東ロームの諸問題．地質学雑誌，**62**，302–316.

関東ローム研究グループ（1965）『関東ローム―その起源と性状』築地書館，378 p.

鹿島佳菜・多田隆治・松井裕之（2004）過去14万年間のアジアモンスーン・偏西風変動―日本海堆積物中の黄砂粒径・含有量からの復元．第四紀研究，**43**，85–97.

Kato, H. (1992) Fossa Magna: A masked border region separating southwest and northeast Japan. *Bull. Geol. Surv. Japan*, **43**, 1–30.

Kato, N., Sato, H. and Umino, N. (2006) Fault reactivation and active tectonics on the fore-arc side of the back-arc rift system, NE Japan. *Jour. Structural Geology*, **28**, 2011–2022.

加藤茂弘・岡田篤正・寒川　旭（2008）大阪湾と六甲山，淡路島周辺の活断層と第四紀における大阪・播磨灘堆積盆地の形成過程．第四紀研究，**47**，233–246.

活断層研究会編（1980）『日本の活断層―分布図と資料』東京大学出版会，363 p.

活断層研究会編（1991）『新編 日本の活断層―分布図と資料』東京大学出版会，448 p.

川口武雄（1951）山地土壌浸食の研究（第1報）従来の試料による統計的研究．林業試験集報，**61**，1–44.

Kawahata, H. and Ohshima, H. (2004) Vegetation and environmental record in the northern East China Sea during the last Pleistocene. *Global and Planetary Change*, **41**, 251–273.

川名　登（2007）『河岸』法政大学出版局，282 p.

河名俊男・中田　高（1994）サンゴ質津波堆積物の年代からみた琉球列島南部周辺海域における後期完新世の津波発生時期．地学雑誌，**103**，352–376.

河名俊男（1996）琉球列島北部周辺海域における後期完新世の津波特性．地学雑誌，**105**，520–525.

菊地光秋（1960）狩野川台風による東京西郊の水害の性格．地理学評論，**33**，184–189.

木村克己・石原与四郎・宮地良典・中島　礼・中西利典・中山俊雄・八戸昭一（2006）東京低地から中川低地に分布する沖積層のシーケンス層序と層序の再検討．井内美郎ほか編，沖積層研究の新展開，地質学論集，**59**，1–18.

木村和雄（1994）阿武隈高地北部の侵食小起伏面と後期新生代地形発達史．季刊地理学，**48**，1–18.

岸　清・宮脇理一郎（1996）新潟県柏崎平野周辺における鮮新世～更新世の褶曲形成史．地学雑誌，**105**，88–112.

北村　信編（1986）『新生代東北本州弧地質資料集』（全三巻），宝文堂.

北里　洋（1985）底生有孔虫からみた東北日本弧の古地理．科学，**55**，532–540.

小疇　尚（1984）日本における氷河作用の研究．地学雑誌，**93**，428–435.

木庭元晴・中田　高・渡部佐知子（1979）琉球列島，宝島・小宝島の第四紀後期離水サンゴ礁と完新世後期の海水準．地球科学，**33**，173–191.

小林洋二（1983）プレート"沈み込み"の始まり．月刊地球，**5**，510–514.

小出　博（1955a）『山崩れ』古今書院，205 p.

小出　博（1955b）『日本の地すべり―その予知と対策』東洋経済新報社，257 p.

小池一之（1968）北阿武隈山地の地形発達．駒澤地理，**4/5**，109–126.

Koike, K. (1969) Geomorphological development of the Abukuma Mountains and its surroundings, Northeast Japan. *Jpn. Jour. Geol. Geogr.*, **40**, 1–24.

小池一之（1974）砂浜海岸線の変化について．地理学評論，**47**，719–725.

小池一之（1997）『自然環境とのつきあい方5 海岸とつきあう』岩波書店，131 p.

小池一之（2001a）侵食小起伏面の発達．米倉伸之ほか編『日本の地形1 総説』東京大学出版会，142–149.

小池一之（2001b）東京湾沿岸の開発と海面上昇の影響．海津正倫・平井幸弘編『海面上昇とアジアの海岸』古今書院，69–87.

小池一之・町田　洋編（2001）『日本の海成段丘アトラス』

東京大学出版会，CD-ROM 3 枚＋付図 2 ＋ 105 p.

Komatsu, M., Miyashita, S., Maeda, J., Osanai, Y. and Toyoshima, T. (1983) Disclosing of a deepest section of continental-type crust up-thrust as the final event of collision of arcs in Hokkaido. Hashimoto, M. and Uyeda, S., eds., Accretion Tectonics in the Circum-Pacific Regions, TERRAPUB, Tokyo, 149-165.

小松原　琢（1998）庄内堆積盆地東部における伏在断層の成長に伴う活褶曲の変形過程．地学雑誌，107，368-389．

Konishi, K., Omura, A. and Nakamichi, O. (1974) Radiometric coral ages and sea level records from the late Quaternary reef complexes of the Ryukyu Islands. Proc. 2nd Intern. Coral Reef Symp. Australia, 595-613.

小藤文次郎（1909）中国山地の地貌式．震災予防調査会報告，63，1-15．

久保純子（1997）相模川下流平野の埋没砂丘からみた酸素同位体ステージ 5a 以降の海水準—変化と地形発達．第四紀研究，36，147-164．

工藤　崇・宝田晋治・佐々木　実（2004）東北日本，北八甲田火山群の地質と火山発達史．地質学雑誌，110，271-289．

工藤　崇・駒澤正夫（2005）十和田地域の地質．地域地質研究報告（5 万分の 1 地質図幅），産総研地質調査総合センター，79 p.

工藤雄一郎（2005）本州島東半部における更新世終末期の考古学的編年と環境変遷史との時間的対応関係．第四紀研究，44，51-64．

Kudo, Y. (2007) The temporal correspondences between the archaeological chronology and environmental changes from 11, 500 to 2, 800 cal BP on the Kanto plain, eastern Japan. The Quaternary Research (Daiyonki-kenkyu), 46, 187-194.

Kukla, G. J., Bender, M. L., de Beaulieu, J-L., Bond, G., Broecker, W. S., Cleveringa, P., Gavin, J. E., Herbert, T. D., Imbrie, J., Jouzel, J., Keigwin, L. D., Knudsen, K-L., McManus, J. F., Merkt, J., Muhs, D. R., Muller, H., Poore, R. Z., Porter, S. C., Seret, G., Shackleton, N. J., Turner, C., Tzedakis, P. C. and Winograd, I. J. (2002) Last Interglacial Climates. Quat. Res., 58, 2-13.

公文富士夫・河合小百合・井内美郎（2003）野尻湖湖底堆積物中の有機炭素・全窒素含有率および花粉分析に基づく約 25,000～6,000 年前の気候変動．第四紀研究，42，13-26．

久野　久（1936）最近の地質時代に於ける丹那断層の運動に就いて．地理学評論，12，18-32．

Kuno, H. (1950) Geology of Hakone Volcano and adjacent areas. Part I. Jour. Fac. Sci., Univ. Tokyo, Sec. II, 7, 257-279.

Kuno, H. (1951) Geology of Hakone Volcano and adjacent areas. Part II. Jour. Fac. Sci., Univ. Tokyo, Sec. II, 7, 351-402.

黒川勝己・長橋良隆・吉川周作・里口保文（2008）大阪層群の朝代テフラ層と新潟地方の Tzw テフラ層との対比．第四紀研究，47，93-99．

桑原　徹（1968）濃尾盆地と傾動地塊運動．第四紀研究，7，235-247．

桒畑光博（2002）考古資料からみた鬼界アカホヤ噴火の時期と影響．第四紀研究，41，317-330．

九州活構造研究会編（1989）『九州の活構造』東京大学出版会，553 p.

L

Lensen, G. J. (1976) Earth deformation in relation to form planning in New Zealand. Bull. Int. Assoc. Eng. Geol., 14, 241-247.

Le Pichon, X. (1968) Sea floor spreading and continental drift. Jour. Geophys. Res., 73, 3661-3697.

Lowe, D. J., Shane, P. A. R., Alloway, B. V. and Newnham, R. M. (2008) Fingerprints and age models for widespread New Zealand tephra marker beds erupted since 30,000 years ago : a framework for NZ-INTIMATE. Quat. Sci. Rev., 27, 95-126.

M

町田　洋（1959）安倍川上流部の堆積段丘—荒廃山地にみられる急速な地形変化の 1 例．地理学評論，32，520-531．

町田　洋（1962）荒廃河川における浸食過程—常願寺川の場合．地理学評論，35，157-174．

町田　洋（1964）Tephrochronology による富士火山とその周辺地域の発達史．地学雑誌，73，293-308, 337-350．

町田　洋（1967）荒廃山地における崩壊の規模と反覆性についての一考察—姫川・浦川における過去約 50 年間の侵食史と 1964-1965 年の崩壊・土石流．水利科学，55，30-53．

町田　洋・鈴木正男（1971）火山灰の絶対年代と第四紀後期の編年—フィッション・トラック法による試み．科学，41，263-270．

町田　洋（1972）火山灰から見た箱根火山の一生．日本火山学会編『箱根火山』，77-102．

Machida, H. (1975) Pleistocene sea level of south Kanto, Japan, analysed by tephrochronology. Suggate, R. P. and Cresswell, M. M., eds., Quaternary Studies, The Royal Soc. N. Z., 215-222.

町田　洋・新井房夫（1976）広域に分布する火山灰—始良 Tn 火山灰の発見とその意義．科学，46，339-347．

町田　洋・新井房夫（1978）南九州鬼界カルデラから噴出した広域テフラ—アカホヤ火山灰．第四紀研究，17，143-163．

町田　洋（1979）『松本砂防百年史 1 地形と地質』松本砂防百年史編集委員会，1-77．

町田　洋・新井房夫・森脇　広（1981）日本海を渡ってきたテフラ．科学，51，562-569．

町田　洋（1984）巨大崩壊，岩屑流と河床変動．地形，5，155-178．

町田　洋（1987）火山の爆発的活動史と将来予測．日本第四紀学会編『百年・千年・万年後の日本の自然と人類—第四紀研究にもとづく将来予測』古今書院，104-135．

町田　洋・新井房夫（1992）『火山灰アトラス—日本列島とその周辺』東京大学出版会，276 p.

町田　洋（1997）世界の火山地形—とくに大規模火山を対象に．貝塚爽平編『世界の地形』東京大学出版会，59-75．

町田　洋・白尾元理（1998）『写真でみる火山の自然史』東京大学出版会，201 p.

町田　洋（2001）鹿児島地溝．町田　洋ほか編『日本の地形 7 九州・南西諸島』東京大学出版会，143-148．

町田　洋・森脇　広（2001）鹿児島地溝の火山群．町田洋ほか編『日本の地形 7 九州・南西諸島』東京大学出版会，148-176．

町田　洋・宮城豊彦（2001）斜面崩壊などのマスムーヴメント．米倉伸之ほか編『日本の地形 1 総説』東京大学出版会，169-177．

Machida, H. (2002) Volcanoes and tephras in the Japan area. Global Environ. Res., 6(2), 19-28.

町田　洋・新井房夫（2003）『新編 火山灰アトラス—日本

列島とその周辺』東京大学出版会，336 p.

町田　洋・大場忠道・小野　昭・山崎晴雄・河村善也・百原　新（2003）『第四紀学』朝倉書店，323 p.

町田　洋（2006）第四紀の気候と海面の変化による地形の発達．町田　洋ほか編『日本の地形5 中部』東京大学出版会，329-339.

町田　洋・松田時彦・海津正倫・小泉武栄編（2006）『日本の地形6 中部』東京大学出版会，392 p.

町田　洋（2007）第四紀テフラからみた富士山の成り立ち：研究のあゆみ．荒牧重雄ほか編『富士火山』山梨県環境科学研究所，29-44.

町田　洋（2008）大磯丘陵から下総台地までの第四系（下総層群および相当層・段丘堆積物・ローム層）．日本地質学会編『日本地方地質誌3 関東地方』朝倉書店，299-315.

町田　洋（2009a）相模川上流・桂川沿いの段丘地形と堆積物．相模原市『相模原市史 自然編』，107-116.

町田　洋（2009b）古気候研究からの展望．日本第四紀学会50周年電子出版編集委員会編『デジタルブック最新第四紀学』日本第四紀学会，CD-ROM，印刷中．

Mackin, J. H.（1948）Concept of the graded rivers. Geol. Soc. Amer. Bull., **59**, 463-512.

前田保夫・山下勝年・松島義章・渡辺　誠（1983）愛知県先苅貝塚と縄文海進．第四紀研究，**22**，213-222.

Maeda, Y.（1987）in Ota, Y. et al., eds., Middle Holocene shoreline map of Japan, Contribution for IGCP Project 200.

牧野　清（1968）『八重山の明和大津波』私費出版，447 p.

Martinson, D. G., Pisias, N. G., Hays, J. D., Imbrie, J., Moore, T. C. Jr. and Shackleton, N. J.（1987）Age dating and orbital theory of the ice ages: development of a high-resolution 0 to 300,000-year chronostratigraphy. Quat. Res., **27**, 1-29.

松田磐余・和田　諭・宮野道雄（1978）関東大地震による旧横浜市内の木造家屋全壊率と地盤の関係．地学雑誌，**87**，250-259.

松田磐余（1993）東京湾とその周辺の沖積層．貝塚爽平編『東京湾の地形・地質と水』築地書館，67-109.

Matsuda, Te. and Isozaki, Y.（1991）Well-documented travel history of Mesozoic pelagic chert, from mid-oceanic ridge to subduction zone. Tectonics, **10**, 475-499.

松田時彦（1966）跡津川断層の横ずれ変位．地震研彙報，**44**，1179-1212.

松田時彦（1967）地震の地質学．地震，**20**，230-235.

Matsuda, T., Nakamura, K. and Sugimura, A.（1967）Late Cenozoic orogeny in Japan. Tectonophys., **4**, 349-366.

松田時彦・岡田篤正（1968）活断層．第四紀研究，**7**，188-199.

松田時彦（1974）1891年濃尾地震の地震断層．地震研究速報，**13**，85-126.

松田時彦（1977）プレートテクトニクスからみた新第三紀・第四紀の変動．地団研専報，**20**，213-225.

松田時彦・中村一明・杉村　新（1978）活断層とネオテクトニクス．笠原慶一・杉村　新編『岩波地球科学講座10 変動する地球I―現在および第四紀』岩波書店，89-157.

松田時彦・有山智雄（1985）1984年長野県西部地震に伴う御岳山の岩屑流堆積物．地震研彙報，**60**，281-316.

松田時彦・吉川真季（2001）陸域のM≧5地震と活断層の分布関係．活断層研究，**20**，1-22.

松田時彦・岡田真介・渡邊トキエ（2004）横ずれ活断層の累積変位量・断層長・破砕帯幅から見た断層の発達度―中国地方と中部地方の比較．活断層研究，**24**，1-12.

松田時彦（2006）南部フォッサマグナ地域概説．町田　洋ほか編『日本の地形5 中部』東京大学出版会，42-45.

松田時彦（2007）富士山の基盤の地質と生史．荒牧重雄ほか編『富士火山』山梨県環境科学研究所，45-57.

松島紘子・須貝俊彦・八戸昭一・水野清秀・杉山雄一（2006）ボーリングコア解析からみた関東平野内陸部地域の中期更新世以降の地形発達史．月刊地球，**319**，24-30.

松島信幸（1995）伊那谷の造地形史―伊那谷の活断層と第四紀地質．飯田市美術博物館調査報告書，**3**，145 p.

Matsushima, Y.（1987）in Ota, Y. et al., eds., Middle Holocene shoreline map of Japan, Contribution for IGCP Project 200.

松島義章（2006）『貝が語る縄文海進―南関東，+2℃の世界』有隣新書，219 p.

松下まり子（2002）大隅半島における鬼界アカホヤ噴火の植生への影響．第四紀研究，**41**，301-310.

峰岸純夫（1993）東国古代を変えた浅間天仁の噴火．新井房夫編『火山灰考古学』古今書院，111-127.

三野与吉（1942）『地形原論』古今書院，517 p.

Miyaji, N., Endo, K., Togashi, S. and Uesugi, Y.（1992）Tephrochronological history of Mt. Fuji. 29th IGC field trip guide book 4, 75-109.

Miyauchi, T.（1987）Quaternary tectonic movements of the Kamikita coastal plain, Northeast Japan. Geogr. Rev. Japan, **60**, 1-19.

宮内崇裕（2005）下北半島・上北平野．小池一之ほか編『日本の地形3 東北』東京大学出版会，93-100.

Miyoshi, N., Fujiki, T. and Morita, Y.（1990）Palynology of a 250-m core from Lake Biwa：a 430,000-year record of glacial-interglacial vegetation change in Japan. Rev. Palaeobot. Palynol., **104**, 267-283.

水野清秀・服部　仁・寒川　旭・高橋　浩（1990）明石地域の地質．地域地質研究報告（5万分の1地質図幅），地質調査所，90 p.

水山高久（1998）水系における物質循環．高橋　裕・河田恵昭編『水循環と流域環境』岩波書店，160-159.

茂木昭夫（1963）日本の海浜型について（沿岸州の地形学的研究　第1報）．地理学評論，**36**，245-266.

茂木昭夫（1973）汀線と砕波帯．岩下光男ほか編『浅海地質学』東海大学出版会，109-252.

Morisawa, M.（1985）Rivers：Form and process, London, Longman.

守田益宗（1998）亜高山帯針葉樹林の変遷．安田喜憲・三好教夫編『図説日本列島植生史』朝倉書店，179-193.

森脇　広・町田　洋・初見祐一・松島義章（1986）鹿児島湾北岸におけるマグマ水蒸気噴火とこれに影響を与えた縄文海進．地質学雑誌，**95**，94-113.

守屋以智雄（1993）赤城火山の生い立ちと将来の噴火．新井房夫編『火山灰考古学』古今書院，173-193.

守屋俊治・鎮西清高・中嶋　健・檀原　徹（2008）山形県新庄盆地西縁部の鮮新世古地理の変遷―出羽丘陵の隆起時期と隆起過程．地質学雑誌，**114**，389-404.

村松郁栄（1983）濃尾地震による濃尾平野の住家被害率分布．岐阜大学教育学部研究報告，自然科学，**7**，867-882.

村松郁栄・松田時彦・岡田篤正（2002）『濃尾地震と根尾谷断層帯―内陸最大地震と断層の諸性質』古今書院，340 p.

村野義郎（1966）山地崩壊に関する2,3の考察．土木研究所報告，**1304**，31 p.

N

長井雅史・高橋正樹（2008）箱根火山の地質と形成史．神奈川県立博物館調査研究報告（自然科学），13，25-42．

Nagaoka, S. (1988) The late Quaternary tephra layers from the caldera volcanoes in and around Kagoshima Bay, southern Kyushu, Japan. *Geogr. Rev., Tokyo Metropol. Univ.*, 23, 49-122.

長岡信治・前杢英明・松島義章（1991a）宮崎平野の完新世地形発達史．第四紀研究，30，59-78．

長岡信治・前杢英明・沖野郷子（1991b）九州・パラオ海域の沈み込みと九州南西部の第四紀地殻変動．月刊地球，号外，上田誠也教授退官記念論文集，167-173．

内藤博夫（1979）近畿地方における高位置小起伏面の分布について．奈良女子大地理学研究報告，1979，101-118．

Nakada, M., Yonekura, N. and Lambeck, C. (1991) Late Pleistocene and Holocene sea-level changes in Japan: implications for tectonic histories and mantle rheology. *Paleogeogr., Paleoclimatol., Paleoecol.*, 85, 107-122.

中田節也・吉本充宏・藤井敏嗣（2007）先富士火山群．荒牧重雄ほか編『富士火山』山梨県環境科学研究所，69-77．

中川久夫（1961）本邦太平洋沿岸地方における海水準静的変化と第四紀編年．東北大学地質古生物邦文報告，54，1-61．

中川久夫・石田琢二・大池昭二・小野寺信吾・竹内貞子・七崎　修・松山　力・栂　恒雄（1971）新庄盆地の第四紀地殻変動．東北大学地質古生物邦文報告，71，13-29．

Nakagawa, T., Kitagawa, H., Yasuda, Y., Tarasov, R. E., Gotanda, K. and Sawai, Y. (2005) Pollen/event stratigraphy of the varved sediment of Lake Suigetsu, central Japan from 15,701 to 20,217 SG vyr BP (Suigetsu varve years before present): Description, interpretation and correlation with other regions. *Quat. Sci. Rev.*, 24, 1691-1701.

Nakajima, T. (1997) Regional metamorphic belts of the Japanese Islands. *The Island Arc*, 6, 69-90.

Nakajima, T., Danhara, T., Iwano, H. and Chinzei, K. (2006) Uplift of the Ou Backbone Range in Northeast Japan at around 10 Ma and its implication for the tectonic evolution of the eastern margin of Asia. *Palaeogeogr., Palaeoclimatol., Palaeoecol.*, 241, 28-48.

中村一明・太田陽子（1968）活褶曲—研究史と問題点．第四紀研究，7，200-211．

中村一明（1969）広域応力場を反映した火山体の構造—側火山の配列方向．火山，14，8-20．

中村一明（1983）日本海東縁新生代海溝の可能性．地震研彙報，58，711-722．

中村一明・松田時彦・守屋以智雄（1987）『火山と地震の国』岩波書店，338 p.

中村慶三郎（1955）『崩災と国土』古今書院，300 p.

中村嘉男（1960）阿武隈隆起準平原北部の地形発達．東北地理，12，62-70．

Nakamura, Y. (1963) Base level of erosion in the central part of the Kitakami mountainland. *Sci. Rept., Tohoku Univ., 7th Ser.* (*Geogr.*), 13, 115-133.

中村嘉男（1996）阿武隈山地の侵食平坦面．藤原健蔵編『地形学のフロンティア』大明堂，31-46．

中田　高・高橋達郎・木庭元晴（1978）琉球列島の完新世離水サンゴ礁地形と海水準変動．地理学評論，51，87-108．

中田　高・今泉俊文編（2002）『活断層詳細デジタルマップ』東京大学出版会，DVD+68 p.

中山正民（1975）信濃川における河川堆積物の分布と縦断形．日本大学地理学教室創立50周年記念論文集．

成田耕一郎・山路　敦・田上高広・栗田裕司・小布施明子・松岡数充（1999）四国の第三系久万層群の堆積年代とその意義．地質学雑誌，105，305-308．

成尾英仁・小林哲夫（2002）鬼界カルデラ，6.5 ka BP 噴火に誘発された2度の巨大地震．第四紀研究，41，287-299．

成瀬敏郎・小野有五（1997）レス・風成塵からみた最終氷期のモンスーンアジアの古環境とヒマラヤ・チベット高原の役割．地学雑誌，106，205-217．

日本地質学会国立公園地質リーフレット編集委員会（2007）『1. 箱根火山』日本地質学会．

日本第四紀学会編（1987a）『日本第四紀地図』東京大学出版会，4図幅+118 p.

日本第四紀学会編（1987b）『百年・千年・万年後の日本の自然と人類』古今書院，231 p.

野上道男・鶴見英策（1965）筑波山加波山周辺の山麓緩斜面．地理学評論，38，526-530．

野上道男（1972）アンデス山脈における現在および氷期の雪線高度分布から見た氷期の気候．第四紀研究，11，71-80．

野上道男・浅野俊雄（1975）強制的に固定された水路系が平衡勾配に与える影響．地理学評論，48，876-880．

野上道男（1977）比較形態学的方法による段丘崖斜面発達の研究．地理学評論，50，32-44．

野上道男（1980）段丘崖の斜面発達における従順化係数．地理学評論，53，636-645．

野上道男（1981a）河川縦断面形の発達過程に関する数学モデルと多摩川の段丘形成のシミュレーション．地理学評論，54，86-101．

野上道男（1981b）河川縦断面形発達過程に関する非定数係数拡散モデル．地理学評論，54，364-368．

野上道男（1990）暖かさの指数と流域蒸発散量．地学雑誌，99，682-694．

野上道男・守屋以智雄・平川一臣・小泉武栄・海津正倫・加藤内蔵進（1994）『日本の自然地域編4 中部』岩波書店，182 p.

野上道男（1995）日本の自然と人口分布．『アトラス日本列島の環境変化』朝倉書店，164-167．

野上道男（1996）大地に刻まれた数理．数学セミナー，35，4-5号．

野上道男（2004）日本列島の自然環境・日本人の自然環境．日本大学文理学部研究紀要，39，5-14．

野上道男（2005）地理学におけるシミュレーション．地理学評論，78，133-146．

野上道男（2008a）河川縦断形発達の拡散モデルについて．地理学評論，81，121-126．

野上道男（2008b）山地の勾配と隆起速度．地形，29，17-26．

沼尻治樹（2008）分散型タンクモデルを用いた空知川流域における流域水収支．日本水文科学会誌，38，3-14．

O

大場忠道・赤坂紀子（1990）2本のピストンコアの有機炭素に基づく日本海の古環境変化．第四紀研究，29，417-425．

Oba, T., Kato, M., Kitazato, H., Koizumi, I., Omura, A., Sakai, T. and Takayama, T. (1991) Paleoenvironmental changes in the Japan Sea during the last 85,000 years. *Paleoceanography*, 6, 499-518.

大場忠道・安田尚登（1992）黒潮域における最終氷期以降の環境変動．第四紀研究，31，329-339．

大場忠道・村山雅史・松本英二・中村俊夫（1995）日本海隠岐堆コアの加速器質量分析（AMS）法による^{14}C年代．第四紀研究，**34**，289-296．

Oba, T., Irino, T., Yamamoto, M., Murayama, M., Takamura, A. and Aoki, K. (2006) Paleoceanographic change off central Japan since the last 144,000 years based on high resolution oxygen and carbon isotopic records. *Global and Planetary Change*, **53**, 5-20.

小川真由美・野上道男（1994）冬季の降水形態の判別と降水量の分離．水文・水資源学会誌，**7**，421-427．

小口 高（1988）松本盆地および周辺山地における最終氷期以降の地形発達史．第四紀研究，**27**，101-124．

大嶋秀明・德永重元・下川浩一・水野清秀・山崎晴雄（1997）長野県諏訪湖湖底堆積物の花粉化石群集とその対比．第四紀研究，**36**，165-182．

大石雅之（1998）北上低地帯の鮮新・更新統に関する考察とまとめ．岩手県博調査研究報告，**14**，73-76．

岡田篤正（1968）阿波池田付近の中央構造線の新期断層運動．第四紀研究，**7**，15-26．

岡田篤正（2004）内帯山地とその周辺．太田陽子ほか編『日本の地形6 近畿・中国・四国』東京大学出版会，117-147．

岡田篤正ほか（2006）活断層・古地震とアクティブテクトニクス．月刊地球，号外**54**，238 p.

岡村 眞・島崎邦彦・中田 高・千田 昇・宮武 隆・前杢英明・堤 浩之・中村俊夫・山口智香・小川光明（1992）別府湾北西部の海底活断層—浅海底活断層調査の新手法とその成果．地質学論集，**40**，65-74．

岡山俊雄（1966）坂下断層崖—阿寺断層の最近の活動．駿台史学，**18**，34-56．

岡山俊雄（1969）接峰面図．1：200,000 第四紀地殻変動図，no. 6，国立防災科学技術センター．

大木公彦（2002）鹿児島湾と琉球列島北部海域における後氷期の環境変遷．第四紀研究，**41**，237-251．

Okumura, K. (2001) Paleoseismology of the Itoshizu tectonic line in central Japan. *Jour. Seismol.*, **5**, 411-431.

奥村 智・南川雅男・大場忠道・池原 研（1996）日本海秋田沖の2本の海底コアの酸素・炭素・窒素同位体比に基づく古環境解析．第四紀研究，**35**，349-358．

Omura, A. (1980) Uranium-series age of the Hiradoko and Uji Shell Beds, Noto Peninsula, central Japan. *Trans. Proc. Palaeont. Japan, NS*, **117**, 243-253.

大村明雄・児玉京子・渡辺将美・鈴木 淳・太田陽子（1994）与那国島のサンゴ礁段丘および段丘構成層からのウラン系列年代—それらの海面・地殻変動史への意義．第四紀研究，**33**，213-231．

小野寺 淳（1991）『近世河川絵図の研究』古今書院，282 p.

Ota, Y. (1969) Crustal movement in the Quaternary considered from the deformed terrace plain in the northeastern Japan. *Jpn. Jour. Geogr. Geol.*, **40**, 41-61.

太田陽子・当間唯弘・須磨重allotment（1970）横浜市付近の下末吉層基底面の地形．地理学評論，**43**，647-661．

Ota, Y. (1975) Late Quaternary vertical movement in Japan estimated from deformed shorelines. *Roy. Soc. New Zealand Bull.*, **13**, 231-239.

太田陽子・町田 洋・堀 信行・小西健二・大村明雄（1978）琉球列島喜界島の完新世海成段丘—完新世海面変化研究へのアプローチ．地理学評論，**51**，109-130．

太田陽子・平川一臣（1979）能登半島の海成段丘とその変形．地理学評論，**52**，169-189．

太田陽子・鈴木郁夫（1979）信濃川下流地域における活褶曲の資料．地理学評論，**52**，592-601．

太田陽子・松島義章・森脇 広（1982）日本における完新世海面変化に関する研究の現状と問題点，Atlas of Holocene sea level records in Japanを資料として．第四紀研究，**21**，133-143．

太田陽子・寒川 旭（1984）鈴鹿山脈東麓地域の変位地形と第四紀地殻変動．地理学評論，**57**，237-262．

太田陽子・石橋克彦・松島義章・松田時彦・三好真澄・鹿島 薫・松原彰子（1985）掘削調査に基づく伊豆半島南部における完新世相対的海水準変化．第四紀研究，**25**，203-223．

Ota, Y., Matsushima, Y., Umitsu, M. and Kawana, T., eds. (1987) Middle Holocene shoreline map of Japan. Contribution for IGCP Project 200.

太田陽子・海津正倫・松島義章（1990）日本における完新世相対的海面変化とそれに関する問題—1981〜1988における研究の展望．第四紀研究，**29**，31-48．

太田陽子・大村明雄・木庭元晴・河名俊男・宮内崇裕（1991）南・北大東島のサンゴ礁段丘からみた第四紀後期の地殻変動．地学雑誌，**100**，317-336．

Ota, Y. and Omura, A. (1991) Late Quaternary shorelines in the Japanese Islands. *The Quaternary Research (Daiyonki-kenkyu)*, **30**, 175-186.

Ota, Y. and Omura, A. (1992) Contrasting style and rates of tectonic uplift of coral reef terraces in the Ryukyu and Daito Island, southwestern Japan. *Quat. Int.*, **15/16**, 17-29.

Ota, Y., Koike, K., Omura, A. and Miyauchi, T., eds. (1992) Last Interglacial Shoreline Map of Japan. Contribution for IGCP 276.

太田陽子（1994）太平洋西縁地域の最終間氷期の海成段丘—とくに酸素同位体ステージ5eの段丘の認定，変動様式，変位の累積性，および関連する諸問題．地学雑誌，**103**，809-827．

太田陽子・小田切聡子（1994）土佐湾南西岸の海成段丘と第四紀後期の地殻変動．地学雑誌，**103**，243-267．

太田陽子・島崎邦彦編（1995）『古地震をさぐる』古今書院，232 p.

Ota, Y. and Chappell, J. (1996) Late Quaternary coseismic uplift events on the Huon Peninsula, Papua New Guinea, deduced from coral terrace data. *Jour. Geophys. Res.*, **101B**, 6071-6082.

Ota, Y., Pillans, B., Berryman, K. R. and Fujimori, T. (1996) Pleistocene coastal terraces of Kaikoura Peninsula and the Marlborough coast, South Island, New Zealand. *New Zealand Jour. Geol. Geophys.*, **39**, 51-73.

太田陽子・国土地理院地理調査部（1997）1：100,000 地殻変動土地条件図「能登半島」，国土地理院技術資料，D・1-No. 347.

Ota, Y., Azuma, T. and Kobayashi, M. (1997) Monitoring degradation of the 1995 Nojima earthquake fault scarps at Awaji Island, southwestern Japan. *Jour. Geodynamics*, **23**, 185-205.

太田陽子（1999）『変動地形を探るI 日本列島の海成段丘と活断層の調査から』古今書院，202 p.

太田陽子・伊倉久美子（1999）西津軽地域の海成段丘上に発達する古ランドスライドの分布と意義．地理学評論，**72**，829-848．

太田陽子・大村明雄（2000）南西諸島喜界島のサンゴ礁段丘の形成小史と問題点—シンポジウムの序論として．第四紀研究，**39**，45-53．

太田陽子・佐々木圭一・大村明雄・野沢香代（2000）喜界

島東岸，志戸桶付近の完新世サンゴ礁段丘の形成と離水過程―ボーリング資料に基づく再検討．第四紀研究，**39**，81-95.

太田陽子・三重県活断層調査委員会・三重県防災消防課・国際航業株式会社（2002）布引山地東縁，椋本断層の構造と活動期―とくに逆向き低断層崖の意義について．地球惑星科学関連学会合同大会予稿集，J029-006.

Ota, Y. and Yamaguchi, M. (2004) Holocene coastal uplift in the western Pacific rim in the context of late Quaternary uplift. *Quat. Int.*, **120**, 105-117.

太田陽子・寒川　旭・鈴木康弘・竹村恵二・本田　裕・向山　栄・馬場俊行・三重県防災危機管理局地震対策室（2005）鈴鹿・布引山地東縁における活断層の最新活動期とセグメント区分に関する検討．地球惑星科学関連学会合同大会予稿集，J027-006.

太田陽子（2006）佐渡島と能登半島．町田　洋ほか編『日本の地形 5 中部』東京大学出版会，307-321.

Ota, Y., Lin, Y-n. N., Chen, Y.-G., Chang, H.-C. and Hung, J.-H. (2006) Newly found Tunglo Active Fault System in the fold and thrust belt in northwestern Taiwan deduced from deformed terraces and its tectonic significance. *Tectonophys.*, **417**, 305-323.

太田陽子・松原彰子・松島義章・鹿島　薫・叶内敦子・鈴木康弘・渡辺満久・澤　祥・吾妻　崇（2008）佐渡島国中平野南西部における沖積層のボーリング調査による古環境と地殻変動．第四紀研究，**47**，143-157.

Ota, Y., Azuma, T. and Lin, N. (2009) Application of INQUA Environmental Seismic Intensity scale to recent earthquakes in Japan and Taiwan. Spec. Pub. Geol. Soc. London, 316, 5-71.

Otofuji, Y., Matsuda, T. and Noda, S. (1985) Paleomagnetic evidence for Miocnene counter-clockwise rotation of Northeast Japan : rifting process of the Japan arc. *Earth Planet. Sci. Lett.*, **75**, 265-277.

大塚弥之助（1942）活動している皺曲構造．地震，**14**，46-63.

大塚弥之助（1952）『地質構造とその研究』朋文堂，275 p.

大矢雅彦（1956）木曽川流域濃尾平野水害地形分類図『水害地域に関する調査研究第一部』付図，総理府資源調査会.

大矢雅彦（1996）高潮を知る・防ぐ．大矢雅彦ほか『自然災害を知る・防ぐ 第二版』古今書院，124-160.

Ozasa, H. (1977) Recent shoreline changes in Japan : An investigation using aerial photographs. *Coastal Eng. Japan*, **20**, 69-81.

P

Petit, J. R., Mounier, L., Jouzel, J., Korotkevich, Y. S., Kotlyakov, V. I. and Lorius, C. (1999) Paleoclimatological and chronological implications of the Vostok core dust record. *Nature*, **343**, 56-58.

Pillans, B., Kohn, B. P., Berger, G., Froggat, P., Duller, G., Alloway, B. and Hesse, P. (1996) Multi-method dating comparison for mid-Pleistocene Rangitawa tephra, New Zealand. *Quat. Sci. Rev.*, **16**, 641-653.

R

Raynaud, D., Blunier, T., Ono, Y. and Delmas, R. J. (2002) The Late Quaternary history of atmospheric trace gasses and aerosols : Interactions between climate and biogeochemical cycles. In Alverson *et al.* (eds.), Paleoclimate, global change and the future, Springer, 13-31.

Reimer, P. J., Baillie, M. G. L., Bard, E., Bayliss, A., Beck, J. W., Bertrand, C. J. H., Blackwell, P. G., Buck, C. E., Burr, G. S., Cutler, K. B., Damon, P. E., Edwards, R. L., Fairbanks, R. G., Friedrich, M., Guilderson, T. P., Hogg, A. G., Hughen, K. A., Kromer, B., McCormac, G., Manning, S., Ramsey, C. B., Reimer, R. W., Remmele, S., Southon, J. R., Stuiver, M., Talamo, S., Taylor, F. W., van der Plicht, J. and Weyhenmeyer, C. E. (2004) IntCal04 terrestrial radiocarbon age calibration, 0-26 cal kyr BP. *Radiocarbon*, **46**, 1029-1058.

S

貞方　昇（1991）弓ヶ浜半島「外浜」浜堤群の形成における鉄穴流しの影響．地理学評論，**64**，759-778.

貞方　昇（1996）歴史時代における人類活動と海岸平野の形成―鉄穴（かんな）流しを中心に．小池一之・太田陽子編『変化する日本の海岸線―最終間氷期から現在まで』古今書院，121-136.

相模原市地形地質調査会（1986）『相模原の地形・地質調査報告書（第 3 報）』，96p.

寒川　旭・衣笠善博・奥村晃史・八木浩司（1985）奈良盆地東縁地域の活構造．第四紀研究，**24**，85-97.

寒川　旭（1992）『地震考古学』中公新書，中央公論社，251 p.

寒川　旭（1998）考古遺跡にみる地震と液状化の歴史．科学，**68**，20-24.

寒川　旭（2007）『地震の日本史』中公新書，中央公論新社，268 p.

産業技術総合研究所地質調査総合センター編（2001-2008）活断層・古地震研究報告，1-8.

佐野正人（2003）三田盆地と神戸層群見学会資料．断層研究資料センター編『有馬―高槻構造線を経て三田盆地をめぐる』，1-22.

佐瀬　隆・町田　洋・細野　衛（2008）相模野台地，大磯丘陵，富士東麓の立川・武蔵野ローム層に記録された植物珪酸体群集変動―酸素同位体 5.1 以降の植生・気候・土壌史の解読．第四紀研究，**47**，1-14.

Satake, K., Shimazaki, K., Tsuji, Y. and Ueda, K. (1996) Time and size of a giant earthquake in Cascadia inferred from Japanese tsunami record of Jannuary, 1700. *Nature*, **379**, 246-249.

佐藤比呂志（1986）東北地方中部地域（酒田―古川間）の新生代地質構造発達史（第 I 部，第 II 部）．東北大学地質古生物邦文報告，88，1-45; 89，1-32.

Sato, H. (1994) The relationship between late Cenozoic tectonic events and stress field and basin development in Northeat Japan. *Jour. Geophys. Res.*, **99**, 22261-22274.

佐藤比呂志・池田安隆（1999）東北日本の主要断層モデル．月刊地球，**21**，569-575.

佐藤比呂志・吉田武義・岩崎貴也・佐藤時幸・池田安隆・海東徳仁（2004）後期新生代における東北日本中部背弧域の地殻構造発達―最近の地殻構造探査を中心として．石油技術協会誌，**69**，145-154.

Satoguchi, Y. (1996) Tephrostratigraphy of Quaternary systems in the Boso Peninsula, Japan. In Internal Research Group for the Lower-Middle, Middle-Upper Pleistocene Boundary, Japan Association for Quaternary Research, Proceedings on the research of stratotype for the lower-middle Pleistocene boundary, 24-35.

澤口晋一（1992）北上川上流域における最終氷期後半の化石周氷河現象―ソリフラクションローブ，階状土の形成期と古環境．季刊地理学，**44**，18-28.

Schumm, S. (1977) The Fluvial System, John Wiley & Sons, 338 p.

瀬川司男 (1978) 縄文期以後の火山灰と土器形式. どるめん, **19**, 70-82.

瀬野徹三 (1995)『プレートテクトニクスの基礎』朝倉書店, 190 p.

Seno, T., Sakurai, T. and Stein, S. (1996) Can the Okhotsk plate be discriminated from the North American plate? *Jour. Geophys. Res.*, **101**, 11305-11315.

千屋断層研究グループ (1986) 千屋断層 (秋田県) の完新世の活動と断層先端部の形態—千畑町小森での発掘調査. 地震研彙報, **61**, 339-402.

Shackleton, N. J. (2000) The 100,000-year ice-age cycle identified and found to lag temperature, carbon dioxide, and orbital eccentricity. *Science*, **289**, 1897-1902.

Shackleton, N. J., Chapman, M., Sanchez-Goni, M. F. and Lancelot, Y. (2002) The classic marine isotope substage 5e. *Quat. Res.*, **58**, 14-16.

Shiki, T., Tsuji, Y., Yamazaki, T. and Minoura, K., eds. (2008) Tsunamiites: Features and Implications, Elsevier, 432 p.

嶋本利彦 (1989) 岩石のレオロジーとプレートテクトニクス—剛体プレートから変形するプレートへ. 科学, **59**, 170-180.

島崎邦彦・松岡裕美・岡村 眞・千田 昇・中田 高 (2000) 別府湾の海底活断層分布. 月刊地球, 号外 **28**, 79-84.

島津 弘 (1990) 東北地方の山地河川における礫径変化に基づいた流路の区分. 地理学評論, **63**, 487-507.

島津 弘 (1991) 山地河川の支流における礫径および河床形態の縦断変化と本流への礫供給. 地理学評論, **64**, 569-580.

新東晃一 (1978) 南九州の火山灰と土器型式. どるめん, **19**, 40-54.

新東晃一 (1993) アカホヤ火山灰と前後の土器型式. 『南九州縄文文化研究 1 火山灰と南九州の縄文文化』, 35-48.

Shulits, S. (1941) Rational equation of river bed profile, Transactions, AGU, 622-631. In Schumm, S. A., ed. (1972) River Morphology, Dowden, Hutchinson and Ross, 201-210.

副田宜男・宮内崇裕 (2007) 変動地形と断層モデルから見た出羽丘陵の第四紀後期隆起過程と上部地殻の短縮変形. 第四紀研究, **46**, 83-102.

Stein, R. S. and Yeats, R. S. (1989) Hidden earthquakes. *Sci. Amer.*, **260**, 48-57.

Strahler, A. N. (1952) Dynamic basis of geomorphology. *Geol. Soc. Amer. Bull.*, **63**, 923-938.

Stuiver, M. and Grootes, P. M. (2000) GISP2 oxygen isotope ratios. *Quat. Res.*, **53**, 277-284.

杉村 新 (1952) 褶曲運動による地形の変形について. 地震研彙報, **30**, 163-178.

杉村 新・松田時彦 (1962) 断層運動の軌跡. 科学, **32**, 433.

Sugimura, A. and Matsuda, T. (1965) Atera fault and its displacement vectors. *Geol. Soc. Amer. Bull.*, **76**, 509-522.

杉村 新 (1978) 島弧の大地形・火山・地震. 笠原慶一・杉村新編『岩波地球科学講座 10 変動する地球 I—現在および第四紀』岩波書店, 159-181.

杉山真二 (2002) 鬼界アカホヤ噴火が南九州の植生に与えた影響—植物珪酸体による検討. 第四紀研究, **41**, 311-316.

砂村継夫 (1972) 大陸棚の形成に関する一考察. 地理学評論, **45**, 813-828.

Sunamura, T. and Horikawa, K. (1977) Sediment budget in Kujukuri coastal area, Japan. Coastal Sediments 1977, ASCE/Charleston, 475-484.

Sunamura, T. (1983) Processes of sea cliff and platform erosion. Komar, P. D. ed., CRC Handbook of Coastal Processes and Erosion. CRC Press, Boca Raton, Florida, 233-266.

Sunamura, T. (1992) Geomorphology of Rocky Coasts. John Wiley & Sons, 302 p.

砂村継夫 (2001) 海岸線の地形変化. 米倉伸之ほか編『日本の地形 1 総説』東京大学出版会, 259-260.

砂村継夫・小池一之・菅 浩伸 (2001) 海岸地形. 米倉伸之ほか編『日本の地形 1 総説』東京大学出版会, 251-260.

Sunamura, T. and Takeda, I. (2007) Regional difference in the number of submarine longshore bars in Japan: an analysis based on breaking wave hypothesis. *Trans. Japan. Geomorph. Union*, **28**, 381-398.

鈴木郁夫・太田陽子・吾妻 崇 (2008) 信濃川左岸, 時水背斜東翼の露頭に現れたタイプを異にする活断層群とその解釈. 地学雑誌, **117**, 637-649.

鈴木茂之・檀原 徹・田中 元 (2003) 吉備高原に分布する第三系のフィッション・トラック年代. 地学雑誌, **112**, 35-49.

Suzuki, T., Nakanishi, A. and Tsurukai, T. (1991) A quantitative empirical model of slope evolution through geologic time, inferred from changes in height-relations and angles of segments of fluvial terrace scarps in the Chichibu basin, Japan. *Trans. Japan. Geomorph. Union*, **12**, 319-334.

鈴木毅彦 (2005) 阿武隈山地北西部に分布する小起伏面の形成過程と年代. 日本地理学会発表要旨集, **67**, 215.

鈴木毅彦・植木岳雪 (2006) 阿武隈山地北西部および郡山盆地周辺の地形発達史. 日本地理学会発表要旨集, **69**, 91.

鈴木毅彦・中山俊雄 (2007) 東北日本弧, 仙岩地熱地域を給源とする 2.0 Ma に噴出した大規模火砕流に伴う広域テフラ. 火山, **52**, 23-38.

T

Tada, R., Irino, T. and Koizumi, I. (1999) Land-ocean linkages over orbital and millennial timescales recorded in late Quaternary sediments of the Japan Sea. *Paleoceanography*, **14**, 236-247.

Taguchi, K. (1962) Basin architecture and its relation to the petroleum source rocks development in the region bordering Akita and Yamagata Prefectures and the adjoining areas, with the special reference to the depositional environment of petroleum source rocks in Japan. *Sci. Rept., Tohoku Univ.*, 3(7), 293-342.

多井義郎 (1971) 中新世以降における中国地方の地殻変動について. 広島大学教養部紀要, III (自然科学), **5**, 25-34.

Taira, A., Katto, J., Tashiro, M., Okamura, M. and Kodama, K. (1988) The Shimanto Belt in Shikoku, Japan: Evolution of Cretaceous to Miocene accretionary prism. *Modern Geology*, **12**, 5-46.

高橋正樹 (2000) 富士火山のマグマ供給システムとテクトニクス—ミニ拡大海嶺モデル. 月刊地球, **22**, 516-523.

高橋雅紀 (2006) 日本海拡大時の東北日本弧と西南日本弧の境界. 地質学雑誌, **112**, 14-32.

高橋 裕 (1986) 洪水の猛威. 町田 洋・小島圭二編『日

本の自然8 自然の猛威』岩波書店, 117-140.
高野昌二 (1975) 野付崎における分岐砂嘴の発達. 東北地理, **30**, 82-90.
武田一郎 (1998a) 日本の太平洋沿岸における後浜上限高度. 地理学評論, **71**, 294-306.
武田一郎 (1998b) 日本海沿岸における後浜上限高度. 地球科学, **52**, 71-81.
武村雅之・諸井孝文・八代和彦 (1998) 明治以後の内陸浅発地震の被害から見た強震動の特徴―震度VIIの発生条件. 地震, **50**, 485-505.
Tamura, Y., Tatsumi, Y., Zhao, D., Kido, Y. and Shukumo, H. (2002) Hot fingers in the mantle wedge : new insights into magma genesis in subduction zones. *Earth Planet. Sci. Lett.*, **197**, 105-116.
田辺 晋・石原園子・中島 礼・宮地良典・木村克己 (2006) 東京低地中央部の沖積層における中間砂層の形成過程. 井内美郎ほか編, 沖積層研究の新展開, 地質学論集, **59**, 35-52.
田中茂信・小荒井 衛・深沢 満 (1993) 地形図の比較による全国の海岸線変化. 海岸工学論文集, 40, 416-420.
谷村好洋・嶋田智恵子・芳賀宏和 (2002) 珪藻 *Paralia sulcata* の増減からみた大陸系混合水の消長―東シナ海北東部の最終氷期-後氷期海洋環境. 第四紀研究, **41**, 85-93.
丹那断層発掘調査研究グループ (1983) 丹那断層 (北伊豆・名賀地区) の発掘調査. 地震研彙報, **58**, 797-830.
立石友男 (1983) 庄内砂丘における砂防植栽と人工砂丘の形成. 日本大学地理誌叢, 24(2), 1-9.
立石友男 (1989)『海岸砂丘の変貌』大明堂, 214 p.
田原敬治・公文富士夫・長橋良隆・角田尚子・田末泰宏 (2006) 長野県, 高野層のボーリングコア試料の全有機炭素 (TOC) 含有率変動に基づく更新世後期の古気候変動の復元. 地質学雑誌, **112**, 568-579.
Thompson, L. G. (2000) Ice core evidence for climate change in the Tropics : implications for our future. *Quat. Sci. Rev.*, **19**, 19-35.
豊蔵 勇・大村一夫・新井房夫・町田 洋・高瀬信一・中平啓二・伊藤 孝 (1991) 北陸の海成段丘における三瓶木次テフラの同定とその意義. 第四紀研究, **30**, 79-90.
J. トリカール・A. カユ著, 谷津栄寿・照田侑子訳 (1962)『気候地形学序説』創造社, 307 p.
辻 誠一郎 (1997) 縄文時代への移行期における陸上生態系. 第四紀研究, **36**, 309-318.
佃 為成・武田智吉・柳沢 賢 (2008) 新潟県小千谷地域の活褶曲―約30年間の水準測量結果. 地震研彙報, **83**, 203-215.
津屋弘逵 (1940) 富士火山の地質学的並びに岩石学的研究. 地学雑誌, **52**, 347-361.
Turney, C. S. M., Haberle, S., Fink, D., Kershaw, A. P., Barbetti, M., Barrows, T. T., Black, M., Cohen, T. J., Correge, T., Hesse, P. P., Hua, Q., Johnston, R., Morgan, V., Moss, P., Nanson, G., van Ommen, T., Rule, S., Williams, N. J., Zhao, J.-X., D'Costa, D., Feng, Y.-X., Gagan, M., Mooney, S. and Xia, Q. (2006) Integration of ice-core, marine and terrestrial records for the Australian Last Glacial Maximum and Termination : a contribution from the OZ INTIMATE group. *Jour. Quat. Sci.*, **21**, 751-761.

U

内嶋善兵衛・勘米良亀齢・田川日出夫・小林 茂 (1995)『日本の自然地域編7 九州』岩波書店, 198 p.
宇多高明・坂野 章・山本幸次 (1991) 遠州海岸の1960年代以降における海浜変形. 土木研究所報告, 183(2), 1-48.
宇井忠英 (1973) 幸屋火砕流―極めて薄く拡がり堆積した火砕流の発見. 火山, **18**, 153-168.
海津正倫 (1994)『沖積低地の古環境学』古今書院, 270 p.
宇佐美龍夫 (1979) 飛越地震 (安政5年2月26日) と跡津川断層. 地震予知連絡会報, 21, 115-119.
牛山素行・里深好文・海堀正博 (1999) 1999年6月29日に広島市周辺で発生した豪雨災害の特徴. 自然災害科学, **18**, 165-175.
宇津徳治 (1974) 日本周辺の震源分布. 科学, **44**, 739-746.
上田誠也・杉村 新 (1970)『弧状列島』岩波書店, 156 p.
上田誠也 (1989)『プレートテクトニクス』岩波書店, 268 p.

V

Voight, B., ed. (1978) Rockslides and avalanches, 1, Elsevier Sci. Publ., 833 p.

W

Wallis, S. (1998) Exhuming the Sanbagawa metamorphic belt : The importance of tectonic discontinuities. *Jour. Metamorph. Geol.*, **16**, 83-95.
渡辺満久 (1991) 北上低地帯における河成段丘面の編年および後期更新世における岩屑供給. 第四紀研究, **30**, 19-42.
渡辺満久・太田陽子・鈴木郁夫・澤 祥・鈴木康弘 (2000) 越後平野西縁, 鳥越断層群の完新世における活動性と最新活動時期. 地震, **53**, 153-164.
渡辺武夫・式 正英・吉田栄夫・市瀬由自 (1957) 浸食 (野呂川水系の地形). 荻原貞夫ほか編『森林保全に関する野呂川水系総合調査報告書2』森林保全研究会, 10-118.
Wells, D. L. and Coppersmith, K. J. (1994) New empirical relationships among magnitude, rupture length, rupture width, rupture area, and surface displacement. *Bull. Seism. Soc. Amer.*, **84**, 974-1002.

Y

山北 聡・大藤 茂 (1999) 日本海形成前の日本とロシア沿海州との地質学的連続性. 富山大学環日本海地域研究センター研究年報, 24, 1-16.
山元孝弘・高田 亮・石塚吉浩・中野 俊 (2005) 放射性炭素年代測定による富士火山噴出物の再編年. 火山, **50**, 53-70.
山元孝広 (2006) 1/20万「白河」図幅地域の第四紀火山 : 層序及び放射年代値に関する新知見. 地質調査研究報告, 57, 17-28.
山崎晴雄・杉山雄一・佃 栄吉 (1984) 50万分の1活構造図「鹿児島」, 地質調査所.
安江健一・廣内大助 (2002) 阿寺断層系中北部の第四紀後期における活動性と構造発達様式. 第四紀研究, **41**, 347-359.
Yatsu, E. (1955) On the longitudinal profile of the graded river. In Schumm, S. A., ed. (1972) River Morphology, Dowden, Hutchinson and Ross, 211-219.
Yeats, R. S. (1986) Active faults related to folding. Studies of Geophysics and Active Tectonics, National Academy Press, 63-79.
Yokoyama, T. (1984) Stratigraphy of the Quaternary System around Lake Biwa and geohistory of the ancient Lake Biwa. In Horie, S. ed., Lake Biwa, The Hague, Dr. W. Junk, 13-128.
Yokoyama, Y., Nakada, M., Maeda, Y., Nagaoka, S., Okuno, J., Matsumoto, E., Sato, H. and Matsushima, Y. (1996)

Holocene sea level changes and hydro-isostacy along the west coast of Kyushu, Japan. *Paleogeogr., Paleoclimatol., Paleoecol.*, **123**, 29-47.

Yokoyama, Y., Deckker, P. D., Lambeck, K., Johnstone, P. and Fifield, L. K. (2001) Sea-level at the Last Glacial Maximum: evidence from northwestern Australia to constrain ice volumes for oxygen isotope stage 2. *Palaeogeogr., Palaeoclimatol., Palaeoecol.*, **165**, 281-297.

米倉伸之・貝塚爽平・野上道男・鎮西清高編（2001）『日本の地形1 総説』東京大学出版会，374 p.

吉川虎雄・貝塚爽平・太田陽子（1964）土佐湾北東岸の海岸段丘と地殻変動．地理学評論，**37**，627-648.

吉川虎雄・杉村 新・貝塚爽平・太田陽子・阪口 豊（1973）『新編 日本地形論』東京大学出版会，415 p.

Yoshikawa, T. (1974) Denudation and tectonic movement in contemporary Japan. *Bull. Dept. Geogr., Univ. Tokyo*, 6, 1-14.

Yoshikawa, T., Kaizuka, S. and Ota, Y. (1981) Landforms of Japan, University of Tokyo Press, 222 p.

吉川虎雄（1985）『湿潤変動帯の地形学』東京大学出版会，132 p.

吉川虎雄（1997）『大陸棚―その成立ちを考える』古今書院，203 p.

吉本充弘・金子隆之・嶋野岳人・安田 敦・中田節也・藤井敏嗣（2004）掘削試料から見た富士山の火山形成史．月刊地球，号外 **48**，89-94.

吉山 昭・柳田 誠（1995）河成地形面の比高分布からみた地殻変動．地学雑誌，**104**，809-826.

索引

ア
愛川層群　64
アイスウェッジキャスト　26, 103
会津盆地　12, 17
始良 Tn テフラ（AT）　44
始良入戸火砕流　95
始良カルデラ　95
アウトウォッシュ段丘　101, 103
アウトウォッシュプレーン　142
赤石山地　61, 63, 64, 66
赤石山脈　17, 18, 19, 138
赤城火山　93, 137, 170
阿賀野川　17
阿寒・屈斜路火山群　16
秋田平野　17
秋吉帯　7
曙累層　64
曙礫岩　65
朝日山地　17, 84
足尾山地　18, 34
足柄層群　64
足摺岬　21
阿蘇火山　21
阿多火砕流　95
圧縮テクトニクス地域　50
阿寺断層　48, 50, 53, 66, 72
跡津川断層　48, 53, 66, 72, 164
阿武隈川　17
阿武隈山地　9, 12, 17, 34, 54, 58, 128
阿武隈帯　9
安倍川大谷崩れ　135
奄美大島　83
アムールプレート　4
有明海　150, 177
粟島　84
安山岩質火山　93, 161

イ
飯豊山地　17
硫黄島　120
伊賀盆地　69
生駒山地　50, 70
　　──西縁断層群　70
諫早湾　177
石狩低地帯　12, 16
石鎚山脈　21
伊豆大島　156, 161
伊豆・小笠原海溝　2, 4
伊豆・小笠原弧　2, 12, 63
伊豆・小笠原諸島　2
伊豆半島　18, 64, 119
和泉山脈　19
伊勢平野　69
伊勢湾　19, 21
　　──台風　170, 172, 174

糸魚川—静岡構造線　9, 53, 61, 63, 66, 72, 80
伊那山地　19, 134, 137
伊那層　65
伊那谷　106
岩木川　148
インボリューション　26, 31, 103

ウ
上野盆地　19
魚沼丘陵　19
魚沼層　62
魚野川　144
有珠山　156, 161
卯辰山層　66
内村層　61
ウラン系列年代　38, 121
雲仙火山　80, 93, 156

エ
永久凍土　26
液状化　165, 168
越後山脈　18, 50
越後平野　17, 19, 50
越年雪渓　24, 30
エーム期　39
襟裳岬　15
縁海　2
沿岸州　151
円弧状三角州　147
遠州舟状海盆　22
沿汀流　151

オ
奥羽山脈　12, 17, 54, 58
近江盆地　68, 69
応力場　48
大井川　148
大石層　57, 59
大磯丘陵　83
大阪層群　69
大阪平野　69
大阪湾断層　69
大館盆地　17
大峰帯　63
小笠層　65
小笠原諸島　120
小木地震　84
隠岐帯　7
沖縄舟状海盆　2
沖縄諸島　21
沖縄トラフ　2, 22
沖ノ鳥島　120
奥尻島　83, 84
渡島駒ヶ岳　161
渡島半島　15, 83
小原台面　116

小櫃川　147
オホーツク海　2, 11
オホーツクプレート　3, 12
溺れ谷　148
雄物川　17, 59
御岳伝上沢崩壊　132, 135
女川層　57, 60
温量指数　28

カ
海岸砂丘　153
海岸侵食　175
海岸線　150
海岸平野　146
外弧　2, 11
海溝　2, 4
海食崖　114, 151
海食台　114, 152
海進堆積物　115, 117
海成段丘　17, 21, 22, 42, 52, 81, 110, 113
海成粘土層　70
海跡湖　149, 177
外帯　2, 11, 16
　　──山地　66
海底コア　32, 37, 43
海底谷　22
海底堆積物　6
海浜漂砂　151
海面変化　38, 100, 113, 118, 141, 182
　　──曲線　111, 119
海洋酸素同位体ステージ（MIS）　17, 27, 40, 42
海洋プレート　6
加久藤火砕流　95
確率流量　26
河谷の屈曲　52, 66, 73
鹿児島地溝　94
火砕流　86, 157, 159
　　──堆積物　95, 97
　　──台地　95
　　──噴火　88, 95
火山活動　5, 86, 133, 156, 182
火山クラスター　87
火山性内弧　2
火山フロント　2, 4, 15, 17, 18
河床　138
上総層群　34
河成段丘　17, 52, 68, 78, 103, 105, 141
化石周氷河現象　100, 103
河川　138
　　──改修　173
　　──合流　145
　　──縦断形　139
　　──争奪　142

——地形 138
活火山 157
活向斜谷 78
活褶曲 49, 77
——帯 62, 64
活断層 48, 52, 71, 80, 122, 162, 180
活動度 52, 72
活背斜丘陵 78
桂川 63
桂根層 60
狩野川台風 170, 172
花粉化石 159
河北潟 177
釜無川 106
上川盆地 16
上北平野 110
カリフォルニア 118, 165
カルデラ 88, 92, 94, 157
川合野礫岩 64
完新世（海成）段丘 83, 123
岩石海岸 150
岩屑なだれ，岩屑流 132, 160
干拓 177
関東山地 18, 34, 63, 64
関東地震 166
関東対曲 12
関東平野 9, 12, 18, 34, 110
関東ローム層 32, 92, 115
鉄穴流し 175
間氷期 42, 109

キ

紀伊山地 12, 21, 66
紀伊水道 21
紀伊半島 21, 83
鬼界アカホヤテフラ（K-Ah）44, 97, 159
鬼界カルデラ 97, 157
鬼界葛原テフラ（K-Tz）97
喜界島 83, 121, 123
気候 22, 37
——段丘 142
——地形 23, 100
——地形学 23
——変化 23, 37, 40, 43, 100, 182
木曾山脈 17, 19, 50, 66
北上川 17, 170
北上山地 9, 12, 17, 54, 57, 128, 137
北上準平原 57
北上低地帯 12, 57, 59
北見山地 16
北由利衝上帯 60
基盤岩類 6, 9
吉備高原 12, 67
——面 67
逆断層 48, 51, 72, 75
逆向き低断層崖 76
九州 2, 13
——山地 21, 66
———パラオ海嶺 2, 83
旧汀線 52, 81, 114, 125
——高度 81
京都盆地 68, 69

共役断層系 48, 72
曲隆 50, 67, 83
巨大崩壊 132, 135
霧島火山（群）21, 162
近畿三角帯 13, 68, 75

ク

九重火山群 21
釧路平野 16
国見山地 21
熊野舟状海盆 22
グリーンランド氷床コア 38, 43
呉羽山礫層 66
黒沢層 59
黒潮 111
黒部川 148

ケ

傾動 83
——山地 67
——地塊 58, 75, 123
圏谷 27, 100
玄武岩質火山 161

コ

広域テフラ 33, 44, 89, 115
豪雨 170
降雨強度 24
甲賀盆地 69
考古学遺物 32
洪水 26
——流量 26
高知平野 21
江の川 21
後背湿地 147
後氷期海進 118, 123
後氷期開析前線 138
甲府盆地 63
郷村断層 48, 163
小型成層火山錐 94
古地震学 80
児島湾 68, 177
弧状列島 2
古瀬戸内海 57
古地磁気 32
小繁沢層 59
古津波 169
湖底コア 39
御殿場泥流 160
古琵琶湖 69
——層群 68, 69
巨摩山地 63
金剛山地 50
根釧平野 16

サ

犀川 19, 61, 142
最終間氷期最盛期 115
最終氷期 102, 103
——極相期（LGM）28, 107, 118
最大圧縮軸 48
最大水平圧縮応力 49
相模川 63, 64, 105
相模トラフ 2
酒匂川 64
先島諸島 21

砂丘 153
桜島 95, 162
笹森丘陵 17
砂嘴 151
砂州 151
薩南諸島 21
佐渡島 83
讃岐山脈 21
砂防 173
サンアンドレアス断層 53, 72, 164
三角州 105, 146, 147
山岳氷河 102
三郡帯 7
サンゴ礁 120, 152
——段丘 80, 83, 120
サンゴ石灰岩 21, 38, 121
三財原面 83
三波川帯 7
三波川変成岩 67
三陸海岸 168
山麓氷河 142

シ

鹿野断層 48, 163
信楽高原 19
四国 2
——海盆 2
——山地 12, 21, 66
地震活動 5, 133, 162
地震性地殻変動 84
地震断層 48, 162
地震隆起 84
地すべり 132, 165, 167
——性崩壊 132, 134
自然堤防 147
設楽層群 65
信濃川 19, 61, 78, 142
地盤沈下 174
指標テフラ 43, 101
島原眉山 135, 162
四万十川 21
四万十帯 7, 66
シミュレーション 183, 184, 185
下末吉台地 115
下末吉面 81
斜面削剥 137
斜面地形 104
集中豪雨 170
周氷河現象 26, 30
周氷河作用 26
周氷河地形 26, 103
準平原 17, 52, 53, 55, 57, 65, 67, 142
常願寺川 148
——立山鳶崩れ 135
小起伏地形 34, 52, 55, 58, 65, 66, 68
衝上断層 7
庄内平野 17
縄文土器 159
植物珪酸体 159
白神山地 17
シラス台地 95, 96
白糠丘陵 15
信越褶曲帯 62

人工改変　172
信州—新潟油田地域　61
新庄盆地　12, 17, 60
侵食輪廻　56
伸長テクトニクス地域　50
森林限界　27, 30, 103
ス
水月湖　111
鈴鹿山地　50, 69, 75
　　——東縁断層群　70, 75
砂浜海岸　150, 175
駿河トラフ　2
諏訪盆地　74
セ
正規輪廻　23
成層火山　91
生層序　32
正断層　72, 75, 80
西南日本　66
　　——外帯　21
　　——弧　2, 12
　　——内帯　19
潟湖　149, 151
積雪　24
脊梁山脈　17
雪線　27
瀬戸内海　12, 20, 66
ゼロメートル地帯　174, 177
前縁断層　75
前弧　2
　　——海盆　10
先行谷　59
先史文化　113
扇状地　32, 59, 103, 105, 139, 141, 146
仙台平野　17
千屋断層　81, 163
ソ
造構応力場　50
宗谷海峡　15
宗谷丘陵　15
組織地形　70
タ
第一瀬戸内海　65
大火砕流噴火　157
大規模噴火　157
堆石　100, 142
大雪山　100
大山火山　93
台風　25, 31, 133, 170
太平山地　17
太平洋プレート　3, 49
第四紀学　180, 182
大陸斜面　22, 124, 127
大陸棚　20, 22, 42, 124, 141
高潮　170, 172, 174
高瀬川　144
高山盆地　65
縦ずれ断層　50, 75
棚倉構造線　9
谷埋め堆積物　114
タービダイト　7, 60, 64
ターミネーション　43

樽前山　161
丹沢山地　18, 63, 64, 134
ダンスガード・オシュガーイベント　43
断層　50
　　——崖　75
　　——角盆地　75
丹那断層　50, 53, 72, 80, 163
チ
地殻運動　49, 124, 182
地殻応力場　48, 73
地球軌道要素　39
千曲川　142
筑摩山地　19, 61
地形発達シミュレーション　183
地形分析　181
地形輪廻説　181
地溝　74
千島・カムチャツカ海溝　2, 4
千島弧　2
千島列島　15
秩父帯　7
秩父盆地　64
チャート　6
中越沖地震　168
中越地震　131, 167
中央火口丘火山群　92
中央構造線　3, 7, 19, 21, 48, 53, 66, 72, 80
中央隆起帯　61
中国山地　12, 20, 66, 67, 175
沖積層　148
沖積低地　146
沖積平野　146
中部傾動地塊運動　65
中部山岳　100
中部地方　65
鳥趾状三角州　148
地塁　74
ツ
津軽平野　17
対馬海流　113
津波　159, 162, 168
　　——大石　169
テ
低気圧/前線型降雨　26
底生有孔虫　38
泥流　132
天塩山地　12, 15
天塩平野　16
手取層群　65
テフラ　33, 43, 113, 137
テフロクロノロジー　37, 44, 157
出羽山地　12, 17, 54, 59
天守山地　18, 63
天井川　147
天竜川　18
ト
東海湖　69
東海層群　69
東京湾　178
撓曲　50

　　——崖　75
島弧　2, 10
　　——-海溝系　2, 3
道後山面　67
東西圧縮　48
動的平衡山地　19
東南海地震　166
東北日本　12, 16, 57, 86
　　——外弧　83
　　——弧　2, 12
　　——内弧　58, 83
十勝・大雪火山群　16
十勝平野　12
徳島平野　21
土佐海盆　22
土壌凍結　31
土石流　26, 32, 132, 165, 170
　　——堆積物　134
利根川　147, 170
富草層群　65
富山平野　65
トランジション　43
トレンチ調査　80
十和田a火山灰　159
十和田湖　159
ナ
内弧　11
内水氾濫　172
内帯　2, 11, 16, 18
中海　177
長野県西部地震　167
中渡層　60
ナッペ　7
名寄盆地　16
奈良井川　143
奈良盆地　68, 69
　　——東縁断層系　77
南海トラフ　2, 4, 22
南極氷床コア　38
南西諸島　2, 21, 83, 120, 169
南部北上帯　9
南部フォッサマグナ　63
ニ
新潟地震　84
新潟油田地域　62, 77
西桂層群　64
西津軽　118
西日本火山帯　2, 86
西日本準平原　19
西日本島弧系　3
西八代層群　64
日光火山群　18
日本海　2, 11
　　——拡大期　56
日本海溝　2, 4, 128
日本海盆　56
日本活断層学会　180
日本周辺海域　39
日本第四紀学会　180
日本地形学連合　181
ニュージーランド　44, 83, 118, 165
仁淀川　21

索引　**201**

ヌ
布引山地　50, 75
ネ
根尾谷断層　48, 162
熱雷型降雨　26
年縞　39
年降水量　25
ノ
濃尾地震　162
濃尾平野　19, 65
濃飛流紋岩類　65
野島断層　75, 164
野付崎　151
能登半島　116
ハ
バー　150
梅雨　25, 32, 133, 170
背弧　2
　——海盆　2, 11
ハイドロアイソスタシー　119
ハインリッヒイベント　43
箱根火山　92
波食棚　114, 152
八郎潟　177
発達史地形学　180
波照間島　123
花山層　59
浜石岳累層　64
浜石岳礫岩　64
隼人面　83
磐梯山崩壊　132, 135
半地溝　56, 59
ヒ
飛越地震　164
非火山性外弧　2
東頸城丘陵　19, 61
東シナ海　2, 11
東日本火山帯　2, 86
東日本島弧系　3
肥薩火山群　95
日高山脈　12, 15, 100
日高帯　10
飛騨高原　19, 65, 66
飛騨山脈　17, 19, 50, 63, 66, 102, 138
飛騨帯　7
人吉盆地　21
丁岳山地　17
備北層群　57, 68
日向海盆　22
ヒュオン半島　83, 86, 118
氷河　100
　——地形　100
氷期　23, 27, 29, 31, 42, 103
　——間氷期サイクル　37
兵庫県南部地震　164
氷床　42
　——コア　32, 37, 43
比良山地　19, 50, 69
　——東縁断層群　70
平床台地　117
樋脇火砕流　95
琵琶湖　69

フ
フィリピン海　2
　——プレート　3, 12, 49
風穴　27
フォッサマグナ　12, 17, 61
付加　66
　——体　7, 22
福井地震　166
伏在断層　78
複背斜構造　78
富士火山　63, 91, 105, 160
富士川　64
　——谷　17, 63
　——層群　64
伏見地震　81
浮遊性有孔虫　38
富良野盆地　16
プランジングクリフ　152
プリニー式噴火　157
プルアパート盆地　74
プレート　3, 49
ブロキシ　27, 38, 100
プロセス地形学　181
豊後水道　21
ヘ
平均変位速度　52, 66
別府—島原地溝帯　22, 80
別府湾　80
ベーリング/アレレード亜間氷期　109
変位　52
　——基準　51
　——地形　52, 75
　——量　51
変動崖　75
変動帯　2, 5
変動地形　70
編年　32
ホ
放散虫　6
放射年代測定法　32
豊肥火山地域　95
北薩火山群　95
北部フォッサマグナ　61
北米プレート　3
北海道　2, 12, 15
本州　2
　——弧　2
本荘平野　17
ボンドサイクル　43
マ
舞鶴帯　7
マグマ水蒸気爆発　157
マグマ水蒸気噴火　98, 159
増毛山地　15
松本盆地　63, 106
　——東縁断層　63
真昼山地　58
馬淵川　17
マリアナ海溝　2
マリアナ弧　2
丸滝礫岩　64

ミ
三浦層群　34
三日月湖　147
三国山脈　61
御坂山地　18, 63
三崎面　116
瑞浪層群　57, 65
三ツ峠礫岩　64
水内丘陵　61
南関東　42
南・北大東島　83, 123
南鳥島　120
美濃高原　65
美濃—丹波帯　7
美濃・三河高原　19, 65
三春火砕流　34, 58
三宅島　156, 161
宮崎平野　21, 83
ミランコビッチサイクル　39
ム
室生火砕流堆積物　68
室戸舟状海盆　22
室戸半島　82, 114
室戸岬　21
モ
最上川　17, 59
本合海層　60
ヤ
山形盆地　12, 17
山崩れ　25, 32, 132, 136, 170
山砂利層　68
山田断層　48, 163
大和海盆　56
八溝山地　18
八向層　60
ヤンガードリアス亜氷期　109
ユ
有孔虫　38
融雪　24, 26
夕張山地　12, 15
U字谷　27, 100
湯田盆地　58
ユーラシアプレート　4, 12
ヨ
溶岩ドーム　94
養老山地　50
横ずれ断層　48, 50, 51, 72
横ずれ地形　66, 72
横手盆地　12, 17
　——東縁断層帯　75
吉野川　21
与那国島　80, 83, 123
米沢盆地　17
米代川　17
ラ
ラグーン　151
リ
リアス海岸　17, 118, 168
離水　84
陸橋　42
隆起環礁　121, 123
隆起裾礁　121

隆起卓礁　121, 123
琉球海溝　2, 4, 21
琉球弧　2, 13
流紋岩質火山　161
流量　23
領家帯　7

ル
累積変位量　53

レ
蓮華帯　7

ロ
ロックアバランシュ　132
ロックスライド　132

六甲—淡路島断層群　70
六甲山地　70
六甲南縁断層群　70

アルファベット
LGM　28, 108
MIS　17, 27, 40, 42
SPECMAP　39

執筆分担一覧

太田陽子　2-2（松田と共著），3-2, 5-2

小池一之　2-1（鎮西・松田と共著），4-3, 5-3, 5-4

鎮西清高　1-1（松田と共著），2-1（小池・松田と共著）

野上道男　1-2, 1-3, 3-3, 4-2, 6章

町田　洋　1-4, 2-3, 3-1, 4-1, 5-1

松田時彦　1-1（鎮西と共著），2-1（小池・鎮西と共著），2-2（太田と共著）

[執筆者]

太田陽子	（おおた・ようこ）	横浜国立大学名誉教授
小池一之	（こいけ・かずゆき）	元駒澤大学名誉教授（2013年逝去）
鎮西清高	（ちんぜい・きよたか）	京都大学名誉教授
野上道男	（のがみ・みちお）	東京都立大学名誉教授
町田　洋	（まちだ・ひろし）	東京都立大学名誉教授
松田時彦	（まつだ・ときひこ）	東京大学名誉教授

日本列島の地形学

2010年1月22日　初版発行
2023年1月25日　第4刷

検印廃止

著　者――太田陽子・小池一之・鎮西清高
　　　　　野上道男・町田　洋・松田時彦

発行所――一般財団法人　東京大学出版会
　　　　　153-0041　東京都目黒区駒場 4-5-29
　　　　　電話 03-6407-1069　FAX 03-6407-1991
　　　　　振替 00160-6-59964

代表者――吉見俊哉

印刷所――株式会社三秀舎
製本所――誠製本株式会社

Ⓒ 2010 Yoko Ota *et al.*
ISBN 978-4-13-062717-7　Printed in Japan

JCOPY〈出版者著作権管理機構　委託出版物〉
本書の無断複写は著作権法上での例外を除き禁じられています．複写される場合は，そのつど事前に，出版者著作権管理機構（電話 03-5244-5088，FAX 03-5244-5089，e-mail:info@jcopy.or.jp）の許諾を得てください．

日本で初めて全国を網羅した地形誌
日本の地形 ［全7巻］
[全巻編集委員] 貝塚爽平・太田陽子・小疇　尚・小池一之・鎮西清高・野上道男・町田　洋・松田時彦・米倉伸之／B5判

2　**北海道**　小疇　尚・野上道男・小野有五・平川一臣 編　　388頁　6800円

4　**関東・伊豆小笠原**　貝塚爽平・小池一之・遠藤邦彦・山崎晴雄・鈴木毅彦 編　374頁　7000円

5　**中部**　町田　洋・松田時彦・海津正倫・小泉武栄 編　　392頁　6800円

貝塚爽平・太田陽子・小疇　尚・小池一之・野上道男・町田　洋・米倉伸之 編　久保純子・鈴木毅彦 増補
写真と図でみる地形学　増補新装版
　　　　　　　　　　　　　　　　　　　　　　　　　　　　AB判 272頁　5300円

岩田修二
統合自然地理学
　　　　　　　　　　　　　　　　　　　　　　　　　　　　A5判 290頁　3800円

岩田修二
氷河地形学
　　　　　　　　　　　　　　　　　　　　　　　　　　　　B5判 400頁　8200円

守屋以智雄
世界の火山地形
　　　　　　　　　　　　　　　　　　　　　　　　　　　　B5判 312頁　12000円

若松加寿江
日本の液状化履歴マップ 745-2008 DVD＋解説書
　　　　　　　　　　　　　　　　　　　　　　　DVD 1枚＋B5判 90頁　20000円

ここに表示された価格は本体価格です．ご購入の際には消費税が加算されますのでご諒承ください．